AF370796

LES

PILES ÉLECTRIQUES

Thermo-Électriques

ET LES ACCUMULATEURS

Fig. 77. — Locomotive du chemin de fer électrique.

Fig. 76. — Wagon avec accumulateur de la blanchis-serie de Clovis Dupuy.

(Voyez page 291.)

BIBLIOTHÈQUE DES ACTUALITÉS INDUSTRIELLES
N° 5.

LES
PILES ÉLECTRIQUES

Thermo-Électriques

ET LES ACCUMULATEURS

PAR

W. Ph. HAUCK

ÉDITION FRANÇAISE

PAR

G. FOURNIER

Chimiste-Électricien.

OUVRAGE ILLUSTRÉ DE 85 GRAVURES

PARIS

BERNARD TIGNOL, ÉDITEUR

45, QUAI DES GRANDS-AUGUSTINS, 45

1885

Ⓒ

PRÉFACE

Les piles électriques! Lorsqu'il est question de ces générateurs de courant, le sourire vient sur les lèvres de l'électricien d'aujourd'hui qui les considère comme un enfantillage. Elles sont cependant dignes d'attention, et on leur en accorde, puisque l'on reconnaît qu'une de leurs formes, demeurée longtemps inaperçue, les éléments secondaires, est capable de rendre des services importants et divers. Depuis, on revient aux piles électriques, on cherche à les adapter au service nouveau qu'elles doivent rendre; il est donc juste de leur accorder quelque attention. Il y a quelques années, l'auteur qui eût entrepris d'écrire un livre sur les piles électriques aurait rencontré de nombreuses difficultés, mais aujourd'hui qu'il existe déjà deux ouvrages importants sur la matière, un de A. Niaudet, l'autre de Cazin; que les publications actuellement nombreuses d'électricité publient régulièrement toutes les expériences faites sur cette source de courants, le travail devient facile, et il ne reste pour ainsi dire plus à l'auteur qu'à faire un choix judicieux des matières qui peuvent intéresser le lecteur. C'est ce qu'a fait l'écrivain de cet ouvrage. Heureux s'il a réussi.

a

C'est la théorie chimique de la pile électrique de **François Exner** qui a été partout suivie dans cet ouvrage, et si l'on y trouve encore les anciennes dénominations de polarisation et de dépolarisation, ce n'est que pour être plus bref. Cette théorie a été admise par l'auteur, non seulément parce qu'il la considère comme la meilleure, mais encore parce qu'elle surpasse en clarté tout ce qui a été produit jusqu'ici. Dans un volume qui sera publié plus tard, le lecteur trouvera l'occasion de faire des comparaisons **sur** les diverses théories qui ont été émises sur ce sujet.

Les principaux paragraphes du livre sont :

Éléments galvaniques ; éléments secondaires ; **piles thermo-électriques.** Les procédés différents au moyen desquels on peut obtenir une élévation de potentiel, soit par la combustion du zinc, soit par la réduction de l'hydrogène, servent de base à la division du premier groupe.

W. Ph. Hauck.

TABLE

Préface I

Table III

Unités électriques. V

Introduction. 1

Découverte du galvanisme, 1. — Actions dans l'élément Volta, 2. — Le courant galvanique, 3. — Actions du courant galvanique, 4. — Force électromotrice. 6. — Potentiel, 7. — Résistance, 8. — Cause de la grandeur de la force électromotrice, 10. — Loi d'Ohm, 13. — Disposition des éléments, 14. — Travail du courant, 19. — Voltamètre, 19. — Loi de Joule, 24. — Cause de l'affaiblissement du courant, 32.

Les Piles électriques 41

Dépolarisation par l'oxygène de l'air. 41

Éléments qui comprennent des acides comme liquide excitateur, 41. — Emploi des électrodes en charbon, leur fabrication et comment la bande de dérivation doit y être fixée, 49. — Remplacement du charbon par des dépôts métalliques poreux, 58. — Éléments qui contiennent des solutions salines comme liquide excitateur, 60.

Dépolarisation par l'oxygène des oxydes métalliques 77

Éléments avec liquides, 77. — Piles sèches, 96.

Dépolarisation par l'oxygène des acides 99

IV LES PILES ÉLECTRIQUES

Éléments à l'acide nitrique, 99. — Chargement et vidange d'une pile de grande dimension, 109. — Ce qu'il y a à dire sur les acides, 117. — Éléments à l'eau régale, 127. — Éléments au chlore, 127. — Éléments à l'acide chromique, 129. — Éléments télégraphiques, 132. — Piles pour lumière électrique, 134. — Élément à acide chromique sans vase poreux, 140. — Éléments de campagne, 163.

Dépolarisation par les sels métalliques. 175

Éléments au sulfate de cuivre, 176. — Les vases poreux dans l'élément-Daniell, 182. — Éléments télégraphiques, 184. — Éléments pour éclairage électrique, 209. — Remplacement du sulfate de cuivre par d'autres sels, 218.

Dépolarisation par le chlore. 222
—   par le chlorure de chaux 224
—   par les chlorures 226
—   par le brome et l'iode 234
—   par le soufre 236
Éléments à deux liquides 238
—   à un liquide et un gaz. 239
—   à deux gaz. 240

ÉLÉMENTS SECONDAIRES. 242

Éléments secondaires avec deux plaques de plomb, 242. — Actions chimiques, 247. — Changement dans l'élément-Planté, 257. — Éléments secondaires avec une plaque de plomb, 267. — Éléments secondaires sans plaque de plomb, 271. — Le chargement des accumulateurs, 274. — Le degré d'activité des accumulateurs, 285. — Emplois des accumulateurs 287.

PILES THERMO-ÉLECTRIQUES 295
TABLE 308
MOT DE LA FIN 310
CATALOGUE DES NOMS. 315

UNITÉS ÉLECTRIQUES

Unités dont on se sert pour les mesures électriques.

I. — *Unités absolues.*

Les unités absolues ou C. G. S. (centimètre-gramme-seconde) sont :
1. *Unité de longueur*, 1 centimètre.
2. *Unité de temps*, 1 seconde.
3. *Unité de force*. L'unité de force est la force qui, agissant pendant une seconde sur une masse librement mobile du poids de 1 gramme, communique à cette masse une vitesse de 1 centimètre par seconde.

4. *L'unité de travail* est le travail accompli par l'unité de force parcourant une distance de 1 centimètre. Cette unité, à Paris, est égale à 0 centimètre-gramme, 001 019 15. En d'autres termes, il faut 980,868 unités de force pour élever d'un centimètre le poids d'un gramme.

5. *L'unité de quantité électrique* est la quantité d'électricité qui, agissant sur une égale quantité, éloignée de 1 centimètre, exerce une force égale à l'unité de force.

6. *L'unité de potentiel ou de force électromotrice* existe entre deux points, quand l'unité de quantité électrique, dans son mouvement d'un point à un autre, a besoin de l'unité de force pour surmonter la répulsion électrique.

7. *L'unité de résistance* est l'unité qui ne permet qu'à une unité de quantité de franchir en une seconde deux points entre lesquels existe l'unité de potentiel.

II. — *Unités pratiques.*

Les unités, dites *pratiques*, des mesures électriques, sont :
1. Le weber, unité de quantité magnétique $= 10^8$ unités C. G. S.
2. L'ohm[1],   —   de résistance $= 10^9$ —   —

---

[1]. 1 ohm est égal à 1,0493 unités Siemens et a peu près égal à la résistance de 48ᵐ5 de fil de cuivre pur, d'un diamètre de 1 millim., à une température de 0°.

3. Le volt[1], unité de force électromotrice $= 10^8$ unités C. G. S.
4. L'ampère[2], — d'intensité $= 10^1$ — —
5. Le coulomb[3], — de quantité $= 10^1$ — —
5. Le watt[4], — de force $= 10^7$ — —
7. Le farad, — de capacité $= 10^9$ — —

UNITÉS DE RÉSISTANCE

NOM DE L'UNITÉ	C. S. I.	OHM	SIEMENS	LIEUE d'Allemagne fil de fer 4^{mm}	LIEUE de France fil de fer 7^{mm}	LIEUE Anglaise fil de cuivre $1 - 6^{mm}$
C. S. I.	1	10,9	$1,05,10^{-9}$	$18,12^{-12}$	$105,10^{-12}$	$74,10^{12}$
Ohm	10^9	1	1,05	0,018	0,105	0,074
Siemens	$95,10^7$	0,95	1	0,017	0,1	0,071
Lieue d'Allemagne. .	$57,10^9$	57	60	1	6	4,26
Lieu de France . . .	$95,10^9$	9,0	10	0,17	1	0,71
Mille anglais . . .	$13414,10^6$	13,414	14,12	0,235	1,41	1

UNITÉS DE COURANT

NOM DE L'UNITÉ	C. G. S.	AMPÈRE	DANIELL SIEMENS	JACOBI par MINUTE	ARGENT mg par MINUTE	CUIVRE mg par MINUTE
C. G. S.	1	10	8,5	105,2	676,5	198,6
Ampère.	0,1	1	0,85	10,52	67,65	19,86
Daniell-Siemens. .	0,117	1,17	1	12,31	78,95	23,23
Jacobi	0,958	0,095	0,082	1	6,4	1,89
Argent mg .	0,148	0,015	0,013	0,156	1	0,29
Cuivre mg .	0,502	0,05	0,043	0,529	3,41	1

1. Un volt est inférieur de 5 à 10 0/0 à la force électromotrice d'un élément Daniell.

2. Le courant qui, sous l'influence d'une force électromotrice de 1 volt, est capable de traverser en une seconde l'unité de résistance, est égal à 1 ampère.

3. On appelle coulomb la quantité d'électricité qui donne un ampère par seconde

4. Un watt $=$ ampère $\times$ volt.

Un *horse power* ou cheval-vapeur anglais $= \dfrac{\text{ampère} \times \text{volt}}{746}$,

Un cheval-vapeur $= \dfrac{\text{ampère} \times \text{volt}}{735}$.

Les unités centimètre-gramme-seconde (C. G. S.) proposées par Thomson et admises par le Congrès, ne sont pas les seules dont on fasse usage : on se sert encore des unités mètre-gramme-seconde (M. G. S.) employées par la *British Association* (B. A.) et des unités millimètre-milligramme-seconde (M. M. S.) indiquées par Gauss-Weber. Je donne ci-dessous un tableau d'ensemble qui comprend même des sous-divisions.

	C. G. S.	M. G. S.	M. M. S.	UNITÉS ARBITRAIRES
Mégohm	10^{15}	10^{13}	10^{16}	1,0493 unités Siemens
Ohm	10^9	10^7	10^{10}	
Microhm	10^3	10	10^4	
Mégavolt	10^{14}	10^{11}	10^{17}	
Volt	10^8	10^5	10^{11}	0,9 unité D.
Microvolt	10^2	10^{-1}	10^4	
Mégoampère	10^5	10^4	10^7	
Ampère coulomb par seconde	10^{-1}	10^{-2}	10	
Microampère	10^{-7}	10^{-8}	$10-5$	10,52 unités Jacobi.
Farad	10^{-9}	10^{-7}	10^{-10}	
Microfarad	10^{-15}	10^{-13}	10^{16}	

INTRODUCTION

Découverte du galvanisme.

En 1789, L. Galvani, professeur de chirurgie à Bologne, remarqua que des cuisses de grenouilles suspendues à un fil de cuivre éprouvaient des convulsions lorsqu'elles venaient à toucher les barres de fer autour desquelles le fil de cuivre était fixé.

Il ne reconnut point la véritable cause de ce phénomène et l'attribua d'abord à l'électricité atmosphérique, puis plus tard à l'électricité animale; mais ceci ne saurait diminuer le mérite qu'il a eu d'avoir fourni à une des plus grandes découvertes, sinon la plus grande, l'occasion de se produire. Le bruit de la nouvelle découverte traversa rapidement les frontières de son pays natal et beaucoup de savants se mirent à refaire ces expériences. Il était, toutefois, encore réservé à un savant italien, le physicien Alexandre Volta, de Pavie, de dénouer le fil d'Ariane, et de prendre la route qui nous a ouvert le domaine si fertile du galvanisme.

Pendant que Galvani se perdait en efforts inutiles pour

expliquer ce phénomène, Volta avait déjà reconnu avec certitude que le contact avec les métaux était seul la cause des convulsions de la grenouille, — la cause d'une production d'électricité.

En poursuivant les expériences de Galvani, Volta arriva à produire l'électricité restée jusque-là inconnue, et déjà, en 1800, il en publia une description.

L'appareil dont il se servait se composait d'une bande de zinc et d'une bande d'argent qui trempaient toutes les deux dans de l'eau acidulée; bref, c'était ce que nous appelons encore aujourd'hui, l'élément Volta.

Actions dans l'élément Volta. Cause de la production d'électricité.

Après avoir appris à connaître la composition de l'élément Volta, nous allons essayer d'expliquer, en suivant l'expérience, les actions qui donnent lieu au développement de l'électricité.

A cet effet nous trempons le zinc dans un vase isolé, qui contient de l'eau acidulée.

Nous remarquons aussitôt qu'il se produit un dégagement de gaz, et nous ne tardons pas à nous apercevoir clairement que le zinc se dissout dans le liquide.

Il se consomme sans doute dans cette action une énergie chimique, laquelle, d'après la loi de la conservation de l'énergie, doit apparaître quelque part sous une forme quelconque.

Nous remarquons en effet, bientôt, que le liquide

s'échauffe, ce qui pourrait nous donner lieu de croire que l'énergie chimique s'est transformée en chaleur.

Un examen convenablement fait du métal, au moyen de l'électromètre, nous montre encore également que notre zinc se trouve dans un état électrique, et qu'il en est de même pour le liquide.

L'explication de ce phénomène est donc la suivante :

Sitôt que le zinc trempe dans le liquide acidulé, il se fait un brûlage, une oxydation du métal, qui donne naissance à l'énergie chimique, et qui produit une force de tension électrique.

Celle-ci exige une séparation des électricités dont la négative va vers le zinc, la positive vers le liquide.

Le courant galvanique.

Il est facile de comprendre que le moment arrivera bientôt où la tension atteindra une telle élévation que les électricités séparées se réuniront à nouveau, si le zinc et le liquide ne sont pas d'une grandeur infinie, et n'ont qu'une puissance de capacité limitée.

C'est ce rapprochement qui a pour conséquence le développement de chaleur que nous avons observé.

Si cependant nous donnons plus d'étendue au zinc et au liquide, de plus grandes quantités d'électricité pourront être séparées avant que la tension donne de nouveau lieu à leur réunion.

Comme par rapport à notre source d'électricité la terre peut être considérée comme infiniment grande, nous pouvons facilement donner à nos producteurs d'électricité l'extension voulue, si nous les mettons en communication avec la terre.

A cet effet, nous ajoutons au zinc un fil que nous dirigeons vers la terre, et nous enfonçons dans le liquide une plaque d'argent, à laquelle est attaché de la même manière un fil qui conduit également vers la terre.

Ces dérivations peuvent à peu près se comparer avec un tuyau d'écoulement, rapporté à l'endroit le plus élevé d'un réservoir d'eau, alimenté par une pompe.

La hauteur de la nappe d'eau mesurée jusqu'au bord du réservoir pourrait représenter la pression qui a lieu par la réunion du liquide à soulever et de celui déjà soulevé.

Plus grand sera le réservoir, plus grande sera la quantité d'eau qu'il pourra recevoir, et plus long sera le temps qu'il mettra pour déborder.

Au point où les tuyaux de conduite atteignent de nouveau la nappe d'eau, la hauteur d'élévation est égale à zéro et elle correspond exactement avec notre fil dont, au point où il est réuni avec la terre, la tension électrique est aussi égale à zéro.

De même que nous obtenons une circulation du liquide, en réunissant le tuyau de conduite directement avec notre pompe, nous pouvons réunir ensemble les deux bouts de fil, au lieu de les réunir avec la terre. Il se produit alors en dehors de l'élément ce qui se passait avant dans l'intérieur, c'est-à-dire les électricités se réunissent dans le fil et elles se détruisent réciproquement.

Il se produit alors dans le fil ce que nous appelons un courant électrique, dénomination qui dérive du mouvement continu de production et d'écoulement des électricités excitées, qui se produit dans le fil d'un *élément galvanique fermé*, comme se nomme maintenant notre disposition.

D'habitude et dorénavant nous le ferons aussi, en ne considérant que la direction des courants de l'électricité positive.

Actions du courant électrique.

Le fil qui unit le zinc et le liquide acquiert des qualités particulières, qui se prouvent d'une manière indiscutable par les quatre expériences suivantes :

Nous enroulons d'abord le fil plusieurs fois autour d'une aiguille aimantée qui se trouve dans sa position de repos, et dans un champ qui soit perpendiculaire à son champ d'oscillation.

Aussitôt que nous réunissons le zinc avec le fil, l'aiguille quitte sa position de repos et se trouve comme l'on dit déviée.

Si nous coupons le fil de communication et si nous en réunissons les bouts par un fil de platine très fin, nous remarquons que celui-ci s'échauffe; touchons-nous avec la langue les bouts du fil, nous éprouvons un goût particulier; enfin, si nous les plaçons sur du papier humide, trempé dans de l'iodure de potassium, le papier se teint en bleu, ce qui provient d'une séparation de l'iode.

Nous obtenons ainsi quatre sortes d'action, que nous ne pouvons qu'attribuer au courant électrique : une action magnétique, une action thermique ou de chaleur, une action physiologique et une action chimique.

Force électromotrice, potentiel.

Avant d'aller plus loin dans les recherches sur l'élément Volta, nous voulons encore poser et éclaircir quelques notions dont nous avons besoin.

Pour obtenir la séparation des électricités opposées, il faut une certaine force, qui est produite par l'action chimique et qui s'appelle *force électromotrice*.

En suivant l'exemple que nous avons déjà donné, nous pourrions la comparer avec la pompe, et considérer l'action chimique comme la force motrice qui met la pompe en mouvement.

La hauteur à laquelle l'eau se trouve élevée nous donne la mesure du travail, la hauteur d'élévation de la pompe; on la nomme *le potentiel de la masse d'électricité*.

Si nous comparons le zinc avec le réservoir d'eau, le liquide de notre élément avec le vase où l'eau est prise, et si nous appelons positive la hauteur depuis la nappe d'eau originaire à son point de montée, et négative la hauteur de laquelle elle tombe, il se produira les cas suivants, si nous admettons que la hauteur d'élévation de la pompe est exactement déterminée par h.

Les deux vases ont des capacités semblables, et alors la nappe d'eau monte autant dans l'un qu'elle baisse dans l'autre, et nous avons après quelque temps la hauteur totale, par la différence des deux hauteurs

$$+ \frac{h}{2} - \left(- \frac{h}{2} \right) = h.$$

Il en est de même pour *les potentiels des électricités* $+$ *et* $-$ *zinc et liquide*, si tous les deux ont des capacités semblables, ce qui est en général le cas avec des surfaces pareilles, et nous avons alors,

$$+ \text{P} - (- \text{P}) = 2\text{P}.$$

De cet exemple découlent naturellement toutes les autres conclusions.

Si nous mettons le zinc en communication avec la terre, c'est-à-dire si nous rendons sa capacité immensément grande, ce qui correspond à un réservoir d'une grandeur indéfinie, h deviendra négatif en totalité, puisque nous avons admis que la hauteur d'élévation h est une des qualités propres de la pompe, ou nous aurons $-$ 2P, c'est-à-dire, *le potentiel de l'électricité négative acquiert une grandeur double.* Le contraire se passe pour le liquide; par suite tous les degrés de différence peuvent s'obtenir.

Puisque, comme nous l'avons déjà dit, les électricités qui traversent le circuit du courant d'un élément galvanique fermé s'anéantissent, et que, par suite, dans toute coupe transversale du conducteur le potentiel égale zéro il est facile de comprendre, que *les différentes coupes transversales ont des potentiels différents* et que le maximum ne peut être mesuré qu'aux pôles, c'est-à-dire au zinc et à la bande de dérivation.

Mais s'il est possible *au moyen d'un électromètre de mesurer exactement le potentiel, il faut calculer la force électromotrice.* Ce n'est donc que *la différence de potentiel aux pôles* d'un élément ouvert *qui donne la grandeur de la force électromotrice de cet élément* : il suffit donc de déterminer le potentiel de l'un d'eux, mais il ne faut point oublier que l'autre se trouve en communication avec la terre, c'est-à-dire que sa capacité est devenue infiniment grande.

Un courant électrique se produit partout où il existe une différence de potentiel entre deux points d'un conducteur, et le courant s'écoule du point où le potentiel est le plus élevé vers celui où il l'est le moins.

Résistance.

Après ces explications provisoires nous revenons à notre élément, et nous en réunissons les fils après les avoir enroulés autour d'une aiguille aimantée de la manière que nous avons indiquée plus haut. Par abréviation, nous donnerons à cette disposition le nom, sous lequel on la désigne d'habitude, de **boussole** des **courants** ou de **galvanomètre**.

Sitôt que la circuit sera fermé, c'est-à-dire qu'une relation non interrompue sera établie entre le zinc et la bande de dérivation, par un conducteur électrique, l'aiguille quittera sa position de repos et accusera une déviation.

La déviation sera d'autant plus faible que nous éloignerons du zinc la bande de dérivation, elle sera d'autant plus grande que nous l'en rapprocherons.

Avant d'indiquer la cause de ce phénomène, nous exprimerons en quelques mots les actions qui se produisent.

L'acide dissout le zinc, cette action excite la force électromotrice, celle-ci sépare les électricités, pousse l'électricité négative vers le zinc, l'électricité positive vers le liquide. Elle est dérivée de ce dernier, pour se réunir dans le fil de communication, avec celle qui vient du zinc, ce qui donne lieu au phénomène que nous venons d'observer.

Comme le mouvement de la bande de dérivation ne peut rien changer aux actions qui se produisent intérieurement, mais que cependant la déviation de l'aiguille devient plus faible à mesure qu'on augmente la distance entre la bande et le zinc, ce qui annonce que le courant devient plus faible, il faut donc que nous admettions que, par suite de ce mouvement, il se produit un empêchement dans l'écoulement de l'électricité de la place où elle est excitée, la surface du zinc, c'est-à-dire une résistance qui augmente avec l'épaisseur de la couche du liquide entre les électrodes.

Nous apprenons ainsi à connaître un fait nouveau, *la résistance électrique.*

Ce phénomène peut se comparer avec celui qui se présenterait si nous diminuïons la section des tuyaux qui amènent l'eau de la pompe dans le réservoir. La *force électromotrice,* la pompe, le *potentiel,* la hauteur d'élévation restent les mêmes, mais la masse d'eau qui s'écoule, et par suite l'action qu'elle peut produire, devient plus petite.

Figurons-nous les tuyaux d'écoulement diminués et il se produira également le même fait; la masse d'eau qui s'écoule diminuera et une partie débordera par dessus le réservoir.

Nous devrions aussi par conséquent éprouver une diminution dans la force du courant si nous intercalions une résistance entre l'élément et le galvanomètre, et c'est ce qui arrive en effet si nous augmentons d'une manière sensible *les fils conducteurs.*

Nous avons donc appris à connaître que dans le *circuit,* ainsi que l'on désigne l'ensemble de la source du courant et des conducteurs, il faut distinguer deux sortes de résistances, l'une qui se produit dans l'élément lui-même, qui est inséparable d'une production de courant, et qui s'appelle *résistance intérieure,* et la *résistance extérieure,* qui provient du conducteur qui réunit les deux pôles, c'est-à-dire la partie de la plaque de zinc et celle de la plaque d'argent qui émergent du liquide.

L'expérience nous montrera également que la *résistance,* qu'oppose un conducteur au passage du courant, *augmente en proportion directe avec la longueur du conducteur et diminue avec l'augmentation de sa section.*

Pour examiner la justesse de ce dernier énoncé, que la résistance diminue avec l'augmentation de la section des conducteurs, nous allons établir un nouvel élément avec de plus grandes électrodes, — c'est ainsi que l'on désigne la plaque de zinc et celle d'argent, — tout en conservant le même mélange acide.

Cause des grandeurs de la force électromotrice.

Si nous réunissons maintenant les pôles avec le galvanomètre, nous observons en effet une déviation plus grande que celle produite par le premier élément. Toutefois pour faire disparaître le moindre doute sur le rapport que ceci peut avoir avec la force électromotrice, et pour affirmer d'une façon plus certaine que celle-ci ne dépend que de l'énergie chimique et qu'elle est entièrement indépendante de la grandeur des électrodes, nous allons faire une expérience convaincante.

Nous réunissons ensemble les zincs du grand et du petit élément et nous amenons les fils des bandes de dérivation sur le galvanomètre.

L'aiguille reste complètement au repos, bien que le plus grand élément ait produit auparavant, du côté droit, une plus grande déviation que le petit élément, du côté gauche.

Puisque les courants marchent l'un contre l'autre, nous ne pouvons penser autre chose que *les forces électromotrices se sont anéanties.*

Ici se présentent à peu près les mêmes circonstances, qui se produiraient avec deux vases de largeur différente mais remplis d'eau à pareille hauteur, qui seraient mis en communication par un tuyau reposant sur le sol.

Mais si au lieu de prendre une électrode en zinc, nous en prenons une en fer, sans changer d'ailleurs aucune des autres dispositions, la déviation de l'aiguille du galvanomètre nous montre que la résistance intérieure a augmenté ou que la force électromotrice a diminué, car la déviation occasionnée par un semblable élément est considérablement plus faible que celle que nous avons obtenue avec l'élément au zinc.

Pour éclaircir ce fait, nous réunissons l'électrode de zinc de l'un des éléments avec l'électrode de fer de l'autre, les deux autres pôles restant sur le galvanomètre.

Dans le circuit qui s'établit, nous avons eu soin de veiller à ce que chacun des éléments possède la même résistance intérieure, de sorte que les indications du galvanomètre ne se rapportent exclusivement qu'aux forces électromotrices.

La déviation de l'aiguille nous montre que la force de l'élément au zinc est supérieure; aussi acquérons-nous la certitude que la grandeur de la force électromotrice dans notre élément dépend de la nature de l'électrode qui se dissout.

Si nous changeons l'électrode de fer contre une faite avec un autre métal, et si nous consultons, comme nous avons fait plus haut, le galvanomètre, nous apprenons également que presque toutes les combinaisons de ce genre produisent une plus faible déviation de l'aiguille que l'élément au zinc.

Si nous plaçons les différents métaux suivant leur force plus ou moins grande d'excitation du courant, nous aurons ainsi ce que l'on appelle l'échelle de tension, au sommet de laquelle se trouvera le zinc et au bas le platine.

Cette échelle, que nous donnons plus loin, n'a toute sa valeur que si le liquide excitateur se compose d'acide sulfurique dilué.

Il existe cependant certains métaux tels que le potassium, le sodium, le magnésium, qui sont encore plus énergiques que le zinc; mais comme leurs prix sont trop élevés pour être employés pratiquement, nous les passerons sous silence.

Volta avait déjà connaissance d'une échelle semblable, et nous la donnons pour démontrer que bien que Volta ne procédât point d'après l'excitateur chimique du courant, cette échelle reste intacte, ce qu'elle doit à ce qu'elle est entièrement le produit d'une suite d'expériences.

Les petites différences qui existent dans les deux

échelles qui suivent proviennent sans doute de l'impureté des métaux employés.

Volta.	*Pfaff.*
Zinc	Zinc
Plomb	Cadmium
Étain	Étain
Fer	Plomb
Cuivre	Wolfram
Argent	Fer
Or	Bismuth
Charbon	Antimoine
Graphite	Cuivre
Manganèse.	Argent
	Or
	Tellure
	Platine
	Palladium.

Cette échelle offre encore cette particularité, c'est qu'en prenant deux de ses parties, c'est toujours celle qui est placée le plus près du zinc qui joue le rôle d'électrode soluble. Nous apprendrons plus tard à connaître la cause de ce phénomène.

Relation entre la force du courant, la force électromotrice et la résistance.

Loi d'Ohm.

Des expériences que nous avons faites jusqu'ici, il resulte avec une certitude incontestable, qu'il existe une relation entre la force du courant, la force électromotrice, et la résistance.

Le mérite d'avoir éclairci le premier cette situation appartient au physicien allemand Ohm, qui a donné cette formule, *que la force du courant est directement proportionnelle à la force électromotrice, et inversement proportionnelle à la résistance.*

Cette formule que l'on désigne sous le nom de *loi d'Ohm* s'exprime par l'équation

$$I = \frac{E}{W},$$

dans laquelle I représente la force du courant, E la force électromotrice, et W la résistance.

Mais comme nous savons qu'il existe dans le circuit deux sortes de résistances, nous devons, dans l'équation, tenir compte de chacune d'elles et diviser W en *résistance intérieure* et en *résistance extérieure*, en lui donnant les marques *i* et *a*, ce qui change notre équation comme suit :

$$I = \frac{E}{Wi + Wa}.$$

Examiner ces actions de plus près nous entraînerait trop loin, et nous renverrons le lecteur, sous ce rapport, au volume de cette bibliothèque qui traite des lois fondamentales de l'électricité.

Changement de la force du courant par la réunion de plusieurs éléments en batterie, chaîne ou pile.

Maintenant que nous savons que la force de I peut être

augmentée aussi bien par l'augmentation de la force électromotrice, que par la diminution de la résistance W, il
est temps de parler des voies et moyens qui peuvent la
produire. Il est clair que deux éléments réunis d'une
manière convenable doivent produire davantage que l'un
de ces éléments seul.

Nous pouvons supposer que les deux zincs sont réunis
ensemble, ainsi que les deux bandes de dérivation, ou
bien que le zinc de l'un est en communication avec la
bande de dérivation de l'autre.

Si nous revenons de nouveau sur l'exemple de notre
réservoir d'eau, avec ses tuyaux d'écoulement, nous
aurons à nous figurer dans le premier cas, que les deux
tuyaux d'écoulement sont semblables et que les deux
réservoirs possèdent une hauteur d'eau égale et sont
placés l'un à côté de l'autre; dans le deuxième cas, au
contraire, que les deux réservoirs sont posés l'un sur
l'autre.

Dans le premier cas, nous n'avons que la moitié de la
résistance, par suite de la double section transversale,
mais la même force électromotrice.

Dans le deuxième cas, la force électromotrice ainsi que
la résistance se trouvent doublées.

Mis en pratique d'après l'équation qui nous est
connue

$$I = \frac{E}{W} = \frac{E}{Wi + Wa},$$

nous avons pour le premier cas

$$I = \frac{E}{\dfrac{Wi}{2} + Wa}$$

ou en général pour un nombre n d'éléments

$$I = \frac{E}{\dfrac{Wi}{n} + Wa};$$

pour le deuxième cas

$$I = \frac{nE}{nWi + Wa}.$$

Le cas où les pôles de même nom se trouvent réunis ensemble et où les fils qui partent de ces pôles ainsi réunis sont amenés sur les appareils, se nomme *réunion ou disposition des éléments en quantité*; cette disposition ne constitue qu'un élément de plus grande surface.

Si nous considérons le cas où la résistance Wa du circuit diminue et vienne égaler zéro, nous avons :

$$I = \frac{E}{\dfrac{Wi}{n} + Wa}, \qquad I = \frac{nE}{Wi}.$$

C'est-à-dire *la force du courant est proportionnelle à la surface ou au nombre des éléments réunis, ce qui est encore vrai pour de très petites résistances.*

Dans la disposition des éléments l'un derrière l'autre, ou éléments réunis en tension, nous admettrons également $Wa =$ comme zéro, et nous aurons alors :

$$I = \frac{nE}{nWi + Wa}; \qquad I = \frac{nE}{nWi} \text{ ou } = \frac{E}{Wi},$$

ce qui veut dire que nous n'avons pas un courant plus fort que celui que l'on peut obtenir avec un élément seul.

Mais si, au contraire, Wa par rapport à Wi l'emporte tellement que, par suite, nWi diminuant toujours puisse être négligé.

$$I = \frac{nE}{nWi + Wa} \quad \text{se change en} \quad I_3 = \frac{nE}{Wa}$$

c'est-à-dire, la force du courant est proportionnelle à la quantité des éléments réunis en pile. *En conséquence si nous avons à vaincre une grande résistance dans le circuit, nous obtiendrons, par la disposition des éléments en tension, une augmentation dans la force du courant.*

Pour donner à ce sujet important toute la clarté nécessaire, nous allons examiner les différentes manières de disposer six éléments.

Chacun des éléments possède la force électromotrice E et la résistance Wi. Si nous les réunissons *(fig. 1)* tous l'un derrière l'autre en chaîne, pile ou tension, c'est-à-dire le zinc Zn du précédent avec le cuivre Cu du suivant, nous aurons 6E et $6Wi$.

Réunissons-nous tous les zincs ensemble et également tous les charbons, c'est-à-dire si nous les disposons parallèlement, en quantité ou en surface *(fig. 2)*, nous aurons alors E et $\dfrac{Wi}{6}$.

Fig. 1.

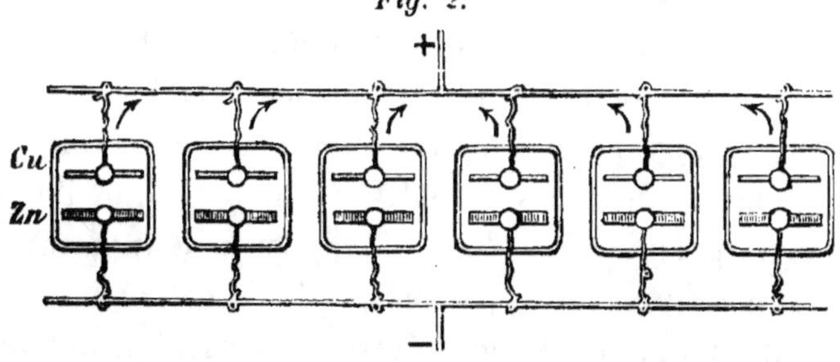

Fig. 2.

Si nous réunissons en tension trois éléments et les

deux piles ainsi formées en surface *(fig. 3)* nous avons $3E$ et $3\dfrac{W}{2}$.

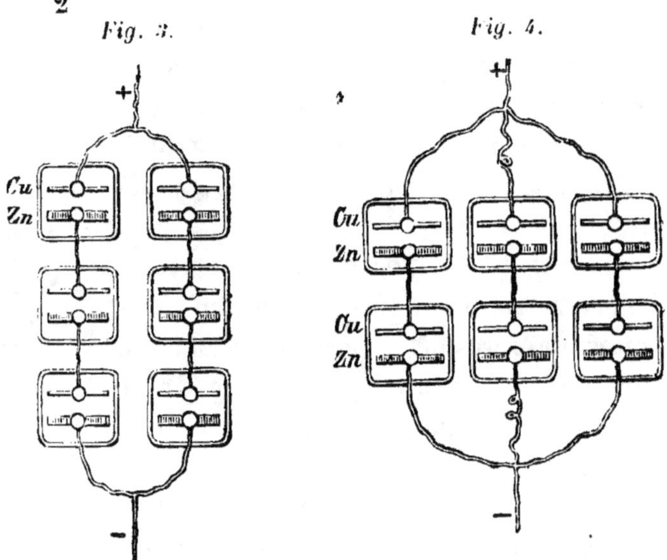

Disposons-nous enfin trois éléments en surface, nous obtiendrons deux éléments à grandes plaques en tension *(fig. 4)* et nous aurons $2E$ et $2\dfrac{Wi}{3}$.

Il est incontestable que nous pouvons obtenir de cette manière toutes les forces possibles de courant, et il en résulterait donc qu'il faudrait employer beaucoup de petits éléments et les réunir selon les besoins.

Plusieurs physiciens ont en effet pris cette voie et ont réuni plusieurs milliers de petits éléments, que l'on peut facilement grouper à volonté au moyen d'appareils dits Pachytropes, dont nous parlerons plus tard.

Cependant d'habitude on préfère construire des éléments en rapport avec les usages auxquels ils doivent servir.

Pour des emplois télégraphiques, où on ne s'occupe que peu de la résistance, on les dispose tous en tension, mais pour d'autres usages il est préférable d'établir dès le principe des piles à grandes plaques.

Travail du courant.

Voltamètre.

Comme nous le savons déjà, le courant galvanique est capable d'effectuer des décompositions chimiques, ce qui ne peut nous étonner beaucoup, puisque nous savons qu'il doit lui-même son existence à la production d'actions chimiques.

La force de tension qui a été nécessaire pour séparer les électricités, devient de nouveau libre par leur réunion, et peut alors à son tour séparer ce qui était réuni avant, de même que nous pouvons à un point donné transformer, à l'aide de transmissions, le mouvement du piston de la machine à vapeur, en un travail semblable à celui qu'il peut produire à son origine.

Faraday réussit à démontrer que l'action chimique d'une source de courant électrique marche de pair avec son action magnétique, en un mot, *que les décompositions produites dans un temps donné sont proportionnelles aux forces du courant.*

Un des instruments les plus anciens et les plus connus, qui servent à déterminer la force du courant par la voie chimique, c'est l'appareil de décomposition de l'eau, auquel Faraday, en considération de son emploi, a donné le nom de *Voltamètre*.

Le voltamètre se compose en principe de deux bandes de platine, qui plongent dans de l'eau acidulée et qui sont couvertes, par le haut, avec une cloche qui permet de recueillir les gaz mis en liberté.

L'une des formes les plus usitées est celle qui est représentée par la *fig.* 5.

Fig. 5.

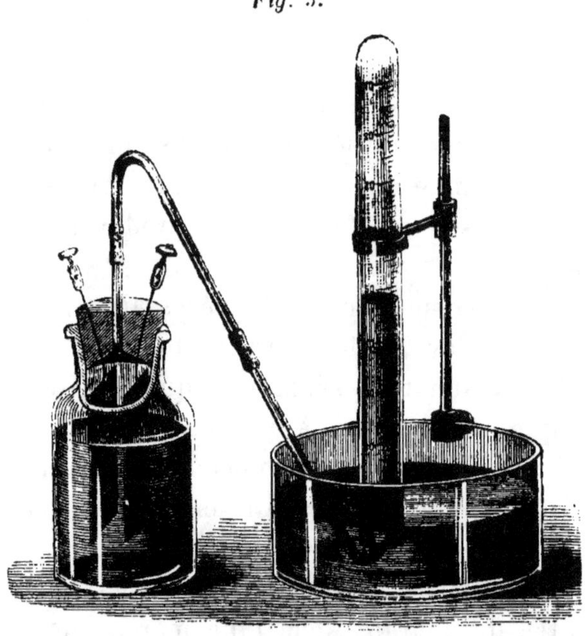

Deux bandes de platine sont fixées à deux fils de platine, qui traversent un bouchon, lequel entre exactement dans le col d'une bouteille. Ce bouchon est en outre percé d'un trou par lesquels les gaz trouvent leur sortie; un tuyau de bonne qualité et inaccessible à des rentrées

d'air extérieur sert à conduire ces gaz sous une cloche
en verre séparée.

Comme l'oxygène est absorbé plus fortement par l'eau,
et trouve facilement occasion de se combiner, la mesure
du gaz détonnant peut donner lieu à
des erreurs, et l'on préfère souvent
recueillir les deux gaz séparément.

La *fig. 6* nous représente un appareil propre à cet usage et qui n'a pas
besoin d'autre explication.

Pour faire une mesure, on observe
exactement l'espace de temps entre
la fermeture et l'ouverture du courant ; on mesure l'augmentation du
gaz détonant, on détermine également la correction de la température
et de la pression d'air, car il s'agit
de connaître combien de centimètres
cubes de gaz détonant à zéro degré

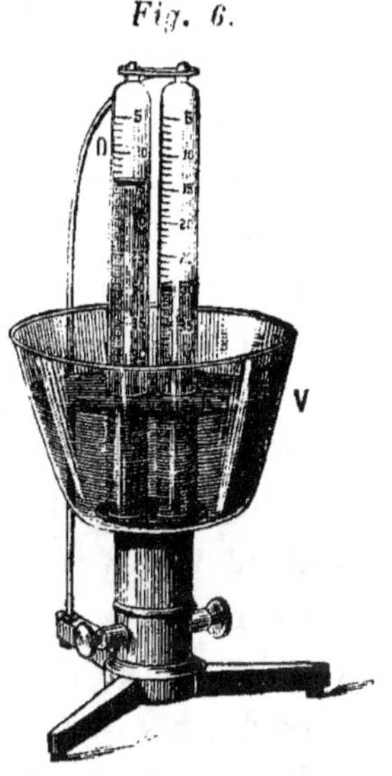

centigrade et sous une pression de mercure de 760 milligrammes on peut recueillir dans une minute, et le nombre
de centimètres cubes trouvés exprime combien de fois le
courant qu'on vient de mesurer est plus fort que celui qui,
dans les mêmes conditions, donne 1 centimètre cube dans
une minute.

Cette unité de courant s'appelle d'après le physicien,
qui le premier en fit usage, l'unité Jacobi.

Aussi bien approprié que paraisse cet instrument pour
déterminer la force des courants, aussi peu l'est-il en réalité.

En dehors de la circonstance dont nous avons parlé,

l'absorption des gaz, les voltamètres changent eux-mêmes la force du courant de bien des manières différentes, sans compter qu'ils introduisent, dans le circuit, une résistance importante et variable, qui dépend du mélange de l'eau et de l'acide sulfurique, d'où il résulte que l'on ne fait qu'apprendre la quantité de courant qui a passé par le voltamètre, mais non la grandeur de la force du courant originaire ; le voltamètre est en outre lui-même le lieu d'origine d'un courant, qui est de direction opposée à celui que l'on veut mesurer et qui en diminue la force, ce dont nous pouvons nous assurer facilement, si nous intercalons en même temps un galvanomètre dans le circuit et si, lorsque la décomposition a duré quelque temps, nous arrêtons la source du courant, et si nous réunissons le voltamètre avec le galvanomètre.

Ce courant. que l'on nomme courant de polarisation, provient de la réunion inévitable des gaz séparés; nous en reparlerons plus loin plus longuement.

En outre on ne réussit qu'avec peu de sources de courant à décomposer l'eau avec un seul élément. On en a toujours besoin de plusieurs, réunis en tension, sans compter que la production de quelques centimètres de gaz détonant réclame toujours un temps assez long, pendant lequel la force du courant de la plupart des éléments a déjà considérablement varié.

On est donc arrivé à remplacer l'eau par des dissolutions de sels métalliques, comme par exemple le nitrate d'argent ou le sulfate de cuivre, et à les décomposer par le courant.

Le poids du métal séparé dans une minute sert alors comme base de calcul.

Avant de terminer, nous ferons encore remarquer que,

par suite d'une proposition faite par Faraday, l'action de
l'analyse chimique d'un conducteur se nomme « *Électrolyse* »,
le conducteur lui-même « *Électrolyte* », le point d'entrée
du courant positif « *Anode* », le point de sortie « *Kathode*, »
la matière séparée au premier point « *Anion* »; l'autre « *Kation* », les deux *Ions*. Dans la décomposition de l'eau,
l'oxygène joue le rôle d'Anion, l'hydrogène celui de
Kation.

Des expériences exactes ont démontré que pour chaque
gramme d'hydrogène séparé, équivalant à 9 grammes de
gaz détonant) 32 — 5 gr. de zinc se dissolvent dans
l'élément, ce qui correspond au poids équivalent de ces
matières, de sorte que le poids du zinc consommé pourrait
lui-même donner la mesure de la force du courant si la
quantité de ce métal consommée dans l'élément servait
entièrement à produire de l'électricité, ce qui n'est pas
toujours le cas. Comme 1 centimètre cube de gaz détonant développé dans une minute, c'est-à-dire l'unité de
courant Jacobi, renferme 0,05957 milligrammes d'hydrogène et que ce poids est équivalent à 1,936 milligrammes
de zinc, le courant dont la production dans une minute
consomme x milligrammes de zinc possède une force de

$$I = \frac{x}{1,936}.$$

Nous venons de dire, que tout le zinc dissous n'est pas
employé à produire du courant, ce qui est un grand inconvénient de l'élément galvanique, et provient des impuretés
du métal.

On peut prévenir en partie le surplus de consommation
du zinc en le frottant avec du mercure, en l'amalgamant,
ce qui forme une couche de zinc dissous dans le mercure

à la surface de l'électrode soluble, et empêche ce que l'on appelle les actions locales.

Pour terminer nous ajouterons qu'un courant dont la force égale un Ampère, transporte, dans une seconde, de l'électrode positive de l'auge à décomposition sur l'électrode négative 0,324 milligrammes de cuivre.

Distribution de la chaleur dans le circuit.

Loi de Joule.

Comme nous le savons déjà, un élément galvanique s'échauffe parce que la force de tension chimique se transforme, de la manière que nous avons indiquée, en force électrique et que celle-ci se change de nouveau en chaleur.

On a démontré par des expériences que 65 grammes de zinc, c'est-à-dire le nombre de grammes correspondant au poids moléculaire fournissent 37530 unités de chaleur. Par unité de chaleur on comprend la quantité de chaleur nécessaire pour élever la température d'un gramme d'eau de $0°$ C à $1°$ C.

Si nous nous figurons les pôles réunis par un fil de fermeture, il se produit, comme nous le savons, un échauffement plus faible dans l'élément, et nous sommes autorisés à en conclure, qu'une portion de la quantité de la chaleur produite passe dans le fil qui sert de fermeture, puisque c'es là qu'a lieu maintenant la réunion des électricités.

En même temps nous observons que la dissolution du

zinc se fait plus vite ou plus lentement, selon la grandeur de la résistance du fil de fermeture.

Depuis que Helmholtz a émis l'affirmation, que la quantité de chaleur qui se manifeste dans un circuit de courant doit être égale à celle qui est produite par l'action chimique dans la source du courant, ces phénomènes ont été de la part de divers physiciens l'objet de mesures exactes, et entre tous spécialement par Thomson et par Joule; c'est d'après les résultats qu'ils ont obtenus, que les lois suivantes ont été établies.

La chaleur se partage entre les différentes parties du circuit conformément à leur résistance.

Par suite de l'importance de cette loi, nous entrerons dans de plus amples développements à son sujet, autant que peut nous le permettre le cadre de ce volume.

Si nous intercalons dans le circuit d'un élément, en outre du galvanomètre qui nous indique une force de courant de I, une spirale de platine qui possède une résistance déterminée W_1, celle-ci, si les dispositions sont convenablement prises, ne tardera pas à s'échauffer.

Si, avant d'arrêter le courant, nous introduisons cette spirale dans un vase qui contienne une quantité d'eau déterminée et un thermomètre, nous pourrons calculer, par l'élévation de la température et en prenant certaines précautions, la quantité de chaleur qui a été nécessaire pour produire cette élévation de température.

Après avoir fait une lecture sur le thermomètre, nous arrêtons le courant pendant un certain temps, et nous calculons par l'élévation de la température, la quantité de chaleur Q fournie par le courant I.

Si nous intercalons maintenant une spirale de plus

grande résistance W^2, sans la laisser tremper dans le vase, le galvanomètre nous indique une force de courant I'.

Après avoir soumis notre première spirale, le même temps que dans la première expérience, à l'influence du courant T', nous pouvons calculer par l'indication du thermomètre une quantité de chaleur Q''. Si nous opposons aux quantités de chaleur Q et Q', les forces de courant I et I^2, il en résulte que *les quantités de chaleur développées se comportent comme les carrés des forces des courants,* ou

$$Q : Q' = I : I^2.$$

Figurons-nous maintenant la deuxième spirale également trempée dans un vase rempli d'eau et muni d'un thermomètre, exactement comme dans le premier cas, et soumettons quelque temps les fils à l'influence du courant.

Par les indications du thermomètre nous pourrons calculer les quantités de chaleur Q et Q', qui correspondent maintenant toutes deux à la force du courant I', et nous les trouverons de grandeur inégale, mais d'une correspondance absolue avec les résistances W_1 et W_2 des spirales. d'où il résulte que :

Les quantités de chaleur développées par une force de courant semblable dans deux conducteurs de différentes résistances, sont proportionnelles à celles-ci, ou

$$Q : Q' = W' : W^2$$

De ces deux équations il résulte

$$Q = WI^2,$$

c'est-à-dire : *la quantité de chaleur développée dans un conducteur est proportionnelle à la résistance de celui-ci, et au carré de la force du courant.*

Cette formule ne se renferme cependant point dans cette étroite limite, mais elle s'étend sur tout le circuit d'une source de courant, car rien ne nous aurait empêché, au lieu de déterminer les quantités de chaleur développées dans les deux spirales, de connaître à la place la résistance intérieure et extérieure du courant.

Si nous désignons par W' la *résistance intérieure*, par W^a la *résistance extérieure*, par Q_i et Q_a les *quantités de chaleurs correspondantes* nous aurons:

$$Q_i = W_i I^2, \quad Q_a = W_a I^2$$

et pour
$$Q = Q' + Q_a = (W_i + W_a)I^2$$

Mais comme d'après la loi d'Ohm,

$$I = \frac{E}{W_i + W_a}$$

ou bien
$$I (W_i + W_a) = E,$$

nous pouvons également écrire: $Q = IE$, et en allant plus loin puisque

$$I = \frac{E}{W_i + W_a},$$

nous aurons

$$Q = \frac{E^2}{W_i + W_a}.$$

Mais comme il ne peut s'agir que d'apprendre à connaître la chaleur utile, et que celle-ci ne se présente que dans le circuit extérieur, il faut que nous cherchions à trouver pour celle-ci une équation convenable.

Pour la chaleur utile, que nous désignerons par Q_a, il résulte que: $Q_a = W_a I^2$.

$$Q_a = \frac{E^2 \, W_a}{(W_i + W_a)^2}.$$

Il faut maintenant se demander quand Q_a atteint son

maximum; les considérations qui suivent nous aideront à répondre à cette question.

Il n'y a que les résistances qui prendraient de l'influence, et nous ne pourrions tenir compte dans ce cas, que de l'équation $\dfrac{W_a}{(W_i + W_a)^2}$; lorsque celle-ci atteint une plus grande valeur, nous avons également le maximum pour $2x$.

Si nous écrivons

$$\frac{W_a}{(W_i + W_a)^2} = \frac{1}{2x},$$

le maximum correspond au minimum de x :

$$2x W_a = (W_i + W_a)^2 = W_i^2 + 2W_i W_a + W_i^2$$
$$0 = W_i^2 + 2W_i W_a + W_a^2 - 2x W_a$$
$$W_a = x - W_i \pm \sqrt{(x - W_i^2) - W_i^2}$$
$$= x - W_i \pm \sqrt{x^2 - 2x W_i}$$
$$= x - W_i \pm \sqrt{x(x - 2W_i)}$$

Il ressort sans aucun doute de la dernière équation, que W_a devient imaginaire sitôt que x possède une valeur plus petite que $2W_i$ et que sa plus petite valeur possible $= 2W_i$; ceci exposé il en résulte que :

$$\frac{W_a}{(W_i + W_a)^2} = \frac{1}{4W_i}$$
$$4W_i W_a = W_i^2 + 2W_i W_a + W_a^2$$
$$0 = W_i^2 - 2W_i W_a + W_a^2$$
$$0 = (W_i - W_a)^2$$

De cette formule finale il devient clair que *pour avoir un maximum, il faut que* $W_i = W_a$, *c'est-à-dire que la résistance extérieure soit égale à la résistance intérieure.*

Avant d'aller plus loin, nous allons répéter brièvement

ce qui a été dit jusqu'ici, et ajouter quelques courtes conclusions à certains points particuliers.

1. *La résistance dans le circuit extérieur est très grande*, c'est-à-dire le fil de fermeture est long et mince, et alors presque toute la chaleur y devient libre et le fil s'échauffe.

Que l'élévation de température ne se manifeste pas toujours d'une manière sensible, cela dépend autant de la grande surface des fils, dont le refroidissement est entretenu par l'air ambiant, que de la petite quantité d'électricité qui les traverse, puisque, en augmentant la résistance, la dissolution du zinc se ralentit, et que par suite la quantité de chaleur produite, dans un temps déterminé, se trouve diminuée.

2. *La résistance extérieure est égale à la résistance de la source du courant*, alors la quantité de chaleur se partage également entre le circuit de fermeture et l'élément, et il ne s'agit alors que de connaître la quantité de chaleur que réclame le fil, pour que l'on y observe une élévation de température; circonstance qui ne dépend que de sa chaleur spécifique.

Si le fil demande une quantité de chaleur beaucoup plus petite que l'élément, pour élever sa température d'un degré, il s'échauffera fortement, avant que l'élément éprouve une chaleur sensible; et ceci sera d'autant moins le cas, que la longueur du fil sera plus grande.

3. Si enfin le cas se présente *où la résistance extérieure soit très petite par rapport à la résistance intérieure*, l'élément s'échauffera avec une forte dissolution de zinc.

Mais il n'est pas toujours possible de remplir les conditions voulues et nous devons nous demander *quelle est, en dehors du maximum, la situation la plus favorable.*

Cette situation se présente sous un aspect très peu favorable, lorsque la résistance du circuit de fermeture est plus petite que celle de l'élément, puisque, à mesure que cette résistance diminue, elle a pour conséquence une augmentation dans le travail intérieur, et par suite dans la consommation du zinc.

Si par contre on peut choisir une résistance extérieure plus grande que la résistance intérieure, nous obtiendrons ainsi une diminution dans le travail intérieur, en même temps qu'une plus grande partie de la chaleur totale se développera dans le circuit extérieur.

Il va de soi qu'une certaine limite ne peut être dépassée, parce que la quantité d'électricité produite pourrait devenir trop faible.

Il faut que la résistance extérieure soit au moins aussi grande que la résistance intérieure de l'élément, et plus grande, si une faible quantité délectricité suffit au travail que l'on a en vue.

On aura donc à intercaler pour cela des résistances suivant les cas, jusqu'à ce que la résistance extérieure soit devenue plus grande que la résistance intérieure.

S'il s'agit de lampes, on en intercalera plus qu'il n'est nécessaire, pour rendre la résistance extérieure égale à la résistance intérieure, car il est des praticiens qui affirment, qu'il est avantageux de faire travailler les piles sur une résistance qui leur soit quatre et cinq fois supérieure.

Jusqu'ici nous avons admis, que la résistance extérieure est seule soumise à notre volonté. On peut cependant avoir un nombre d'éléments, avec lesquels on peut produire une disposition telle, que la plus grande quantité de chaleur possible, se trouve produite dans un circuit de fermeture donné.

Nous reviendrons sur ce sujet, lorsque nous traiterons des batteries secondaires et de leur emploi.

Calcul de l'effet.

Lorsqu'il s'agit de savoir quel est l'effet qu'une pile est capable de produire dans un conducteur déterminé, et lorsque cet effet doit être exprimé en calories, en supposant ce que nous avons passé jusqu'ici sous silence, que la force du courant soit mesurée en Ampères, la résistance en Ohms et la force électromotrice en Volts, on a par seconde, par suite des formules de Joule,

$$A_{sc} = \frac{W \cdot I^2}{9 \cdot 81 \cdot 425} = \frac{E \cdot I}{9 \cdot 81 \cdot 425}$$

Où 9 . 81 représente la marche de la pesanteur et 425 l'équivalent mécanique de la chaleur.

Dans cette dernière équation on comprend par E, et nous appelons spécialement l'attention sur ce point, non pas la force électromotrice de la source du courant, mais la différence des potentiels mesurée aux deux points extrêmes du conducteur (P − P′). Si nous voulons savoir l'effet en secondes kilogrammètres, il faut multiplier la dernière équation par 425, c'est-à-dire, l'accomplissement du travail exprimé par des unités qui correspondent au soulèvement d'un poids de 1 kilogramme à un mètre de hauteur par seconde, et qui est

$$A - skm = \frac{E\,I}{9 \cdot 1}.$$

Si donc, nous avons mesuré en kilogrammes calories, la quantité de chaleur développée dans un conducteur (dans les éléments on compte généralement par grammes-calories), nous obtiendrons l'effet mécanique en kilogram-mètres-secondes, en multipliant par 425.

Cause de l'affaiblissement du courant.

Dans les expériences que nous avons faites jusqu'ici avec notre élément, nous avons observé malgré nous, que peu de temps après la fermeture du circuit, la déviation de l'aiguille magnétique commence à devenir de plus faible en plus faible, jusqu'à ce qu'elle ait atteint un certain degré sur lequel elle demeure assez longtemps.

Comme il existe encore dans l'élément une quantité suffisante d'acide, et qu'aucun changement particulièrement remarquable ne s'est produit, il faut que cet affaiblissement provienne d'une cause qui nous est encore inconnue.

Pour en trouver l'origine, nous allons disposer les expériences suivantes :

Nous remplaçons d'abord l'électrode de zinc par une plaque fraîche de même métal; la déviation reste la même.

Nous changeons alors la plaque d'argent, et nous remarquons que la force du courant augmente et que pendant un moment elle atteint presque la hauteur originaire.

Nous disons à dessein, « presque », parce que nous verrons plus tard, pourquoi cela est ainsi, et que ce n'est pas autrement le cas.

Si nous plaçons enfin, lorsque la force du courant est arrivée comme avant à son degré le plus faible, en face de la plaque d'argent, une plaque fraîche du même métal et que nous la mettions à la place du zinc, en communication avec le galvanomètre, nous obtiendrons ainsi une déviation, qui, bien que faible, sera de direction opposée, de sorte qu'il semble que notre première plaque d'argent est devenue notre électrode soluble.

Nous pouvons conclure de ces quelques simples expériences, que la cause de l'affaiblissement du courant doit être cherchée en grande partie, pour ne pas dire exclusivement, dans l'électrode de dérivation.

Si nous observons celle-ci minutieusement, lorsque l'élément est fermé quelque temps, nous la trouvons en effet recouverte de petites bulles de gaz.

Pour vérifier si c'est à ces bulles que nous pouvons attribuer la cause de l'affaiblissement du courant, nous allons les faire disparaître soit en secouant la plaque, soit en la nettoyant au moyen d'un pinceau.

Nous obtenons réellement, par suite de cette action, un courant plus énergique, mais qui n'atteint pas le degré que nous avons eu par l'introduction d'une électrode fraîche.

Nous pouvons nous expliquer le premier fait, en admettant que les petites bulles d'hydrogène, en couvrant la bande de dérivation, diminuent l'intimité du contact entre le liquide et l'électrode et en amoindrissent la surface de contact, d'où il s'ensuit indubitablement une augmentation dans la résistance intérieure et par contre un affaiblissement dans la force du courant.

Mais nous avons vu que notre élément fournit même

un courant de direction opposée, si nous plaçons une nouvelle plaque d'argent en face de celle qui est couverte de petites bulles d'hydrogène.

En examinant les expériences que nous avons faites jusqu'ici avec notre source de courant, nous sommes étonnés de voir que ce phénomène a beaucoup de ressemblance avec celui qui se passe dans l'appareil de décomposition de l'eau dans lequel nous avons séparé sur les électrodes de l'oxygène et de l'hydrogène, et où nous avons vu que cet appareil produit un courant de direction opposée qui, comme nous le savons, s'appelle courant de polarisation.

Par suite de la ressemblance de ces phénomènes, on a également admis dans les éléments une pareille polarisation des électrodes, qui tend à séparer des matières sur l'électrode de dérivation, ce qui produit par suite des pertes dans la force du courant.

Pour expliquer cette polarisation, ainsi que la marche de notre élément, nous allons encore une fois revenir sur les actions chimiques qui s'y passent.

L'électrode de zinc est oxydée dans l'eau acidulée et se dissout dans l'acide en séparant de l'hydrogène, mais au lieu que, comme dans une dissolution ordinaire du zinc dans les acides, l'hydrogène se développe sur le métal attaqué, c'est sur l'électrode de dérivation que l'hydrogène se dégage sitôt que le circuit est fermé.

Cette action peut s'expliquer, parce que l'électrode de zinc et le liquide constituent un élément qui décompose l'eau, comme dans le Voltamètre, et dans lequel l'oxygène séparé sur le zinc, faisant fonction d'anode, s'unit avec l'hydrogène présent, tandis que sur l'électrode de dérivation, qui fait alors fonction de kathode, de l'hydrogène est mis en liberté.

Dans un élément nouvellement monté, ce dégagement d'hydrogène n'a pas lieu tout de suite, et ce n'est que plus tard que l'œil peut l'apercevoir sur l'électrode de dérivation.

Cette circonstance s'explique facilement, si l'on admet que le liquide contient de l'oxygène dissous, qui provient de l'air, et qui oxyde l'hydrogène à mesure qu'il se sépare; cette opinion est parfaitement admissible et elle s'est trouvée complètement confirmée par les expériences qui ont été faites dans cette voie.

Nous avons donc à prendre en considération, dans l'élément, une deuxième action chimique, qui est d'autant plus semblable à l'oxydation du zinc, que l'hydrogène est lui-même un métal, bien que nous ne le connaissions que sous sa forme gazeuse.

Nous pouvons espérer avec droit que l'excitation d'électricité qui s'y produit agira sur l'électricité originaire, et lui donnera de la force, et il en est véritablement ainsi, comme nous l'apprend le calcul des forces électromotrices et des valeurs calorifiques, qui leur sont proportionnelles.

L'oxydation d'une molécule de zinc et sa transformation en sulfate de zinc correspondent à 108090 calories, desquelles il faut déduire 68360 calories qui sont employées à la décomposition de l'eau; il reste donc 37730 calories qui correspondent en effet à la force électromotrice d'un élément dans laquelle il ne se dissout que du zinc.

Pour avoir une règle de mesure par rapport à la force électromotrice, admettons comme unité la force électromotrice dont la production demande 50130 calories, et que l'on désigne sous le nom d'Unités Daniell. Nous avons ainsi :

$$\frac{37730}{50130} = 0,74D.$$

Mais si nous admettons que tout l'hydrogène se trouve oxydé, ce qui donne un appoint de 68360 pour les calories employées dans la séparation de l'hydrogène et de l'oxygène, il nous reste :

$$\frac{106090}{50130} = 2,11D$$

Ceci, c'est-à-dire 0,74 — 2,11 D représente en fait les valeurs, entre lesquelles oscille la force électromotrice de notre élément. Nous comprenons maintenant parfaitement pourquoi dans le commencement de son action, lorsque le liquide contient encore une quantité d'oxygène suffisante pour réduire la presque totalité de l'hydrogène, l'élément agit avec tant de force, et pourquoi il devient d'autant plus faible qu'il demeure longtemps en activité, ou que la résistance du circuit de fermeture est plus petite, ce qui occasionne, comme nous le savons, une augmentation dans la consommation du zinc.

Il est naturel que nous nous demandions comment nous pouvons réagir contre cet affaiblissement du courant que l'on nomme polarisation. Nous emploierons quelquefois ce mot et lorsque nous parlerons de la polarisation des éléments, nous comprendrons toujours par là l'affaiblissement dont nous venons de parler.

Des expériences démontrent qu'il suffit d'augmenter l'électrode négative pour obtenir déjà une amélioration sensible : ceci est en effet facile à comprendre, car l'hydrogène peut alors se distribuer sur une plus grande surface, et l'oxygène qui est fixé à l'électrode se trouve introduit en plus grande quantité.

Si nous diminuons le volume de l'électrode positive, la résistance intérieure se trouve augmentée, et si nous continuons à conserver la résistance extérieure plutôt plus grande que plus petite que la résistance intérieure, il se dissoudra par suite moins de zinc, et moins d'hydrogène sera mis en liberté.

Si nous rendons poreuse l'électrode négative, elle introduira plus d'oxygène dans le liquide, et si elle renferme même de l'oxygène dans ses pores, comme l'éponge de platine, d'autant plus parfaite sera l'oxydation et plus fort le courant.

Enfin nous pouvons encore agiter le liquide, et le faire circuler afin de le mettre en contact avec l'oxygène, ou exposer à l'air de temps à autre l'électrode négative, afin de lui faire prendre de l'oxygène atmosphérique.

Tous ces moyens sont souvent employés pour résoudre cette question ainsi que nous l'apprendrons bientôt.

Ensemble de ce qui a été dit jusqu'ici.

Le courant électrique prend naissance, chaque fois que de l'électricité s'écoule dans un conducteur du point le plus élevé du potentiel, vers le point le plus bas, et l'on ne prend en considération que la direction de l'*électricité positive*.

L'élévation du potentiel — la grandeur de la force électromotrice — dépend de la force de la tension chimique des matières qui se combinent, plutôt que de la force de tension qui peut provenir de la séparation simultanée d'autres corps.

Lorsqu'un métal se dissout, il prend le nom d'*électrode soluble* et c'est vers lui que marche l'électricité négative; il en sort de l'électricité positive, qui se rend dans le liquide et passe par la deuxième électrode, l'électrode de dérivation, dans le conducteur qui réunit les deux pôles — c'est ainsi que l'on nomme les parties des électrodes qui émergent du liquide.

L'électrode soluble s'appelle aussi *électrode positive* et l'électrode de dérivation *électrode négative*, car on se figure que le courant marche, dans le liquide, de l'électrode positive vers l'électrode négative, et à l'extérieur, du pôle positif vers le pôle négatif.

Par suite le zinc s'appelle *électrode positive*, il possède le pôle négatif, l'électrode de dérivation s'appelle *électrode négative*, elle a le pôle positif.

La résistance que le courant rencontre dans le liquide s'appelle *résistance intérieure*, W_i, celle qui réagit dans le conducteur qui unit les pôles s'appelle *résistance extérieure* W_a.

La force du courant est exactement proportionnelle à la force électromotrice, et inversement proportionnelle à la résistance $W_i + W_a$, ce qui se trouve exprimé par l'équation

$$I = \frac{E}{W_i + W_a}$$

et connu sous le nom de *loi d'Ohm*.

La force du courant est égale dans toutes les parties du circuit, et dans chaque section transversale du conducteur il s'écoule, dans une unité de temps, une quantité semblable d'électricité; semblable à la quantité de liquide, qui sortirait d'un réservoir malgré un rétrécissement dans les tuyaux d'écoulement.

La quantité de chaleur correspondant aux actions chimiques se partage dans la totalité du circuit suivant les circonstances. *Loi de Joule.*

Si la résistance extérieure était semblable à la résistance intérieure, on obtiendrait la meilleure utilisation du courant, puisque des quantités de chaleur semblables se distribueraient entre la source de courant et le circuit extérieur; mais comme cette première quantité ne saurait être utilisée, il est plus avantageux de choisir une résistance extérieure plus grande.

Le travail accompli par le courant électrique est équivalent à l'énergie chimique mise en jeu.

Pour chaque partie de matière séparée, il se dissout une quantité équivalente de zinc.

Les matières séparées par le courant s'appellent *Ions,* la matière à décomposer *Électrolyte,* le point d'entrée du courant *Anode,* le point de sortie *Kathode,* la matière qui y est séparée *Kation,* l'autre *Anion.* L'action elle-même porte le nom *Électrolyse.*

Comme les Ions tendent à se réunir, il se produit un courant qui est de direction opposée au courant de décomposition, il s'appelle *courant de polarisation.*

La polarisation de l'élément Volta consiste en ce que sa force électromotrice trop élevée. à son début, retombe à la grandeur qui lui convient.

L'augmentation de la force électromotrice provient de l'oxydation de l'hydrogène mis en liberté. par l'oxygène occasionnellement dissous dans l'élément.

Pour maintenir longtemps le courant à sa force originaire, il faut que l'électrode de dérivation soit établie
aussi grande et aussi poreuse que possible, et que le
liquide soit renouvelé, agité ou mis en contact avec l'oxygène de l'air ; bref, il faut dépolariser l'électrode négative.
Enfin, on peut diminuer la polarisation en augmentant
la résistance dans le circuit, on peut même l'éviter complètement, en entourant l'électrode de dérivation avec
des matières qui absorbent l'hydrogène et le détruisent.

Maintenant que nous avons passé en revue tout ce qui
pouvait nous être nécessaire pour comprendre ce que
c'est qu'un élément galvanique, nous allons en décrire
les dispositions particulières, en ajoutant, lorsque cela
sera nécessaire, des explications qui ne pouvaient trouver
leur place dans le cadre restreint de cette introduction
de l'élément Volta.

LES PILES ÉLECTRIQUES

Éléments avec dépolarisation par l'oxygène.

DÉPOLARISATION PAR L'AIR

Éléments qui comportent des acides comme liquide excitateur.

Élément Volta. — La première pile que construisit Volta, fut la pile à couronne de tasses *(fig. 7)*. Chaque élément se composait d'une lame de zinc et d'une lame de cuivre (ou d'argent), qui étaient soudées ensemble en forme de boucle.

Fig. 7.

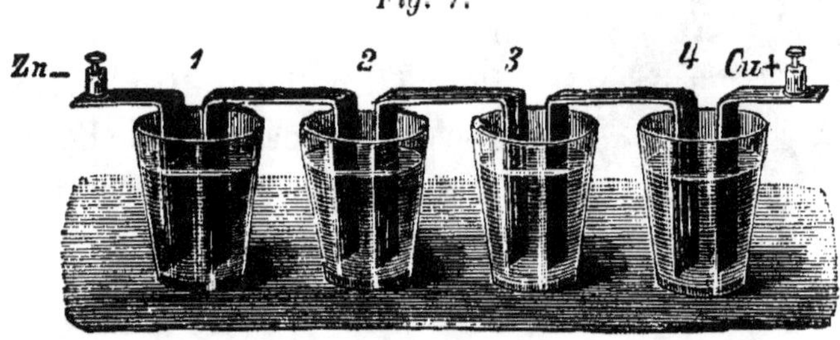

Elles trempaient dans deux vases rapprochés l'un de l'autre, remplis d'acide sulfurique dilué (1 partie d'acide sulfurique et 20 parties d'eau), de telle sorte que chaque lame de zinc se trouvait en face d'une lame de cuivre.

Plus tard Volta, pour faciliter le transport de sa pile que l'on employait dans les hôpitaux, construisit celle que l'on emploie encore aujourd'hui dans les écoles, et qui est connue sous le nom de pile à colonne, par suite de la réunion en pile de plusieurs éléments. Elle se compose de plaques de cuivre et de zinc placées alternativement l'une sur l'autre, et entre lesquelles on place une rondelle de drap trempée dans de l'acide sulfurique dilué.

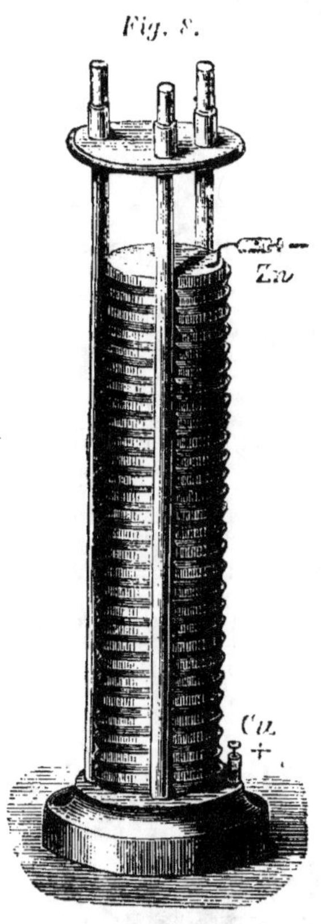

Plus tard on donna, à l'électrode de cuivre, la forme d'une tasse, afin d'éviter les pertes de courant qui résultent de ce que le liquide pressé par le poids des parties supérieures, coule et réunit les éléments voisins *(fig. 8)*.

Pour éviter cet inconvénient, Halsdan posait la pile en travers sur des barres de verre.

Pour faire disparaître la résistance qui se produit par suite de l'oxydation de la surface de contact des deux électrodes placées l'une sur l'autre, on soude souvent ensemble les plaques de cuivre et de zinc. Ceci se fait aussi dans la :

Pile Cruikshanks (fig. 9), qui se compose d'une auge en bois, dans laquelle sont placées des plaques carrées, soudées ensemble, de manière à former des cellules, dans lesquelles il ne se trouve en présence qu'une plaque de cuivre et une plaque de zinc. Les cellules sont remplies d'acide dilué. Le remplacement des plaques donne lieu à

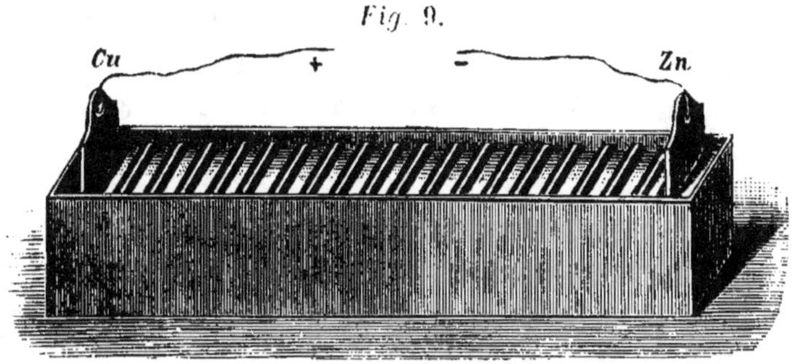

Fig. 9.

de grandes difficultés, aussi cette pile n'a-t-elle plus qu'un intérêt historique.

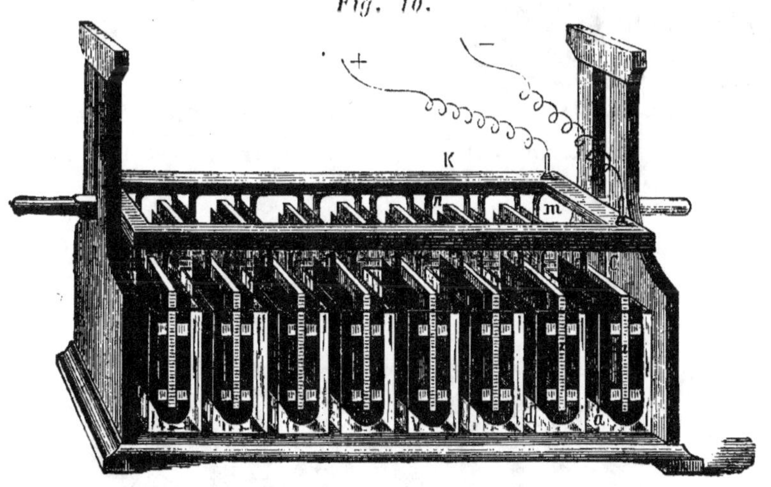

Fig. 10.

Pile Wollaston (fig. 10). — Nous avons déjà fait observer, dans l'Introduction de ce volume, que pour diminuer la polarisation il est bon d'augmenter la surface des électrodes négatives. C'est ce qu'a fait Wollaston, qui a réussi en même temps à empêcher. dans son élément, une consommation de zinc inutile, en enveloppant la plaque de zinc dans la plaque de cuivre. Comme il n'y a que les surfaces en face l'une de l'autre qui prennent virtuellement part à l'excitation du courant, ainsi que le prouve une simple expérience qui consiste à garnir un des côtés du zinc d'un élément Volta d'une couverture qui l'empêche de s'attaquer. cette disposition ne change presque rien à la force du courant.

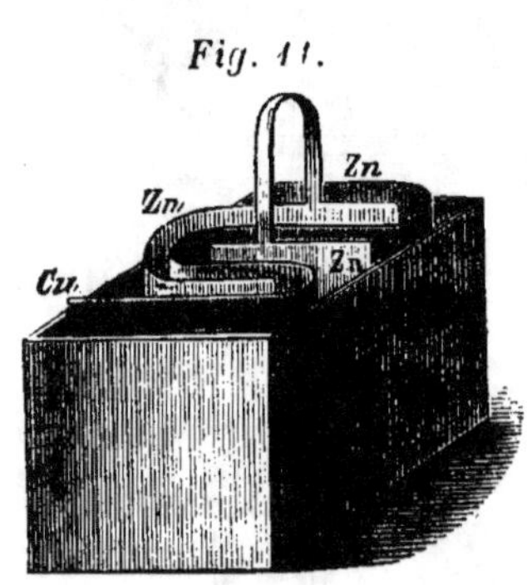

Fig. 11.

Des piles semblables furent également construites· par Schmidt, Münch. Faraday et Young; nous les représentons dans les *fig. 11, 12, 13. 14.* ce qui n'est point inutile. puisque plusieurs de ces formes sont utilisées aujourd'hui dans la construction des accumulateurs, et que les autres sont encore susceptibles de recevoir des applications.

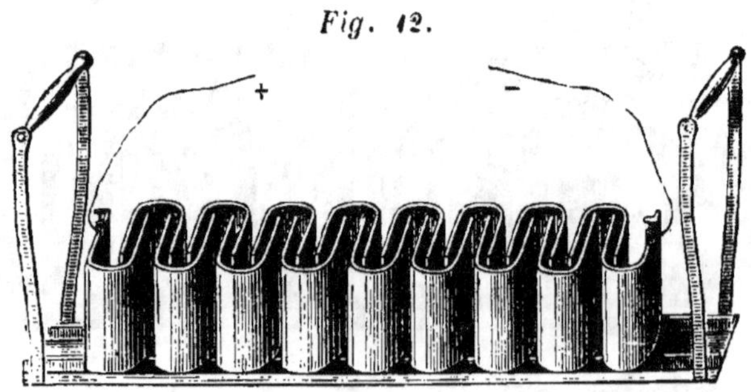

Fig. 12.

La *pile à sable* est semblable à la pile de Cruikshanks; elle s'en distingue cependant en ce que les auges sont faites en bois et que les plaques soudées ensemble simplement par leur bord, sont placées à cheval dessus.

On s'en est servi pour le service télégraphique en Angleterre, par suite de leur facilité de transport; au lieu de remplir les auges avec de l'acide dilué, on les garnit avec du sable humecté d'acide.

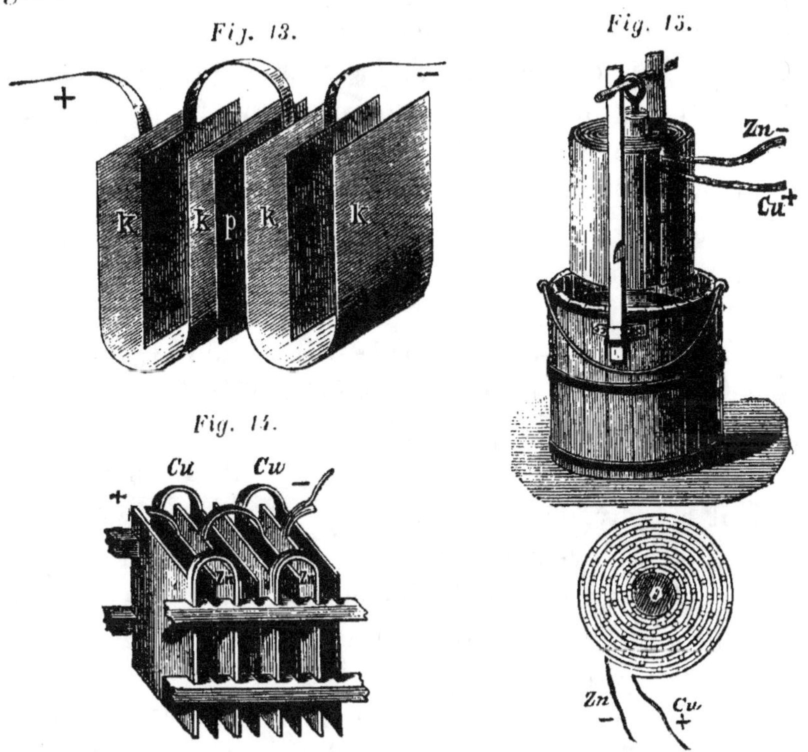

Calorimoteur Hare (fig. 15). — Nous savons que l'accroissement de la surface des électrodes diminue la résistance intérieure et augmente par suite la force du courant. Hare a construit son élément conformément à ce principe.

Il se compose de deux lames de cuivre et de zinc, longues et minces, séparées l'une de l'autre par des baguettes de bois qui les isolent et que l'on enroule en double spirale.

Par suite de cette disposition le cuivre et le zinc sont utilisés des deux côtés. Lorsqu'on plonge cet élément dans l'acide sulfurique dilué, il donne réellement un courant extraordinairement énergique et capable de faire rougir et fondre des fils métalliques.

Aujourd'hui que des sources de courant plus puissantes et aussi plus constantes se trouvent à notre disposition dans les éléments à acide chromique, le calorimoteur a perdu de son importance, avec d'autant plus de raison, qu'il ne conserve cette énergie que pendant quelques instants.

Élément Smee. — Nous avons déjà indiqué dans un autre endroit de ce volume qu'il existe des moyens mécaniques ou physiques qui permettent de retarder ou de diminuer l'affaiblissement du **courant**. Le mérite en revient au physicien anglais Smee, qui a déjà, en **1840**, indiqué des moyens propres à cet effet.

Son élément composé de zinc et d'acide sulfurique dilué (*fig. 16*) avait pour électrode de dérivation une bande de platine recouverte de mousse de platine.

Cette couverture, que l'on obtient en déposant par voie galvanique le platine de sa dissolution du chlorure, sur la plaque de platine, possède la qualité d'absorber dans ses pores de l'oxygène et de faciliter par suite de sa surface rugueuse le dégagement des bulles d'hydrogène. Nous connaissons quelle est la valeur de cette propriété. En outre, on donne à la plaque une forme ondulée, ce qui augmente encore sa surface.

Par suite de toutes ces dispositions, l'élément Smee est un des meilleurs de ceux qui ont été construits sur le modèle de la pile Volta.

Pour diminuer la dépense on emploie souvent une plaque en argent au lieu d'une plaque en platine.

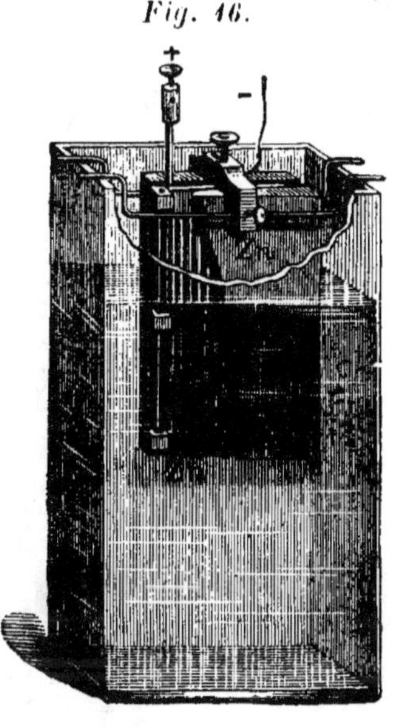
Fig. 16.

Ces éléments ont reçu une grande application pour le service télégraphique en Autriche, principalement pour les batteries locales.

L'élément Smee exige une plaque en zinc bien amalgamée et un vase en verre élevé pour l'acide, afin que la dissolution de sulfate de zinc puisse se rassembler dans le fond; il arriverait autrement, et il arrive même souvent, que du zinc se dépose sur la plaque d'argent lorsque la dissolution de sulfate de zinc vient à se décomposer à la place de l'eau.

Cet inconvénient a probablement conduit à la construction de l'élément

Tyer (fig. 17) qui se compose d'un vase en verre rond dans lequel se trouve suspendue une plaque en argent platiné qui repose par une enchâssure de plomb sur le bord du verre. Le fond du vase est rempli de mercure et de rognures de zinc. Dans cet amalgame trempe une boule de zinc fondue et soudée au fil de fer qui vient de la plaque d'argent de l'élément le plus voisin. Chaque enchâssure de plomb porte une vis qui sert à serrer ce fil.

Le liquide est fait d'une partie en volume d'acide sulfurique et de vingt parties d'eau.

Le principal avantage de cet élément consiste en ce qu'il permet l'emploi et l'utilisation des rognures de zinc jusqu'à leur dernier reste.

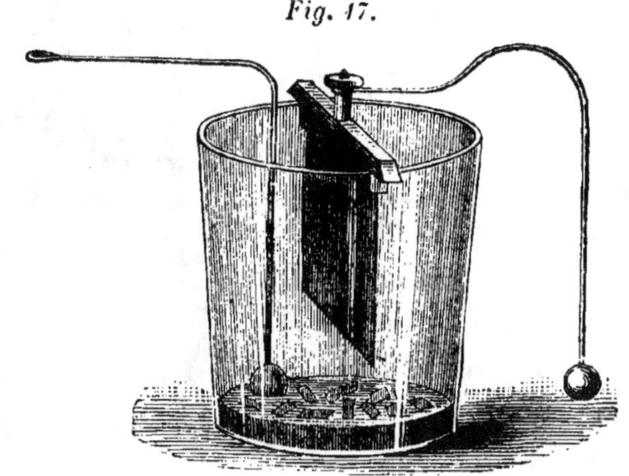

Fig. 17.

Ces éléments sont employés par milliers dans le service des chemins de fer anglais.

Leur entretien ne réclame aucun soin, et dans une caisse bien fermée on peut s'en servir deux ou trois ans presque sans y toucher

Élément Ebner. — Pour éviter l'emploi coûteux de l'argent, le baron Ebner a construit son élément dans la même forme, mais en se servant d'une plaque de plomb platiné.

Dans une de ses dispositions, l'installation est faite de façon à utiliser, comme dans l'élément Tyer, les rognures de zinc. Il offre ainsi les mêmes avantages que l'élément que nous venons de décrire, mais le poids en est bien supérieur.

Sa force électromotrice égale 1/2 Daniell.

La couverture en mousse de platine se laisse facilement déposer et même d'une manière plus parfaite que sur une plaque en argent.

On donne aussi à cet élément la forme ordinaire des éléments Smee, et on peut en fixer plusieurs sur une planchette qui sert à les retirer en même temps de l'acide, ce qui est très avantageux au point de vue de l'économie du zinc.

Emploi d'électrodes de charbon, leur construction et comment on y fixe la bande de dérivation.

Nous avons déjà insisté sur l'avantage qu'il y a à prendre pour électrode de dérivation, une matière qui n'entre point en combinaison avec l'acide, qui ne puisse par suite donner lieu à un affaiblissement de courant, et qui possède en outre autant que possible une grande surface. Nous avons déjà également fait remarquer que le charbon de cornue répond à toutes ces exigences, qu'il n'est pas attaqué par l'acide, et qu'il possède une grande surface par suite de sa porosité, sans compter qu'il retient dans ses pores de l'oxygène, lequel, par sa combinaison avec l'hydrogène produit par l'action chimique, augmente la force du courant qui provient de la dissolution du zinc.

Mais en même temps, nous ne devons point négliger

d'appeler l'attention sur les défauts qui sont liés à l'emploi de cette matière, c'est-à-dire sur sa fragilité, sur sa mauvaise capacité conductrice, et sur la difficulté que l'on éprouve a la réunir d'une manière appropriée et durable avec les fils conducteurs.

Nous allons dans ce qui suit examiner cette question d'un peu plus près.

Nous devons d'abord distinguer le charbon taillé dans le bloc qui sort de la cornue et celui qui est produit artificiellement.

Lorsqu'on se sert du premier, on se contente le plus souvent de placer simplement sur le charbon une borne métallique et de l'y fixer au moyen d'une vis. Cette manière offre l'avantage de pouvoir nettoyer de temps à autre le point de contact.

Cependant ce procédé n'est applicable qu'avec du charbon très ferme, d'une surface unie et d'une fine porosité, possédant une bonne conductibilité, qualités que l'on peut reconnaître autant par l'aspect du charbon, que par le son plus ou moins métallique qu'il rend en le frappant.

Certains éléments exigent cependant des électrodes de charbon d'une dimension plus grande ou d'une forme particulière, par exemple, des cylindres creux que l'on ne peut obtenir que très difficilement et avec beaucoup de frais avec du charbon de cornue, sans compter que les gros morceaux de charbon de cornue deviennent presque partout chaque jour plus rares à rencontrer par suite des perfectionnements introduits dans la fabrication du gaz d'éclairage.

C'est à Bunsen que revient le mérite d'avoir, il y a déjà longtemps, songé à trouver un remède à ce mal ; et en 1842, il publia un procédé pour préparer artificiellement du charbon propre à servir à la construction des piles.

Voici comment il s'explique à ce sujet :

Après avoir réduit du coke et du charbon de terre en une poudre aussi fine que possible, et après avoir mélangé intimement deux parties du premier et une partie du second, on presse le tout dans une forme en tôle de fer que l'on expose aussitôt à l'action d'un feu rouge, jusqu'à ce qu'il n'y ait plus aucun dégagement de gaz.

Après cette cuisson la masse est extraordinairement poreuse; pour diminuer les pores, et donner au charbon une plus grande compacité et plus de solidité en même temps qu'une conductibilité plus grande, on le plonge dans un sirop de sucre, et on le fait cuire de nouveau au rouge à l'abri du contact de l'air, en répétant cette opération aussi souvent qu'il est nécessaire pour atteindre le résultat désiré.

Sprague (Electricity by John Sprague Londres 1875) indique un procédé semblable dans son traité d'électricité.

Il introduit dans du goudron de gaz autant de graphite qu'il est nécessaire pour que le mélange forme une espèce de pâte; cette pâte est alors séchée, puis chauffée, et enfin soumise dans un mouffle, dans lequel elle est entourée de poussier de charbon, à l'action de la chaleur rouge.

Après refroidissement on trempe le charbon soit dans de la mélasse, soit dans une dissolution de sucre ou dans du sirop, on le sèche et on le cuit comme la première fois.

Ce procédé est répété aussi souvent qu'il le faut, pour que le charbon prenne la compacité et la solidité voulues.

Malgré tous les soins que l'on peut apporter à la fabrication de ces charbons artificiels, ceux-ci ne possèdent jamais une épaisseur semblable à ceux tirés du charbon de cornue, bien que, par suite des grands frais qu'entraînent ces diverses manipulations, ils finissent par revenir encore plus chers que celui-ci. Il faut donc songer à y fixer les fils conducteurs autrement qu'avec des bornes serrées par des vis.

Si les charbons ont une forme cylindrique, on place une bande de cuivre recouverte souvent d'une feuille mince d'étain ou de plomb autour du charbon et on les fixe solidement ensemble par une vis (voir élément Bunsen) ; ou bien on place le long du bord des plaques une bande de cuivre courbée en forme d'un U, que l'on fixe par des rivets ou des vis qui traversent les charbons et qui la pressent contre ceux-ci.

Sur cette garniture de cuivre on visse ou on soude les fils conducteurs.

Mais ce procédé donne à craindre ou que les plaques de cuivre ne soient point suffisamment en contact avec le charbon ou bien que celui-ci vienne à se briser, aussi on réunit souvent la tête du charbon, c'est ainsi que l'on appelle son extrémité supérieure, avec du métal fondu, du zinc ou du plomb par exemple.

On obtient ce résultat soit en plaçant le charbon dans un moule et en y versant le métal fondu, soit en trempant le charbon dans le moule, préalablement rempli du métal liquide.

Pour obtenir un contact plus intime des deux matières, on taille dans le charbon des encoches ou des trous.

Le zinc offre l'avantage de se contracter par le refroidissement et d'entourer ainsi fermement le charbon ; mais si la largeur du charbon est trop grande, il arrive parfois que le métal se fend en refroidissant, attendu que le charbon ne se contracte point. Dans ce cas il faut ajouter au zinc une addition de plomb.

Souvent aussi on emploie le plomb. Mais par suite de l'acide des piles qui grimpe le long du charbon, il se forme facilement du sulfate de plomb, matière de mauvaise conductibilité et qui donne lieu à la création d'une résistance nuisible. Pour éviter cet inconvénient on trempe la tête du charbon dans de la paraffine, qui en bouche les pores et oppose ainsi une digue au grimpement de l'acide.

Très souvent aussi on recouvre la tête du charbon d'une couverture de cuivre galvanoplastique, sur laquelle on peut souder le fil ou les bornes ; mais si cette couverture est trop épaisse, elle se détache facilement. Ceci est un point qui mérite une attention particulière, principalement si l'on étame cette couverture pour souder le charbon sur enveloppe de cuivre, ou si on le recouvre avec du métal fondu, car c'est un procédé qui, comme nous nous en sommes assurés par nous-même, donne les meilleurs résultats, si on l'exécute avec soin.

Dans nos expériences nous avons également indiqué de munir la tête du charbon d'un revêtement en étain ; ce procédé a aussi donné de très bons résultats par suite de la non solubilité de cette enveloppe.

Nous devons encore recommander de ne point tremper entièrement la tête du charbon dans la paraffine parce que pendant l'échauffement le métal se dilate, et il pénètre alors entre celui-ci et le charbon de la paraffine, ce qui affaiblit le contact intérieur entre le charbon et le métal. Pour obtenir un bon résultat, il faut tenir le charbon à plat et verser dessus, à 1 1/2 ou 2 $^{c}/_{m}$ au-dessous de la tête métallique, de la paraffine aussi chaude que possible, ce qui enlève à cette partie du charbon sa porosité, et empêche l'acide de grimper jusqu'au métal.

Si l'on emploie le cuivre comme garniture, l'attaque de l'acide n'a pas une grande importance, car, ainsi que nous le savons, le sel de cuivre qui se forme se décompose de nouveau, sitôt que le courant vient à passer.

Après ces digressions, qui ne sont certainement point superflues, nous reprenons notre entretien sur les éléments dans lesquels les électrodes de dérivation sont faites en charbon.

Nous voulons ici, comme en général dans tout le volume, donner surtout la description des dispositions qui ont trouvé un usage dans la pratique, et nous commencerons par l'élément que Walker construisit en 1849.

Élément Walker. — Dans le principe, il ressemblait à la pile à sable; il n'y avait que l'électrode de cuivre qui était remplacée par une électrode en charbon. Plus tard, en 1857, il donna à son élément une autre forme, et recouvrit le charbon d'un dépôt de platine; cette modification produisit des résultats si satisfaisants, que déjà en 1875, 9000 de ces éléments étaient en fonctionnement (Niaudet). Les électrodes sont placées dans un vase en poterie d'environ 15 $^{c}/_{m}$ de hauteur sur 5 $^{c}/_{m}$ de largeur, et le zinc plonge par son extrémité inférieure dans une soucoupe en gutta-percha, qui contient du mercure, et qui sert à entretenir une bonne amalgamation.

Les dépenses d'entretien de cet élément, dont le coût d'établissement est d'environ 2 fr. 10 c., atteignent par an 1 fr. 25 c. en y comprenant le salaire des surveillants, mais cette dépense peut être réduite jusqu'à 50 centimes environ, si comme c'est souvent l'usage, les employés du télégraphe soignent eux-mêmes les éléments.

Une pile peut fonctionner 12, 15 et même 17 mois sans avoir besoin de soins particuliers, et il est bon de noter que sur les 50 centimes, il y en a 36 qui répondent à la dépense du mercure.

La force électromotrice égale celle d'un élément Smee; comme dans celui-ci elle tombe cependant à la moitié si la fermeture du courant vient à se prolonger trop longtemps.

Le liquide se compose d'une partie d'acide sulfurique avec 8 parties d'eau.

La résistance intérieure de la pile est d'environ 1 Ohm; c'est certainement une résistance petite pour une pile télégraphique.

Nous devons citer encore ici la proposition faite par Böttger d'élever la constance de l'élément en plongeant le charbon dans de l'acide azotique. L'avantage de cette disposition peut être facilement comprise, après ce que nous avons dit ailleurs sur les différentes manières de détruire l'hydrogène sur l'électrode négative.

En effet, les petits charbons cylindriques, que l'on emploie souvent dans les appareils d'induction qui servent à la médecine, sont additionnés de temps en temps de quelques gouttes de cet acide, et à cet effet on trouve souvent dans ces piles un petit espace creux rempli d'amiante destiné à cet usage. Nous aurons une occasion plus propice de traiter ce sujet, lorque nous aurons appris à connaître l'élément Bunsen.

Remplacement des électrodes en charbon par des dépôts métalliques poreux.

C'est dans cette voie que Poggendorf et Drive ont perfectionné l'élément Volta ; le premier recouvrit l'électrode de cuivre avec un dépôt de poudre de cuivre, le second l'entoura d'une couche de cuivre sous forme d'éponge d'une épaisseur de 5 à 6 $^{m}/_{m}$.

Niaudet a fait une expérience semblable en recouvrant une plaque de plomb, avec une sorte de plomb en éponge d'une épaisseur de 5 $^{m}/_{m}$.

Il ne serait pas absolument juste de placer sur la même ligne, par rapport à leur action, la couverture en mousse de platine de l'élément Smee et ces perfectionnements de l'élement Volta. Ces dépôts augmentent il est vrai considérablement la surface des électrodes, et il s'introduit plus d'oxygène dans le liquide, mais il manque plus ou moins à ces métaux le pouvoir que possède le platine, d'exciter énergiquement la combinaison de l'hydrogène avec l'oxygène, et en outre ils sont tous plus ou moins attaqués par l'acide, ce qui réagit contre la force électromotrice produite par le zinc, sans compter que le plomb se couvre facilement d'une couche de sulfate de plomb, qui conduit mal le courant.

Élément zinc-fer. — Pour remplacer les matières coûteuses dont se composent les électrodes négatives dont nous avons parlé jusqu'ici, on a songé à employer le fer; cependant cette disposition produit une diminution considérable de la force électromotrice, et il est nécessaire que l'élément soit construit sur un plus grand modèle pour donner la même quantité de courant.

C'est cette voie qu'a prise Sturgeon qui (d'après Roberts) employait des pots en fonte de $25^{c}/^{m}$ sur $8^{c}/^{m}$ de diamètre. Un cylindre de zinc amalgamé était suspendu dans le liquide composé de huit parties d'eau et d'une partie d'acide sulfurique.

L'oxyde de fer toujours présent peut aussi aider quelque peu à la dépolarisation.

Münnich de Harlem a employé des plateaux de fer amalgamés et il a, dit-on, obtenu par ce moyen un élément dont la force électromotrice n'était guère au-dessous de celle d'un élément Smee.

Le fer est amalgamé par une attaque simultanée d'acide sulfurique dilué avec addition de mercure et le frottement continu avec du papier d'émeri.

Une dissolution de mercure produit aussi cette amalgamation.

Emploi du fer comme électrode soluble.

Élément fer-cuivre. — Si l'on remplace le zinc par le fer dans l'élément Volta, on diminue bien les dépenses, autant dans l'installation que dans la consommation, mais on obtient un courant beaucoup plus faible, de sorte que les avantages qui en résultent se trouvent plus que contre balancés. Le courant est plus faible que celui d'un élément zinc-fer.

Élément fer-charbon. — M. de Leuchtemberg dit en avoir obtenu un bon résultat (pour la dorure).

Remplacement de l'acide sulfurique par *un autre acide*.

Ce moyen ne produit pas un courant ni plus fort ni plus constant.

L'acide chlorydrique et l'acide nitrique ont, en outre, l'inconvénient d'être volatils et leurs vapeurs deviennent rapidement très incommodes.

Élément Roberts (Dingler's Journal, vol. CXXV, 1852). — Roberts a plongé des éléments formés d'une plaque d'étain et de deux plaques de platine dans de l'acide nitrique dilué, et prétend, avec **50** petits éléments de ce genre de $16^c/^m$ de hauteur et $11^c/^m$ de diamètre, avoir obtenu 21^{c3} de gaz détonnant par minute, et produit même de la lumière électrique.

Il se forme de *l'hydroxyde d'étain* qui, transformé en *stannate de soude,* possède une certaine valeur pour la teinture. Malheureusement, il se dégage du protoxyde d'azote mélangé d'ammoniaque, ce qui est fort désagréable.

La chaîne de Pulvermacher (fig. 18) a rencontré des applications assez étendues.

Elle se compose de petits bâtons de bois gros comme des crayons sur lesquels sont enroulés, isolés l'une de l'autre, des spirales de zinc et des fils de cuivre, dont les bouts en haut et en bas, à droite et à gauche, sont arrangés de façon, à ce que, sur le côté de la longueur, deux d'entre eux correspondent avec le cuivre et deux avec le zinc

Ces bâtons forment comme les maillons d'une chaîne dont les bouts du fil de zinc de la spirale précédente, courbés en forme de boucle, sont accrochés avec les boucles de cuivre du maillon suivant.

On se sert de vinaigre comme liquide excitateur.

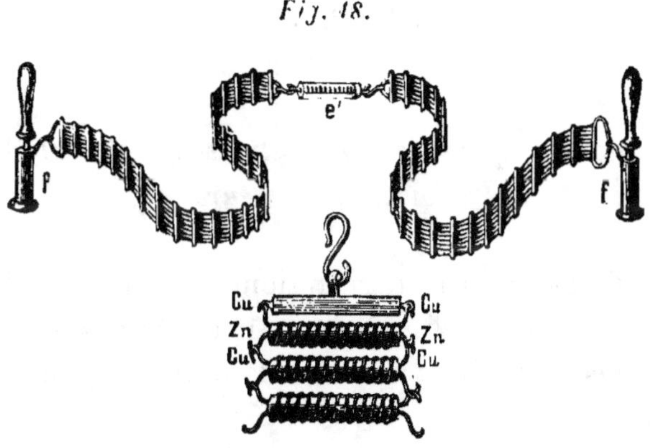
Fig. 18.

En les trempant dans ce liquide, le bois prend l'acide du vinaigre, de sorte que la chaîne produit un courant, même lorsqu'elle est hors du liquide.

Depuis plus de 30 ans, ces chaînes sont assez répandues comme appareils curatifs, autant en Allemagne qu'en France et en Angleterre.

Le courant devient beaucoup plus fort si on emploie du magnésium en place de zinc, et dans ce cas, l'eau ordinaire suffit pour exciter le courant.

Nous parlerons en terminant d'une nouvelle forme de cette chaîne, dont les membres sont faits de cylindres en bois placés l'un dans l'autre, et garantis par du coton de tout contact métallique. Une de ces chaînes de 70 maillons donne pendant longtemps une action énergique et durable; on peut la rouler en spirale et la conserver dans une petite tabatière.

Chaque cylindre est muni d'une ouverture dans laquelle est placé le fil conducteur qui sert à prendre le courant. Les acides dilués (même de l'acide chromique) ou des dissolutions de sel marin sont employés comme liquide excitateur. (*La Nature,* 1882, n° 46.)

Éléments dans lesquels des dissolutions de sel servent comme liquide excitateur.

Avant de passer à la description de ces divers éléments, nous allons apprendre à connaître l'action de l'eau de mer sur les différents métaux, dont il nous reste à faire une étude exacte.

Ces recherches furent commencées lorsqu'on songea à remplacer le doublage en cuivre des navires, par un doublage en fer.

Humphry Davy proposa déjà au commencement de ce siècle de protéger le cuivre des navires par une plaque en zinc mise en relation avec celui-ci.

Il a été démontré que, pour obtenir ce résultat, il suffit d'une plaque de zinc 150 fois plus petite que la feuille de cuivre.

Cependant on supprima de nouveau ce moyen de protection, car on s'aperçut que cette action augmentait sur la coque des navires le dépôt des animaux et des plantes marines, et provoquait la séparation de la magnésie et de la chaux, inconvénients qui nuisent à la vitesse de la marche et ne peuvent être mis en comparaison avec la perte de cuivre qui se produit par la dissolution de ce métal.

L'on fit également sur *la Gloire*, frégate munie d'armatures en fer, des essais qui conduisirent également à repousser ce moyen de protection.

Un mètre carré plongé dans l'eau de mer pendant un mois perd en poids :

	Grammes.
Acier	28,10
Fer	27,30
Cuivre	3,80
Zinc	5,60
Fer galvanisé	1,80
Étain	1,50
Plomb	traces

La proposition de cuivrer le fer ou de l'étamer a été également faite ; elle doit être également rejetée, si l'on réfléchit un instant que dans le cas où la plus petite partie de la couverture se trouverait endommagée, le fer passerait absolument à l'état d'électrode soluble d'un élément fermé.

Pile marine. — C'est à cette disposition que se rattache la vieille expérience de plonger une plaque de zinc et une plaque de cuivre dans la mer à quelque distance l'une de l'autre. On obtient un courant assez fort. que l'on peut expliquer de différentes manières ; la plus simple consiste à considérer la mer comme un grand vase dans lequel les électrodes sont plongées et entre lesquelles il se trouve une couche de liquide d'un diamètre excessivement grand.

Toutefois cette disposition ne peut guère avoir d'usage pratique d'autant moins que l'on ne peut avoir ainsi une pile de grande tension puisque les électrodes s'égalisent l'une l'autre par le liquide et que l'on n'a jamais qu'un seul élément. La même chose a lieu avec *l'élément terrestre* que Steinheil inventa en 1839, lorsque, dans des expériences sur la conductibilité de la terre, il plaça le bout du fil conducteur d'une station sur une plaque de zinc et l'autre bout sur une plaque de cuivre.

Le courant qui se produit est trop faible pour les télégraphes Morse ou à aiguilles, cependant des plaques de 0^{m2} 19 de surface suffisent pour faire fonctionner des horloges électriques.

Malgré tout il s'est formé récemment une société pour l'exploitation des batteries terrestres ; nous manquons malheureusement de renseignements plus précis sur leur mode de procéder pour produire des courants énergiques.

Élément Zinc. — Eau salée. — Charbon. — Le fait que l'eau salée n'attaque que d'une manière insensible le zinc même non amalgamé tant que l'élément n'est pas en activité, et que l'on peut en outre se procurer partout et facilement du sel de cuisine, assure un certain avantage à cet élément.

Les rapports suivants sont tirés de l'ouvrage de A. Niaudet

sur les piles électriques. D'après cet auteur la pile à électrodes de charbon et de zinc est employée en Suisse d'une manière presque exclusive, soit avec l'eau acidulée à l'acide sulfurique, comme nous l'avons dit plus haut, soit le plus souvent avec l'eau salée.

Il y a plusieurs dimensions ; la plus petite a des électrodes plates de 7^{cm} de haut seulement ; la suivante a des plaques de 10^{cm} sur 4 ; toutes deux n'ont qu'une seule plaque de charbon dans chaque élément ; les premières peuvent fonctionner un mois, les autres trois mois sans entretien.

Ces éléments coûtent certainement fort peu, et la consommation du zinc est presque nulle quand le courant ne passe pas, quoique le zinc ne soit pas amalgamé, ce qui est une condition très satisfaisante ; d'ailleurs, on peut enlever les électrodes pendant la nuit et pendant les heures de suspension du service ; cette opération est facilitée par la disposition donnée aux éléments : les électrodes sont attachées à une barre de bois ; en soulevant cette barre, on enlève les électrodes de dix éléments à la fois. Il paraît, cependant, que cette précaution est négligée dans la pratique.

Ces piles servent dans presque tous les bureaux des chemins de fer suisses ; on calcule le nombre d'éléments à employer par la résistance du circuit, sur la base d'un élément par lieue de résistance ; la lieue suisse est de 4,800 mètres. Sur la ligne de Genève à Lausanne, par exemple, on compte 12 lieues de ligne et six stations intercalées dans le circuit, dont les récepteurs ont chacun trois lieues de résistance, soit 18 lieues pour les appareils et 30 lieues pour le circuit total ; il faut donc

30 éléments. En France, on compterait en kilomètres ou en unités ; le résultat n'en serait pas changé.

Voici la description d'un autre modèle de la même pile.

Le charbon est un cylindre creux au milieu duquel se trouve une lame de zinc non amalgamé, comme nous avons déjà dit ; ces deux électrodes sont attachées à une planchette de bois qui repose sur les bords du vase contenant l'eau salée. La grande étendue relative du charbon est une condition très favorable (pour les piles à un seul liquide), comme nous l'avons expliqué à propos de la pile Wollaston. Dans le modèle employé en Suisse, le charbon a 14^{cm} de hauteur et 9 de diamètre extérieur. Ces piles peuvent fonctionner de 9 à 12 mois sans qu'on y touche.

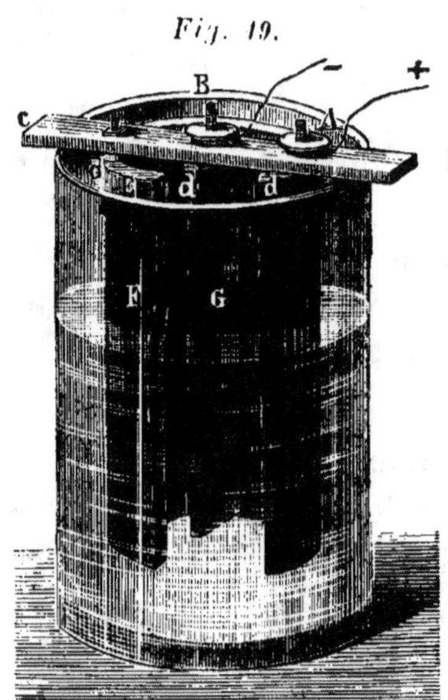

M. Cauderay, de Lausanne, à qui nous devons les renseignements qui précèdent, nous dit qu'il emploie la même pile à eau salée pour les sonneries d'appartements : il prend seulement des éléments plus grands qui ont jusqu'à 36 centimètres de hauteur. Il y a des exemples de piles de ce genre, abandonnées sans soins, qui ont fonctionné six et huit ans. Il en cite une qui a duré dix ans : le propriétaire se figurait que les piles devaient durer indéfiniment; on trouva naturellement que les zincs avaient fini par disparaître.

En ce qui concerne l'affaiblissement de cette pile, M. Cauderay a constaté qu'on peut l'épuiser en faisant passer un courant constant à court circuit pendant un temps qui varie de dix à vingt heures et qu'il suffit de deux ou trois heures de repos pour rendre aux éléments toute leur énergie. En d'autres termes, la dépolarisation se fait très rapidement.

La pile au sel marin est employée en Suisse non seulement pour la télégraphie et les sonnettes domestiques, mais même pour l'horlogerie électrique comme nous l'apprenons par une communication deM. Hipp, l'éminent constructeur de Neufchâtel, à la Société des sciences naturelles de cette ville. (Voir *Bulletin de l'association scientifique de France* 24 décembre 1876.) On verra plus loin (pile à alun) comment et dans quelles conditions cette pile légèrement modifiée est employée à Mulhouse pour conduire également des cadrans électriques.

Bouée électrique de M. Duchemin. — M. Duchemin a eu l'idée de placer des éléments de la dernière forme directement dans la mer en les suspendant à un corps flottant L'agitation continuelle de l'eau de la mer produit sans doute une dépolarisation presque complète. Quand on emploie plusieurs éléments, ils se trouvent naturellement dans le même liquide; il y a donc une petite perte d'électricité; mais ce doit être fort peu de chose, à cause de la forme des charbons qui enveloppent les zincs; il est bon, d'ailleurs, de prendre des précautions pour isoler les fils qui joignent les éléments entre eux.

Le principal objet de ces piles était la préservation des plaques de fer avec lesquelles sont construits aujourd'hui un très grand nombre de navires, de chalands, de bouées etc., etc. Il paraît que l'altération des coques de navire est relativement peu sensible dans la navigation et, au contraire, très marquée à l'ancre ou dans les ports; c'est aussi dans ce cas que l'emploi des bouées électriques de M. Duchemin est praticable.

Voici comment on emploie ces bouées électriques : sept éléments d'un diamètre de 10 centimètres environ, par exemple, sont mis en tension; le pôle positif de cette pile est mis en communication avec les plaques de fer à préserver, le pôle négatif (c'est-à-dire le zinc du dernier élément) est dans la mer, comme les autres d'ailleurs. Dans ces conditions, on a constaté par des expériences faites officiellement à Cherbourg, qu'on pouvait préserver de la rouille une surface de fer qui avait une étendue dix-huit fois plus grande que celle du zinc composant les électrodes solubles de la pile.

Il paraît que la simple addition d'une plaque de zinc ne suffit pas à préserver de la rouille la coque d'un navire en fer, tandis que, par l'emploi d'une ou plusieurs bouées électriques, on y a réussi, du moins pour un canot sur lequel on a fait une expérience prolongée.

Il est fâcheux que des essais aussi intéressants pour le matériel naval aient été discontinués au moment de la guerre et n'aient pas été repris depuis.

Avant de quitter ce sujet, nous dirons qu'il est fort possible que la pile à eau de mer soit un peu meilleure que la pile à eau salée proprement dite, parce que l'eau de mer ne contient pas seulement du chlorure de sodium. Nous n'avons malheureusement pas de renseignements positifs sur ce point.

Quoiqu'elle soit inférieure à beaucoup d'autres (notamment à celle au sel ammoniac dont nous parlerons bientôt), la pile à eau salée ou à eau de mer peut être recommandée notamment dans les lieux voisins de la mer, où la dépense est encore moindre qu'elle n'est ailleurs.

Éléments au sel ammoniac.

L'élément Bagration se compose d'un vase rempli de terre, dans lequel on enfonce une électrode de zinc et une de cuivre. Comme liquide excitateur on emploie une dissolution de chlorydrate d'ammoniaque dont on imbibe la terre. De la Rive attribue la constance remarquable de cet élément à une diminution dans la séparation de l'hydrogène sur la surface de cuivre par suite des combinaisons ammoniacales qui se produisent, ainsi qu'à l'absorption de l'hydrogène par la terre, qui rend en cette circonstance le service d'un diaphragme.

Il proposa également de ne point placer les deux plaques trop près l'une de l'autre, et de mouiller la plaque de cuivre et de la sécher avant de la tremper dans la dissolution de sel ammoniac, afin d'y former une couche verte, de vert-de-gris, proposition que Fechner avait déjà faite en 1831, en proposant de traiter de cette façon le côté de la plaque de cuivre qui fait face au zinc, et même d'employer pour cela le foie de souffre.

On peut facilement comprendre que la capacité de la terre pour retenir l'oxygène ainsi que sa porosité jouent ici un rôle principal, d'autant plus que, lorsque la partie supérieure n'est pas complètement mouillée mais simplement humide, il s'y emmagasine peut-être continuellement de l'oxygène de l'air.

Élément-zinc sel ammoniac-charbon. — Ce que nous avons dit sur l'attaque de la plaque de zinc de l'élément au sel de cuisine peut encore mieux s'appliquer aux éléments au sel ammoniac. Si l'élément précédent donne déjà des résultats assez satisfaisants, la bonté de ce dernier mode s'accroît encore autant par l'emploi du charbon, que par celui de diverses dispositions dont nous allons donner la description plus exacte.

Pour agrandir le plus possible la surface de l'électrode négative, on place le charbon dans un vase percé de trous ou un vase poreux que l'on remplit de petits morceaux de charbon de cornue de la grosseur d'un pois, que l'on presse le plus possible les uns contre les autres, et qui constituent ainsi un grand cylindre de charbon plein de cavités.

Celui-ci est alors entouré par un cylindre de zinc, et tous deux sont plongés dans un vase rempli d'une dissolution de sel ammoniac.

Au lieu de nous étendre plus longuement sur des avantages que l'on aperçoit clairement, nous allons citer les conclusions que Sauvage a tirées des expériences suivantes qu'il a faites avec cet élément en 1875.

(Niaudet. Traité élémentaire de la pile électrique.)

M. Sauvage, contrôleur des lignes télégraphiques, a publié, en 1875, une étude très intéressante sur les piles à électrode de charbon et à sel ammoniac. Ses expériences conduisent à plusieurs conclusions importantes :

1. L'étendue du charbon doit être d'autant plus grande que la surface du zinc est elle-même plus grande; et en

augmentant la masse du charbon pour un zinc donné, on pourrait arriver à supprimer la polarisation.

2. Il importe qu'une partie du charbon soit exposée à l'air; on constate qu'en ajoutant du liquide jusqu'à y plonger tout le charbon, l'intensité diminue et reprend sa valeur quand on enlève le liquide. C'est ce que M. Sauvage appelle la nécessité de laisser respirer le charbon.

Aussi approuve-t-il la disposition dans laquelle on emploie des vases poreux dépassant beaucoup le niveau du vase de verre.

3. Le charbon qu'on doit préférer est le charbon de cornue à cause de sa porosité, et, comme nous l'avons dit en parlant de l'action chimique dans la pile de Volta, il faut l'employer en fragments assez gros pour faciliter l'accès de l'air. Le coke pilé qu'on avait employé antérieurement doit être écarté.

Ces conclusions seront facilement admises par le lecteur; il comprendra que la présence de l'oxygène dans les pores du charbon contribue à dépolariser la pile; il est possible que la faculté particulière du charbon d'absorber les gaz en grande quantité joue ici un rôle, et que les propriétés des gaz ainsi condensés dans les pores du charbon soient différentes de ce qu'elles sont dans les conditions ordinaires.

Action chimique dans les piles au sel ammoniac.

Nous trouvons encore dans le mémoire de M. Sauvage des analyses intéressantes faites par M. Ferray. Ce chimiste a étudié des cristaux bien définis recueillis dans les piles au sel ammoniac et il leur a trouvé la formule :

$$3ZnCl,\ 4AzH^3,\ 4HO.$$

M. Ferray a également analysé les gaz que dégage l'élément et a trouvé :

1/2 volume d'hydrogène ;

1/3 de volume d'azote et d'acide carbonique ;

1/6 de volume d'hydrogène carboné (C^2H^4).

Ces résultats confirment ce que nous avons dit plus haut de la composition compliquée des corps qui se forment dans les piles. Il serait à désirer que M. Ferray reprît et étendît ces analyses à des piles analogues à celle qu'il a déjà étudiée.

Fig. 20.

Élément Maiche. — Parmi les éléments qui emploient l'oxygène de l'air pour détruire l'hydrogène qui se sépare, l'élément L. Maiche (*fig. 20*) pourrait prendre la première place, car les dispositions prises en vue d'obtenir ce résultat s'y trouvent exécutées d'une manière ingénieuse.

Comme électrode négative, on emploie du charbon platiné, entouré de grains de charbon platinés et rassemblés dans un vase poreux et percé de trous.

Par le milieu du couvercle en ébonite qui ferme le vase, passe un tuyau en caoutchouc durci qui descend vers le bas de l'élément et au bout duquel est fixée une tasse en porcelaine.

Cette tasse est destinée à recevoir du mercure et des morceaux de zinc, qui constituent l'électrode positive.

Un fil de platine qui trempe dans l'amalgame et qui se rend vers le haut à travers le tuyau d'ébonite, donne la communication avec la borne : un deuxième fil de platine sert à la dérivation du courant; il est enroulé autour d'un morceau de charbon plus gros et aboutit à la deuxième borne. Comme liquide excitateur, on se sert soit de 250 grammes de sel ammoniac ou de 140 à 150 grammes de bisulfate de soude, ou si l'on manque des deux, on emploie de l'eau additionnée de 5 à 10 0/0 d'acide sulfurique.

Le liquide, qui comporte environ un litre et demi, ne doit remplir que les 2/3 de l'élément et se trouver à peu près à 2 $^{c/m}$ au-dessus du bord inférieur du vase poreux, afin que la partie supérieure des grains de charbon de cornue ne se trouve qu'humectée et que l'oxygène de l'air puisse y trouver accès.

Si nous voulons accepter de pleine confiance les allégations de l'inventeur sur son élément, on obtient 95 0/0 d'économie dans la dépense d'entretien par rapport aux autres éléments qui emploient différentes matières pour détruire l'hydrogène qui se dégage.

On comprend qu'il y ait en effet économie sérieuse puisque l'oxygène de l'air ne coûte rien. Certainement l'inventeur admet aussi, ainsi que nous le voyons dans une petite brochure qui nous a été remise à l'occasion de l'Exposition d'Électricité de Paris, que son élément ne permet point un service actif et n'est bon que pour un usage interrompu, tel que la télégraphie domestique. Par contre, le zinc est tellement bien utilisé qu'un gramme de zinc dissous est capable de séparer à nouveau un gramme de zinc de sa dissolution.

Il est facile de comprendre pourquoi une fermeture en court circuit épuise bientôt l'élément.

Nous savons que, lorsque la résistance extérieure est faible, le zinc se dissout plus rapidement et qu'une augmentation dans la dissolution de zinc entraine avec elle une augmentation dans le dégagement de l'hydrogène qui absorbe rapidement l'oxygène dissous, et tarit bientôt la somme de réduction que nous avons à notre diposition.

Quelque temps de repos ou un travail sur une plus grande résistance, 2 à 4 kilomètres de fil télégraphique suffisent à l'élément pour reprendre sa force électromotrice primitive qui atteint 1' 25 Volt.

La donnée sur la durée d'activité d'un élément, qui devrait fonctionner de dix à quinze ans, nous paraît quelque peu exagérée.

Certainement si le liquide est toujours renouvelé à temps afin que les pores du charbon ne se remplissent pas d'oxychlorure de zinc ammonical insoluble, il peut en être ainsi, mais alors rien ne s'oppose à sa durée éternelle. On ne peut donc pas comme Maiche le déclare, laisser l'élément plusieurs années sans y toucher.

Certainement la disposition de l'électrode positive à une certaine distance du fond du vase est avantageuse et fait que les sels de zinc qui se produisent peuvent se précipiter et se trouvent empêchés de monter jusqu'au charbon, et d'y faire un dépôt de zinc.

Selon l'inventeur, la résistance de l'élément n'atteint qu'un 1/2 Ohm, ce qui est très peu comparativement aux autres éléments de ce genre.

Le prix de fabrique est de 5 francs, le mercure nécessaire vaut cinquante centimes, les deux morceaux de zinc 30 centimes.

Cet élément est largement répandu pour la télégraphie domestique, ce qui, d'après les explications qui viennent d'être données, pourra facilement trouver croyance auprès de chacun.

Élément Satory. — Nous ne pouvons quitter ce sujet sans faire remarquer qu'il y a bien des années, un électricien viennois, Charles Satory a combiné et exécuté une disposition semblable, qui a également donné des résultats satisfaisants.

Dans le milieu d'un couvercle en caoutchouc durci, on fixe sur une barre de métal couverte de caoutchouc ou de toute autre matière préservatrice, une sorte de dé en charbon platiné, qui trempe à moitié dans le liquide.

Sous ce dé se trouve une coupe en porcelaine destinée à recevoir du mercure et des rognures de zinc. Le fil avec lequel elle est attachée au couvercle, sert à la communication de l'amalgame avec la borne et se trouve soigneusement isolé.

Cet élément a donné de bons résultats pour les sonneries domestiques et s'il n'a pas été plus répandu c'est que l'inventeur a renoncé à s'occuper plus longtemps de ce sujet, qui mériterait cependant d'être de nouveau repris.

Élément à l'alun. — Nous trouvons dans les *Annales de Poggendorf* (LXXVII, p. 486, 1849) que Stohrer a combiné un élément avec des électrodes de charbon et de zinc non amalgamé, plongées dans une dissolution d'alun.

Il plaçait ces morceaux de charbon enroulés de fil de cuivre contre la paroi intérieure d'un vase en grès, dans le milieu duquel il mettait le zinc et remplissait le vase avec du sable sur lequel il versait une dissolution saturée d'alun ; il entourait quelquefois le zinc d'une enveloppe poreuse et formait le reste simplement avec des morceaux de charbon, ce qui se rapproche beaucoup de l'élément dont nous venons de parler.

Toutefois la force du courant de cette pile tombe rapidement en court circuit, mais elle reprend rapidement sa grandeur primitive dès que le courant est ouvert,

Helm de Mulhouse ajoute à l'alun du chlorure de sodium, ce qui devrait élever la force du courant parce que la résistance intérieure se trouve diminuée ; il emploie en outre des éléments d'une assez grande dimension.

Son cylindre de charbon a 9 $^c/_m$ de diamètre intérieur et 12 $^c/_m$ de diamètre extérieur et plonge ainsi que le zinc qui a une largeur de 6 $^c/_m$ sur une épaisseur d'un 1/2 $^c/_m$ et une hauteur de 20 $^c/_m$ dans un liquide composé d'une dissolution faite avec 200 grammes d'alun et 600 grammes de sel gris.

Seize éléments de ce genre font marcher vingt horloges électriques distribuées sur deux circuits.

Pour que la force de la pile, ce qui est très important pour cet usage, demeure constante, on recharge chaque semaine deux éléments de cette batterie, ce qui correspond à une durée de quatre mois pour un élément ; pendant cet espace de temps, on n'a pas besoin de s'en occuper en aucune façon.

Si l'on pense que chaque minute il se produit deux fermetures de courant de deux secondes chaque, il y lieu de se déclarer satisfait du fonctionnement de ces éléments.

Si l'on emploie ces éléments à d'autres usages, leur renouvellement n'a point besoin d'être si fréquent. Les éléments qui sont par exemple au service de la télégraphie pour le service des incendies, n'ont été rechargés qu'une fois tous les deux ans.

La description de cette disposition intérieure mérite toute notre attention, et c'est grâce à elle que l'on a eu de si bons résultats.

Cet exemple nous montre que même avec des piles qui ne sont pas constantes, on obtient le but désiré si l'on emploie certaines dispositions ingénieuses dans le genre de celles que nous venons de décrire.

Avant de passer aux éléments à courant constant ou, comme nous les appelons d'une autre façon, éléments sans polarisation, nous dirons encore que certains inventeurs ont aussi pensé à maintenir la force du courant en mettant en mouvement soit le liquide, soit les électrodes.

Élément Lagrange. — Cette première voie a été prise par Fabre de Lagrange, qui faisait tomber d'un vase placé au-dessus de l'élément, de l'acide sulfurique dilué, goutte par goutte, dans le vase qui renfermait le zinc.

L'électrode de charbon était placée dans un vase poreux entourée de petits morceaux de charbon.

Au fond de ce vase était pratiquée une ouverture munie d'un tuyau par lequel on écoulait le liquide saturé ou en excès.

Le renouvellement du liquide peut aussi bien contribuer

aux résultats favorables fournis par cette pile que l'absorption de l'oxygène atmosphérique qui a lieu par suite de cet écoulement goutte à goutte.

La disposition en est malheureusement trop compliquée pour que l'on puisse l'utiliser pratiquement.

C'est pour cette raison qu'il n'y eut qu'une demande très restreinte pour la pile construite en 1847 par Brett et Little, qui cherchaient à perfectionner la pile àsable, en faisant également tomber sur le sable de l'acide sulfurique, goutte par goutte.

En 1864, Maistre (et avant lui, Erkmann en 1819), ainsi qu'on en a la description dans le quatrième volume de *les Mondes*, a construit son élément d'une façon différente de celles qui ont été décrites jusqu'ici, afin de pouvoir donner aux électrodes un mouvement continu.

A cet effet, il fixa dix disques de cuivre ou de charbon isolés sur un axe reposant sur des coussinets. Ces disques trempaient dans dix verres dans lesquels se trouvaient des plaques de fer comme électrode soluble. Des ressorts métalliques assuraient le passage du courant entre les disques en rotation.

Il est superflu de faire remarquer combien cette rotation joue ici un rôle important en fournissant aux disques l'occasion d'absorber de l'oxygène pendant leur mouvement.

Il faut encore mentionner *l'élément zinc-cuivre*, par suite de son emploi particulier à régler le nombre des opérations de remplissage et de vidage des appareils à diffusion dans les fabriques de sucre. A cet effet, les diffuseurs, c'est-à-dire les appareils dans lesquels on place les tranches de betterave sont pourvus de plaques de zinc et de plaques de cuivre.

Celles-ci sont en communication avec un compteur électro-magnétique. Il est clair que sitôt que le diffuseur sera plein de liquide, il naîtra un courant qui mettra l'électro-aimant en activité, et par suite l'aiguille du compteur en mouvement.

Cette disposition a été inventée par Sebek de Prague et se trouve décrite dans le journal périodique de l'Industrie du sucre en Bohême, vol. V 1880.

Éléments à un liquide et un oxyde métallique.

Élément au peroxyde de plomb. — Si l'on entoure l'électrode négative de l'élément Smee avec du peroxyde de plomb en plaçant la feuille de platine dans un vase poreux que l'on remplit avec cette matière, on obtient un élément dont l'énergie est le double de celle de l'élément primitif.

C'est à De la Rive que revient le mérite d'avoir le premier, il y a environ 30 ans, appelé l'attention sur cette disposition.

Le docteur Beetz a fait des études suivies sur cet élément et a trouvé que la force électromotrice est de 2,4 Volts. Elle tombe cependant à 1, 4, après une fermeture de 30minutes en cours circuit pour remonter à 2,16 après 5 minutes de repos.

Nous voyons donc que la réduction du gaz hydrogène

qui se dégage n'est point complète et nous pensons que cette réduction serait plus rapide, si l'on mélangeait le peroxyde avec des morceaux de charbon et si l'on plaçait ce mélange autour de l'électrode.

L'augmentation considérable de la force électro-motrice ne saurait être attribuée qu'à l'oxydation énergique de l'hydrogène, deuxième travail chimique, qui a lieu dans l'élément.

La marche de l'action chimique qui se passe est la suivante :

$$Zn + SO_4H_2 + SO_4H_2 + PbOO$$
$$= ZnSO_4 + 2H_2O + PbSO_4.$$

Mais cette réaction ne se fait point aussi facilement que nous l'écrivons, ainsi que nous le verrons plus tard.

Un inconvénient qui résulte de la disposition de cet élément, c'est la facilité qui est offerte à un corps insoluble de prendre naissance, le sulfate de plomb qui arrive à couvrir l'électrode et à augmenter ainsi la résistance intérieure. On obtient également un élément d'une activité assez satisfaisante, en employant au lieu de peroxyde un mélange de minium et de petits morceaux de charbon de cornue.

Élément au peroxyde de manganèse ou élément Leclanché. — Bien que De la Rive, en même temps qu'il essayait son élément au peroxyde de plomb, étudiât également des éléments avec du manganèse, c'est sans aucun doute Leclanché que l'on doit considérer comme l'inventeur de l'élément au manganèse, puisque ce n'est que grâce à ses efforts qu'il a réussi à donner à cet élément une perfection telle, que par suite de ses bonnes qualités, c'est un des éléments les plus répandus aujourd'hui. Nous ne ferons point ici l'historique de cet élément, nous contentant de le décrire dans sa forme la plus fréquemment employée.

Un vase carré *(fig. 21)*, terminé par un cou rond, qui a une courbure en forme de bec, renferme, en outre d'un crayon de zinc, un vase poreux, duquel sort une plaque de charbon entourée de petits morceaux de charbons de cornue et de manganèse concassé.

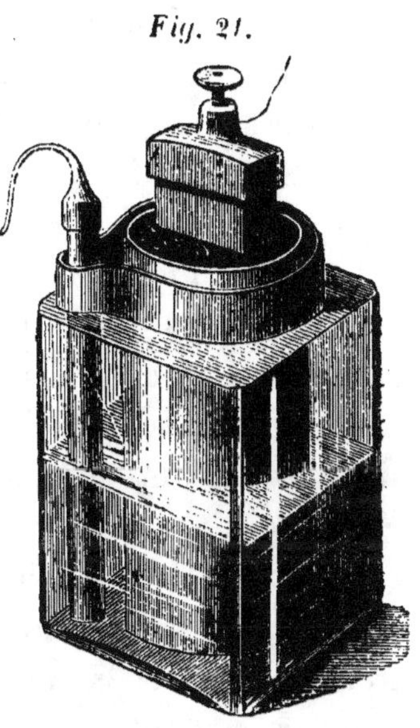

La forme carrée des vases est en général avantageuse car elle permet de mieux utiliser un espace donné.

Le vase poreux est, pour éviter que les morceaux de charbon ne puissent tomber, fermé par une couche de poix à l'exception d'une ouverture qui permet à l'air de s'échapper et d'entrer. Ce vase poreux doit s'adapter aussi bien que possible avec le cou du vase extérieur, afin de prévenir l'évaporation du liquide.

Le crayon de zinc, d'un centimètre de diamètre, est muni d'une spirale de fil et se place dans la partie du vase, du côté du bec, que l'on remplit à moitié avec une dissolution de sel ammoniac.

Le charbon porte un morceau de métal fixé par une soudure au plomb avec vis pour attacher le fil.

La force électromotrice comporte 1,38 Daniell (d'après

Leclanché), la résistance des éléments avec vases poreux de **14** cm de hauteur est égale à **5 1/2** à **6** unités. Il faut attribuer cette faible résistance à ce que l'électrode négative possède une assez grande surface, et que le manganèse est un conducteur passable.

Leclanché déclare que **24** de ses éléments peuvent remplacer **40** éléments Daniell et qu'à grandeur égale leur résistance est inférieure à ces derniers.

D'après les expériences, on peut admettre le rapport de **17-24**, ce qui correspond assez exactement avec le dire de l'inventeur.

Une des supériorités principales de l'élément Leclanché consiste dans sa faible consommation de zinc, qui n'a réellement lieu que lorsque l'élément est en fonctionnement. Nous avons déjà montré l'importance de cette qualité, en parlant des éléments au sel ammoniac.

Le froid n'a qu'une très faible influence sur la capacité conductrice de l'élément, ainsi que l'ont confirmé des expériences suivies qui ont été faites par Lartigue. Un froid même de **25°** ne diminue point son action d'une manière sensible.

Leclanché lui-même dit que la résistance ne monte que de **2.3** à **4.22** unités avec un abaissement dans la température de + **10°** à — **18°**.

La résistance de l'élément Daniell qui a + **10°** comporte **8.35** unités monte à **0°** à **12.57** unités et atteint même **14** unités. Avec — **20°** la résistance monte même à **200** unités, et déjà à **6°** le liquide commence à s'épaissir.

Nous avons déjà dit que l'électrode positive est faite avec un crayon de zinc d'un centimètre de diamètre; cette disposition assure à l'électrode charbon une puissante supériorité par rapport à la surface, et nous avons fait observer quelques pages plus haut, que cette disposition a une grande importance pour obtenir une dépolarisation complète.

Nous dirons enfin comme point important, que la barre de zinc n'est point fondue, mais tirée au banc et amalgamée et cela par les motifs suivants. Des électrodes en zinc fondu renferment toujours plus ou moins de creux qui augmentent leur surface et produisent dans la plupart des cas une consommation de zinc inutile. Les électrodes sont déjà meilleures en zinc laminé, mais du fil tiré au banc est encore supérieur pour cet emploi. Enfin pour produire le zinc laminé ou étiré on ne peut guère employer que du zinc pur, tandis que pour des objets fondus on emploie toutes espèces de zinc, et il s'y glisse encore quelquefois d'autres métaux soit à dessein soit occasionnellement. Ces impuretés feraient disparaître un des avantages principaux des éléments Leclanché, celui de ne pas consommer de zinc à l'état de repos.

L'amalgamation a principalement pour but de régulariser la consommation du zinc le plus possible, car les rugosités qui existent sur du zinc non amalgamé, aident à la formation de cristaux, ce qui a pour suite une diminution de surface, une augmentation de la résistance intérieure, une action chimique plus faible, toutes causes qui affaiblissent le courant.

En ce qui concerne l'électrode négative, il faut également ment prendre pour sa construction certaines mesures de précaution, si l'on veut que l'élément rende son maximum.

Le peroxyde de manganèse doit avoir une structure cristalline et soyeuse et posséder le brillant du graphite, en un mot, ce doit être ce minerai qui est connu en minéralogie sous le nom de « pyrolusite », qui seul, des oxydes de manganèse, possède la conductibilité nécessaire.

Leclanché déconseille l'emploi de poudres fines dont la résistance atteint 150 à 200 unités et devient plus grande que celle du liquide dans lequel il est plongé, ce qui a pour effet de faire dégager l'hydrogène sur l'électrode de charbon, tandis que par l'emploi de morceaux grossièrement concassés la résistance est plus faible de 12 à 15 unités.

Il n'est pas absolument admissible de tirer cette conclusion de la résistance de la poudre, et cette supposition a été également confirmée par les résultats des recherches que Beetz a faites à ce sujet.

Celui-ci a opéré avec des mélanges de charbon fin et de peroxyde en poudre, de pyrolusite en poudre et de charbon en gros grains, de charbon en poudre et de pyrolusite en gros morceaux ; il a trouvé que tous les éléments qui contenaient de la poudre fine de charbon étaient mauvais, et que par contre le mélange de charbon en gros morceaux et de manganèse en poudre fine est celui qui donne les meilleurs résultats.

On peut en donner l'explication en disant que dans cette disposition l'hydrogène rencontre partout de la pyrolusite dépolarisante, tandis qu'avec des gros morceaux, il peut arriver que le charbon se recouvre de petites bulles d'hydrogène sur lesquelles ne peut agir la pyrolusite qui se trouve à quelque distance. Du reste un fait connu de tous les chimistes c'est que les réactions chimiques se passent d'autant plus facilement que les matières qui agissent sont dans un plus grand état de division.

Toutefois Beetz admet que cette disposition n'est pas celle qui donne la plus grande force.

Leclanché emploie un mélange de parties semblables de pyrolusite débarrassé de toute gangue, et de charbon de cornue cassé en morceaux de grosseur semblable à ceux du manganèse.

Il déclare formellement que la résistance intérieure d'un élément dans lequel on emploie le pyrolusite sous forme de poudre est cinq fois plus grande que celle d'un élément composé de gros grains.

Enfin en ce qui touche le liquide, il ne doit jamais monter au-dessus de la moitié de la hauteur du vase poreux, et il doit se composer d'une dissolution saturée de sel ammoniac *pur*, car les sels *ordinaires* contiennent souvent des chlorures ou des sulfates de plomb. impuretés qui ont une action des plus nuisibles, par suite de leur réduction par le zinc, et qui donnent lieu à une consommation continuelle de zinc, (puisqu'il se forme un élément fermé zinc, liquide, plomb.)

Non seulement une dissolution saturée offre l'avantage de diminuer la résistance intérieure, mais un pareil liquide est en outre capable de soutenir à sa surface les corps insolubles qui se produisent, ce qui est assez important; avec un liquide moins dense, il arriverait que l'oxychlorure de zinc qui se forme se mettrait sur les électrodes et il y aurait diminution de surface; et comme ce corps est mauvais conducteur, il se produirait encore une augmentation dans la résistance, deux causes d'affaiblissement du courant.

Perfectionnement de l'élément Leclanché.

Nous avons déjà fait remarquer dans l'élément au sel ammoniac combien il est important de presser les morceaux de charbon le plus possible contre l'électrode. Il en est de même pour le mélange qui constitue l'élément Leclanché et avec d'autant plus de raison que nous venons de voir que le liquide possède une résistance supérieure à celle du mélange de pyrolusite et de charbon.

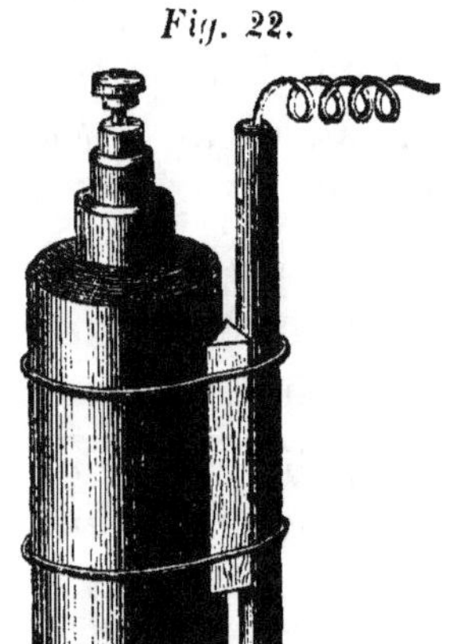

Fig. 22.

En poursuivant cette idée, Leclanché arriva à opérer la pression du mélange au moyen de presses hydrauliques et à se passer de vase poreux, en faisant de son mélange un bloc solide au moyen d'une addition de cinq parties de gomme-laque et une pression de 300 atmosphères, à la température de 100 degrés. C.

Le cylindre solide que l'on obtient ainsi se compose de 40 parties de pyrolusite, 52 parties de charbon, 5 parties de gomme-laque et de 3 à 4 parties de bi-sulfate de potasse. Ce dernier sel est introduit pour aider à la dissolution de l'oxychlorure de zinc qui pourrait pénétrer dans les pores.

Une tête en zinc fondu munie d'une vis sert à la communication avec l'électrode de l'élément voisin, qui se compose d'un crayon de zinc séparé du charbon par des bandes en caoutchouc, ou par un petit bloc de bois, également retenu par des bandes de cette matière, comme le représente la figure 22.

Lorsque le cylindre est usé, il est bon à jeter, car il n'a plus aucune valeur, sauf la tête de zinc et la vis.

Cette disposition ne réalisa cependant point complètement les espérances qu'on avait fondées sur elle, car la résistance intérieure atteint rapidement une élévation considérable.

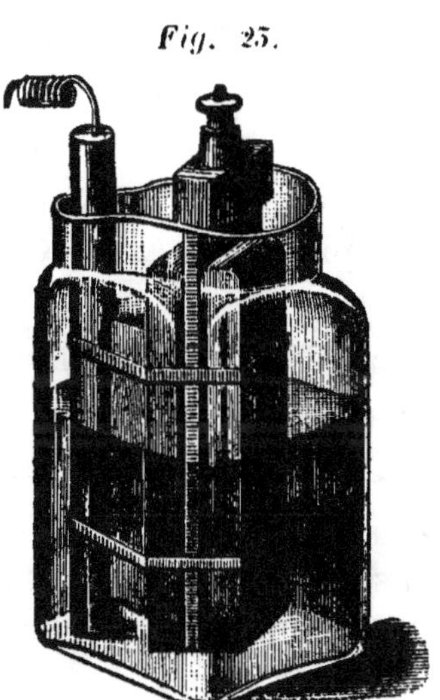

Fig. 23.

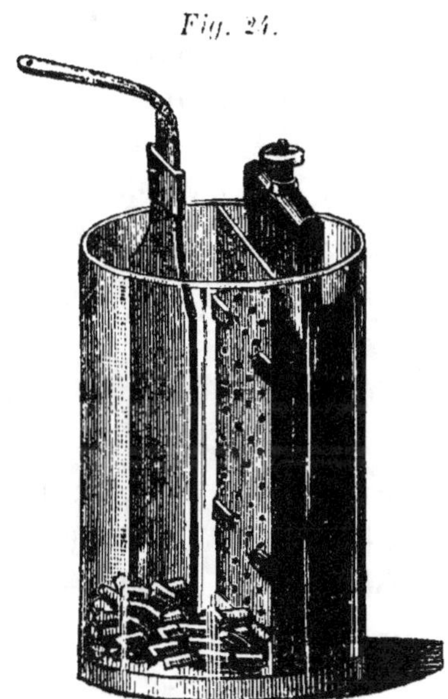

Fig. 24.

Leclanché abandonna donc cette forme et façonna, avec le mélange indiqué plus haut, des plaques qui étaient fixées à l'électrode de charbon au moyen de ronds en caoutchouc *(fig. 23)*.

Ces plaques ont encore cet avantage, c'est qu'elles permettent de varier la résistance, à la volonté du constructeur, selon qu'il emploie une, deux ou trois plaques.

S'il est nécessaire de diminuer fortement la résistance

on peut même employer des cylindres de zinc, ou comme le fait la *India rubber gutta-percha and Telegraph Works Company*, des prismes de zinc laminé à quatre faces, ce qui fait que ces éléments deviennent ainsi capables de fonctionner même à travers des câbles sous-marins.

L'Élément à pyrolusite de Tyer (fig. 24) se compose d'un vase cylindrique en porcelaine, divisé intérieurement en deux compartiments de grandeur différente par une plaque percée à la façon d'une passoire également en porcelaine et qui s'appuie sur deux sortes de nez qui font saillie à l'intérieur. Dans le compartiment le plus petit, on met l'électrode de charbon entourée de charbon et de pyrolusite concassé, et dans le grand une plaque de zinc avec du sel ammoniac.

D'après les dires de Leclanché, son élément agit d'autant mieux que le mélange dépolarisant est plus sec; dans celui-ci, cependant, le liquide se répand uniformément dans tout l'élément, puisqu'il n'y a pas de vase poreux; c'est peut-être à cette circonstance qu'il faut attribuer la dépolarisation rapide. A cet élément se rattache :

L'Élément permanent de Marcus, dont l'électrode de zinc fondue en forme d'étoile plonge dans une corbeille cylindrique en papier que l'on obtient par un traitement semblable à celui que l'on pratique dans la fabrication du parchemin artificiel.

Sur le bord supérieur de l'élément, on fixe une bague en ébonite, traversée par un bouchon de caoutchouc à travers lequel passe le cou cylindrique de l'électrode de zinc.

La petite corbeille se place sur un des côtés du vase qui est de forme carrée, et l'électrode-charbon de l'autre côté. L'espace qui les sépare est rempli avec le mélange.

L'on voit que dans cet élément c'est l'électrode de charbon qui a la supériorité, ce qui aide beaucoup à la dépolarisation. Cette disposition diminue également la résistance intérieure, et la corbeille en papier, ainsi que la forme de l'électrode de zinc, et l'addition de bisulfate de soude viennent encore concourir à produire ce résultat.

Comme nous l'avons déjà dit à propos de l'élément Leclanché, ce bisulfate sert à dissoudre l'oxychlorure de zinc qui se forme. Toutes ces dispositions concourent à constituer un élément qui possède un courant énergique.

Comme dans l'élément Tyer, le liquide se répand uniformément dans la totalité du mélange, par suite le passage de l'hydrogène se trouve complétement fermé, puisque l'ensemble ne présente pour ainsi dire qu'un bloc.

C'est pourquoi ces éléments, comme leur nom l'indique, fonctionnent d'une façon permanente avec énergie, ce qui leur a valu leur entrée dans le service télégraphique des chemins de fer et de la marine de guerre de l'Autriche.

On recouvre parfois les grains et l'électrode de charbon avec de la mousse de platine, ce qui en augmente encore les avantages; ce mode a déjà été appliqué dans

L'*Élément Clark et Muirhead*, dans lequel le zinc façonné en forme de cylindre creux se place dans un vase poreux, autour duquel on dispose le mélange. Le vase extérieur est cimenté et le vase intérieur muni d'un couvercle, afin d'éviter toute évaporation.

Les inventeurs platinent même parfois la pyrolusite.

Il y a lieu de discuter sur l'opportunité de cette préparation, car on peut se demander, avec juste raison, si elle ne diminue pas son activité chimique.

D'après les rapports de Clark et Muirhead, ces éléments ne perdent après une minute de service sur une résistance de 100 unités que 1 0/0 de leur force électromotrice, tandis que celle de l'élément Leclanché diminue de 1 1/2 0/0; après 5 minutes, la situation est de **2 : 5**. Après 10 minutes, le premier ne diminue que de 2 0/0, tandis que l'élément Leclanché perd 10 0/0. Des expériences poussées plus loin montrent que l'élément platiné reste alors constant, pendant que l'élément Leclanché diminue constamment.

Toutes ces formes de l'élément Leclanché ont le défaut de contenir une trop faible quantité de liquide, ce qui fait qu'il se sature de plus en plus, et d'autant plus que le manganèse suffirait pour plusieurs charges de sel ammoniac, même pour plusieurs zincs.

Leclanché a fait lui-même de nombreuses expériences à ce sujet, mais le défaut dont nous venons de parler l'a ramené à la forme actuellement employée. Nous ne pouvons passer sans mentionner :

L'élément Binder, dont nous allons donner la description, car c'est peut-être celui qui s'écarte le plus des éléments décrits jusqu'ici.

Il se compose d'un vase cylindrique, qui porte à peu près vers son milieu une saillie, qui sert d'appui à un cylindre de zinc creux.

On dispose au centre du vase un crayon de charbon autour duquel, dans la partie en dessous de la saillie, on tasse le mélange que nous connaissons. Un couvercle muni de deux ouvertures, une carrée au milieu pour le charbon, sur le bord la deuxième pour le fil soudé au cylindre de zinc, empêche aussi bien l'entrée de poussières externes que l'évaporation.

On doit remarquer que cette forme de l'élément doit amener la polarisation rapide de la portion du crayon de charbon qui fait face à la bague de zinc, ce qui doit diminuer la force du courant jusqu'au moment où la portion inférieure qui touche au mélange produira son action.

En outre une des conditions principales pour une bonne et durable activité de l'élément fait ici absolument défaut, en ce sens, que le crayon de charbon est entièrement privé de la possibilité de « respirer », comme s'exprime Leclanché, puisqu'il est entièrement plongé dans le liquide. La résistance doit toutefois être assez faible, car il n'existe aucune séparation.

Une autre forme, que l'on donne aujourd'hui à l'élément Leclanché et qui est dit-on très répandue ressemble beaucoup à cet élément. Un verre de $15\ ^{c}/^{m}$ de largeur sur 20 à $25^{c}/^{m}$ de hauteur muni d'un couvercle, renferme une plaque de charbon de $8\ ^{c}/^{m}$ de largeur sur $30\ ^{c}/^{m}$ de long, en face de laquelle on place à 6 à $8\ ^{c}/^{m}$ de distance une plaque de zinc de même dimension. Autour du charbon on dépose sur une hauteur d'à peu près $6\ ^{c}/^{m}$ le mélange de charbon et de manganèse, sur lequel on verse une dissolution saturée de sel ammoniac jusqu'à environ $5\ ^{c}/^{m}$ au-dessous du bord du vase que l'on enduit de graisse ou de paraffine.

Au commencement on ne fait tremper le zinc que très peu dans le liquide et on le descend de plus en plus à mesure que le courant diminue et que la solution de sel ammoniac a perdu de sa force. La plaque de zinc est amalgamée, et la portion du charbon qui sort du mélange est recouverte de matière isolante, ce qui évite un des inconvénients de l'élément Binder.

La simplicité et le bon marché de cette disposition recommandent cet élément pour le service de la télégraphie domestique.

La forme anglaise de l'élément Leclanché évite le premier des inconvénients cités plus haut, et en augmentent le second.

Dans les éléments en usage dans le service télégraphique en Angleterre, on place au fond du vase un disque de charbon sur lequel on tasse le mélange. La fermeture est faite par une plaque de zinc, qui sert d'électrode positive. Il est bon de noter que l'on ajoute de l'acide chlorydrique dilué, ce qui, cependant, ne saurait être avantageux, en raison de l'augmentation dans la consommation de zinc que cette addition doit occasionner. Toutefois cet acide est excellent pour dissoudre l'oxychlorure de zinc ammoniacal qui se forme dans l'élément.

Les éléments pour le service de la médecine de **Beetz** se rattachent aux dispositions que nous venons de décrire. Ils se composent de petits tubes en verre dans le fond desquels on soude un fil de platine, qui monte jusqu'aux 2/3 du tube et qui se trouve entouré sur toute sa longueur d'un mélange de pyrolusite et de charbon de cornue. Les tubes sont fermés par un bouchon en caoutchouc à travers lequel passe le fil polaire d'un crayon de zinc non amalgamé.

Beetz n'amalgame point le zinc, pour éviter que des gouttes de mercure ne viennent à amalgamer l'électrode négative, ce qui diminuerait considérablement l'action de l'élément. Une dissolution de chlorydrate d'ammoniaque, incomplètement saturée sert de liquide excitateur.

Un désagrément de ces éléments, qui sont employés comme batteries portatives, consiste en] ce que, à l'endroit où le fil de platine, qui ne doit pas être trop mince, se trouve soudé, le verre se fend souvent et il se forme des cristallisations salines à l'extérieur. Aussi il est prudent de garnir le fond avec de la paraffine ou de la cire à cacheter. Pour empêcher l'évaporation par le bouchon on l'enduit de graisse ou de suif.

Élément–Leclanché portatif, élément sec. — Pour faire partir une torpille ou un trou de mine, ou pour la télégraphie de campagne, on a besoin d'éléments qui ne contiennent ni liquides ni vases poreux si fragiles. Pour obtenir le premier résultat, Desruelles remplit l'espace qui contient d'habitude la dissolution de sel ammoniac, avec des filaments d'amiante ou de laine de verre qui sont simplement trempés dans le liquide excitateur, ce qui suffit amplement pour des éléments qui ne font qu'un service interrompu.

L'on évite le deuxième inconvénient, en mettant le mélange de pyrolusite et de grains de charbon de cornue dans des récipients de feutre.

Ce qu'il faut observer dans l'emploi de l'élément Leclanché. Quand et comment faut-il employer l'élément Leclanché ?

Nous allons examiner ici brièvement tout ce qu'il faut observer pour obtenir un service avantageux de l'emploi des éléments Leclanché.

Nous nous poserons d'abord cette question :

Quand faut-il et quand peut-on employer cet élément?

Pour répondre à cette question nous allons donner les résultats de quelques expériences.

Si nous fermons l'élément Leclanché en court circuit, c'est-à-dire si nous n'intercalons dans le circuit extérieur qu'une très faible résistance, nous trouvons qu'il se polarise considérablement, même au bout de quelques secondes, mais nous remarquons aussi qu'il se remet rapidement si nous le laissons reposer pendant quelque temps.

Ce phénomène se reproduira aussi souvent que nous en ferons l'expérience. Si nous avons besoin d'un courant durable, nous observons, que la force électromotrice a baissé presque de moitié, au bout d'un intervalle assez court.

Si nous intercalons au contraire dans le circuit une grande résistance, l'élément nous donnera, sans discontinuer, une énergie satisfaisante, bien qu'elle ne soit naturellement pas égale à celle du départ.

Il s'en suit donc que cet élément n'est pas bon pour un travail continu et une fermeture sur une faible résistance, mais qu'il est capable de produire un bon résultat dans un service interrompu comme par exemple dans celui de la télégraphie.

La résistance intérieure n'augmente que légèrement et la force électromotrice reste toujours la même.

Élément Gaiffe. — Cette disposition se compose d'un crayon de zinc qui trempe dans du chlorure de zinc et d'un cylindre de charbon percé de quatre trous parallèlement à l'axe dans lesquels on introduit de la pyrolusite.

Le liquide excitateur est convenablement choisi, il est en même temps assez bon conducteur, il n'attaque pas le zinc à circuit ouvert, et enfin c'est un agent assez actif de dissolution pour l'oxychlorure.

La résistance de l'élément se trouve diminuée par suite du manque de vase poreux et le remplacement de la pyrolusite, lorsque cette matière a perdu sa faculté oxydante, est facile à opérer.

Il nous semble toutefois que ce cas doit mettre du temps à se présenter, car on en est à se demander si l'hydrogène arrive jusqu'aux grains de pyrolusite, et lorsque cela arrive, la force de l'élément doit avoir déjà fortement baissé et être très faible.

Nous devons dire en effet que cet élément se polarise très vite surtout lorsque la résistance du circuit de fermeture est petite. La dépolarisation se fait cependant dans la plupart des emplois assez complètement et assez rapidement.

La force électromotrice est plus petite que celle de l'élément Leclanché, elle n'atteint que 1,3 Daniell.

Pour éviter l'évaporation, on cimente le charbon. Un avantage de l'élément consiste en ce qu'il ne développe aucun gaz de mauvaise odeur; il a sous ce rapport un grand avantage sur l'élément au sel ammoniac.

Élément à cartouches de Leiter. — Nous allons le faire suivre ici, par suite de sa disposition ingénieuse, et nous reproduirons l'explication que l'inventeur lui-même en donne.

Il se compose, comme nous le voyons par la figure 25, d'un cylindre creux en caoutchouc durci H, ouvert par le haut et dont la moitié inférieure est percée de trous à la façon d'une passoire.

A l'intérieur, dans le milieu du fond, on visse une barre de métal P isolée par de la gutta-percha, qui se termine en dehors de la boîte en deux parties en forme de fil, dont l'un, droit, sert de conducteur au pôle charbon-manganèse, l'autre, recourbé, sert de communication avec le bloc de zinc ; le fil droit est en outre muni d'une jointure pour y adapter un pas de vis.

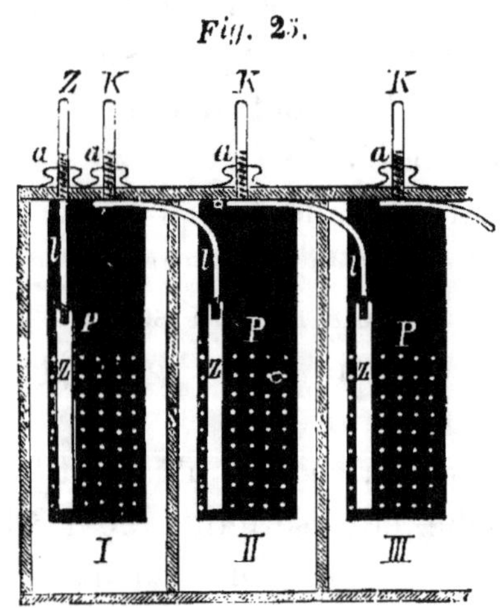

Fig. 25.

Sur le milieu de la barre de métal qui se trouve dans la boîte, on soude au point R, qui n'est point isolé, un morceau de la feuille de platine qui établit le contact avec les morceaux de charbon de cornue et de manganèse gros comme des graines de chanvre, qui sont pressés dans la boîte.

L'on voit dans la figure 25 la disposition de trois de ces éléments réunis en pile. Ceux-ci sont fixés à une bande plate de caoutchouc (porte-élément) au moyen des

3 vis *a* de la manière suivante: le zinc du premier élément I est libre, la cartouche du premier élément est réunie avec la barre de zinc de l'élément II, et celle de l'élément II avec la barre de zinc de l'élément III. Les parois de séparation de ces éléments sont désignés par S, les blocs de zinc par Z, les éléments cartouches par P, la sortie libre du zinc par Z et le mélange de charbon et de manganèse par K.

Cette disposition se suit pour les trente (ou même quarante) éléments, mais par dix pour chaque bande de caoutchouc.

Celle-ci repose sur les bords de la paroi de séparation des éléments qui sont placés à 3 $^{c}/_{m}$ du fond, espace qui sert à recueillir les produits de l'électrolyse, c'est-à-dire les chlorures de zinc et de manganèse.

Chacune de ces rangées de dix éléments peut être enlevée à la fois par la bande en caoutchouc, et chaque élément retiré de la bande, en soulevant la vis qui l'y retient.

Élément Howell. — Dans un vase en grès *(fig. 26)* se trouve à côté de la plaque de charbon une plaque qui est pourvue de fentes longitudinales et qui sert à recevoir le véritable vase poreux. On y place la barre de zinc Zn et un peu de mercure, pour entretenir la meilleure amalgamation possible.

Autour du charbon et de la plaque fendue, et remplissant tout l'espace du vase extérieur, on tasse un mélange de grains de charbon de cornue et de pyrolusite, additionné d'une petite quantité de sulfate de manganèse.

Pour empêcher que le mélange ne tombe, on recouvre

le tout d'une sorte de bitume dans lequel on pratique quelques ouvertures pour l'échappement des gaz.

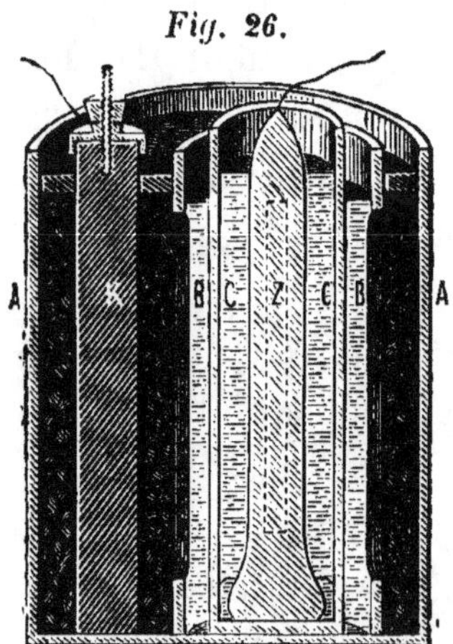

Fig. 26.

Dans le vase poreux, on met une dissolution de sulfate d'ammoniaque, 2,5 parties en poids 0/0 et on remplit le vase extérieur d'acide sulfurique dilué.

La force électromotrice atteint, dit-on, 2,14 Volts, ce qui serait 15 0/0 de plus que celle de l'élément Leclanché. La résistance varie entre 5 et 6 Ohms. L'élément est d'une bonne durée, et la dépolarisation satisfaisante.

Nous manquons cependant de renseignements exacts à ce sujet, en dehors de ceux qui nous sont parvenus de l'Exposition d'Électricité de Paris, où on pouvait voir cet élément à l'exposition de Latimer-Clark.

Piles sèches.

Sous ce nom on comprend une disposition très semblable à la pile Volta, dans laquelle on emploie un conducteur humide en place de liquide. Lorsque nous avons décrit la pile de Volta, nous aurions dû parler de plusieurs de ces piles sèches, de celles par exemple que Behrens et de Luc construisirent au commencement de notre siècle, et qui se composaient de plaques de zinc et de cuivre ou de zinc et d'argent, séparées par des feuilles de papier séché, après avoir été trempé dans l'eau salée. Mais comme nous ne voulons traiter que des appareils qui ont trouvé une application, nous passons de suite à la première qui en ait obtenu une, à la

Pile Zamboni, qui fut construite en 1812. Elle se compose de plaques de papier argenté dont le revers est garni d'une mince couche de manganèse, obtenu en délayant le minerai finement pulvérisé et lavé, avec du miel, du lait, de la gomme, ou même de la colle de farine et en l'étalant sur le papier.

Plusieurs de ces feuilles, après avoir été séchées, son placées l'une sur l'autre et découpées d'un coup, au moyen d'un emporte-pièce, en plaques d'à peu près 3 $^{c/m}$ de grandeur. Ces petits disques sont alors placés dans une sellette de la façon indiquée par la figure 8 et sur laquelle on a d'abord mis une plaque métallique percée de trois trous, dans lesquels sont passés des fils de soie. Pour fermer la pile on pose une plaque de métal semblable dans les trois trous de laquelle on fait passer les fils de la plaque du bas, on donne une légère pression sur les plaques, et on attache les fils ensemble, on retire alors la pile des trois barres qui ont servi à la monter et on l'introduit dans un tube de verre bien couvert de résine intérieurement. Si on ne veut pas se servir de verre, il faut quand même recouvrir la pile avec une matière isolante.

Cette couverture a un double but; elle empêche d'abord les plaques de papier de sécher complètement, ce qui aurait pour suite l'arrêt de la pile, mais elle empêche encore une égalisation des électricités, ou leur dérivation qui se produit facilement en présence de l'humidité de l'air par suite de la haute tension de la pile.

Ces deux cas nous montrent qu'il peut se présenter des circonstances où une mauvaise pile portée à l'air humide peut commencer à produire une certaine activité, mais ne tarde pas à la perdre, et qu'une pile humide portée dans un endroit sec développe de l'électricité, car le séchage de sa partie extérieure arrête les pertes d'électricité qui provenaient jusqu'alors de sa trop grande humidité.

On obtient encore la plupart du temps, en chauffant la pile, une augmentation d'énergie, puisque par là son activité chimique se trouve surexcitée. Elle provient spécialement d'une réduction du manganèse, mais elle pourrait encore résulter de l'oxydation du zinc, qui se produirait surtout, si l'on avait employé du papier de faux argent (papier doré); ceci explique peut-être pourquoi ces piles sont énergiques en commençant, mais perdent leur activité plus vite que celles où l'on emploie les métaux nobles, comme nous en avons souvent fait l'expérience.

Ces piles possèdent naturellement une forte résistance intérieure, mais le grand nombre des éléments qui sont réunis en tension et qui atteint souvent 4,000, donne naissance à une accumulation d'électricité libre, de sorte que les pôles de ces piles peuvent repousser ou attirer les corps légers et produire dans l'obscurité, d'une façon distincte, des décharges électriques lumineuses. Cette qualité a permis d'utiliser cette pile dans la construction de différents jouets scientifiques et d'établir une espèce de mouvement perpétuel. On fait usage aujourd'hui de cette pile dans les électroscopes, dont les plus répandus sont ceux de Fechner et Bohnenberger; elle sert encore à charger l'aiguille de l'électromètre de Thomson, appareils dont la description est réservée à un volume qui paraîtra plus tard.

Dépolarisation au moyen de l'oxygène des acides.

Éléments à acide nitrique. — Lorsque nous avons expliqué les phénomènes de l'affaiblissement du courant nous avons entre autres fait l'expérience suivante : Lorsque l'élément Smee avait perdu la moitié de sa force, nous avons introduit sur l'électrode de platine, au moyen d'une pipette, de l'acide nitrique ; l'aiguille du galvanomètre nous a aussitôt indiqué qu'il venait de se produire une augmentation dans la force du courant.

Il est facile de comprendre que l'on ne peut point procéder de cette façon lorsqu'on a besoin d'un courant durable.

Élément Grove. — C'est à Grove que revient le mérite d'avoir inventé le premier une semblable disposition. Tous les éléments, que nous connaissons aujourd'hui sous le nom d'éléments Grove, ne sont que des changements de sa forme primitive.

La disposition la plus répandue, au moins en Allemagne est celle qui a été proposée par Poggendorff. Son élément *(fig. 27)*, se compose d'un vase en terre poreuse de forme cylindrique, entouré par la plaque de zinc, et dans lequel plonge l'électrode-platine courbée en forme d'S. Elle est suspendue à un couvercle en porcelaine, qui sert encore

à arrêter les vapeurs acides. Le couvercle est muni d'une
fente par laquelle on fait passer une partie de l'électrode ;
une bande de cuivre doublement courbée sert à l'y maintenir. Pour empêcher l'acide de grimper jusqu'au cuivre,
on remplit ce couvercle de soufre fondu. Ceci donne à la
forme en S de la feuille de platine une certaine solidité,
quoique encore bien faible. *(Fig. 28.)*

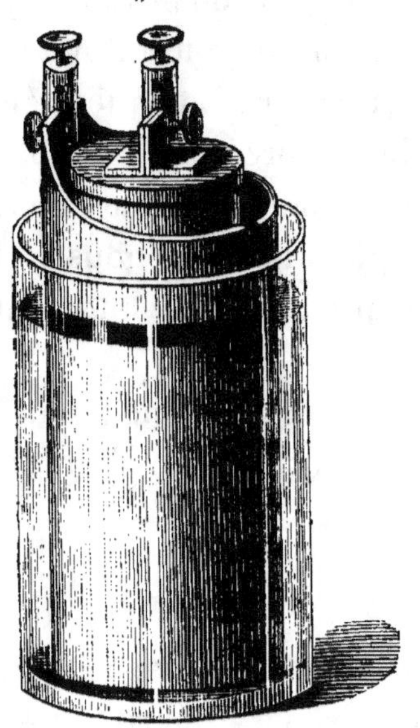

Fig. 27.

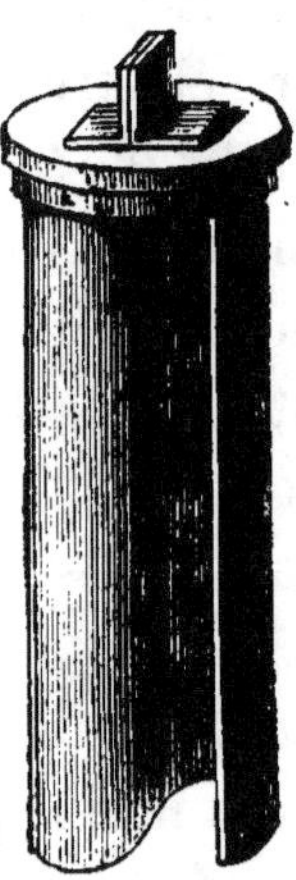

Fig. 28.

En Angleterre, et avant aussi en Allemagne, on a employé des vases carrés en porcelaine dans lesquels on
plongeait une plaque de zinc courbée en forme d'U.
Entre les côtés de cette électrode on introduisait le vase poreux, qui contenait de l'acide nitrique fumant et la plaque
de platine ; pour éviter l'emploi de fils on serrait les deux
électrodes l'une contre l'autre au moyen d'une pince, ce
qui prévient assez bien les mauvais contacts.

Nous croyons que cette disposition ne mérite point d'être imitée. Les bornes sont fortement attaquées par les vapeurs acides contre lesquelles il n'y a pas de protection possible, et les zincs qui s'usent le plus dans le bas cassent souvent à leur point de courbure. Une proposition faite par Wigner qui a beaucoup travaillé ces éléments. tend à couvrir le fond du vase avec du mercure et à enfoncer deux plaques de zinc. qui se trouvent de cette manière parfaitemennt réunies et constamment amalgamées.

Nous ne nous arrêterons pas plus longtemps sur cet élément dont le coût suffit à en arrêter l'emploi et dont le reste ressemble à l'élément Bunsen. que nous décrirons plus tard, et nous nous bornerons à citer la proposition qui a été faite et exécutée. celle d'éviter la fragilité et le prix de la feuille de platine.

L'exécution de cette proposition a été obtenue en platinant au feu des plaques de porcelaine. Sans compter qu'il est difficile d'assurer le contact des pôles dans ces conditions, il ne faut pas perdre de vue la grande résistance que présente une aussi mince pellicule de métal.

Nous avons également expliqué d'une façon rapide. que l'augmentation de la force électromotrice provient de la naissance de deux actions chimiques, de la dissolution du zinc et de l'oxydation par l'acide nitrique du gaz hydrogène qui se sépare.

Nous allons actuellement examiner de plus près ce qui se passe. L'acide nitrique (HNO_3) est une combinaison d'azote et d'oxygène, qui possède la qualité de se réduire facilement, en abandonnant de l'oxygène.

Du gaz hydrogène le transforme en eau en formant du protoxyde d'azote. (NO). combinaison qui possède la particularité d'enlever de l'oxygène à l'air atmosphérique. Par suite il se produit une nouvelle combinaison qui porte le nom de bioxyde d'azote (NO^2) corps nouveau qui se manifeste sous la forme de vapeurs d'une couleur brun rouge qui possèdent une odeur suffocante.

Ces actions ne se passent pas toutefois avec la netteté que nous venons d'indiquer et lorsque l'acide s'est affaibli, l'élément s'épuise, l'azote perd tout son oxygène, et l'hydrogène s'attache après lui, en produisant de l'ammoniaque.

On peut très facilement prouver que ceci se passe ainsi en distillant le liquide de cet élément en présence de la chaux qui s'empare de l'acide qui retenait l'ammoniaque à mesure de sa formation et qui dans ces conditions nouvelles se dégage à l'état de gaz.

Voici exprimées en formules chimiques, les actions dont nous venons de parler :

$$2HNO_3 + 4H_2 = 3H_2O + NH4NO_3.$$

Élément Bunsen. — Nous pourrions citer une rangée de noms de physiciens allemands, français, anglais qui se sont occupés de remplacer le platine par le charbon ou le graphite. Mais c'est Bunsen qui arriva le premier en **1841** à donner à cette idée une forme pratique, et qui réussit à la propager en construisant des éléments avec du charbon artificiel dont nous avons décrit plus haut la fabrication.

Primitivement il plaçait dans l'intérieur d'un cylindre en charbon, le vase poreux qui contenait l'électrode de zinc et de l'acide sulfurique dilué, et remplissait l'espace vide entre le cylindre et le vase, avec du sable humecté d'acide nitrique. Plus tard il supprima le sable, et fit des trous dans le charbon, afin que l'acide nitrique qui se trouvait du côté du vase extérieur pût trouver facilement un passage jusqu'au vase poreux. Ce fut un des perfectionnements importants de l'élément, car il permet d'augmenter la quantité de l'acide nitrique, qui est une des matières qui se consomment dans l'élément, et dont la quantité a une grande influence sur la constance.

La bande de dérivation se compose d'une bande de cuivre enroulée, comme le montre la *fig. 29*, autour du cou

Fig. 29.

du cylindre de charbon renforcé dans cette partie, et qui y est fortement maintenue au moyen d'une vis.

En ce qui concerne le mode de fixation de ces bandes de dérivation, on a fait à cause de l'action corrosive de l'acide nitrique diverses propositions pour améliorer la situation, nous en avons mentionné plus haut quelques unes des plus importantes.

Comme cet élément n'est déjà plus que rarement employé, nous nous dispenserons d'examiner en détail **tous** les perfectionnements dont il a été l'objet, nous nous bornerons encore à faire remarquer que l'on amincit généralement le cou des vases et qu'on y fait reposer la partie supérieure des charbons, afin de prévenir autant que possible les émanations acides.

Les éléments qui sortent des ateliers de Siemens et Halske ont comme électrode positive un bloc de zinc fondu en forme de croix transversale; un cylindre plein serait dangereux pour le vase poreux à cause de son poids et diminuerait par trop l'espace réservé à l'acide sulfurique. Les meilleurs sont des cylindres creux de zinc laminé; ils sont pour les motifs que nous avons cités plus haut préférables à ceux faits avec du zinc coulé. Ces cylindres creux s'obtiennent en courbant ou en enroulant sous l'action de la chaleur de la tôle de zinc d'une épaisseur de $4^m/^m$; on la munit de bandes de dérivation fixées au moyen de rivets ou par soudure, qui se terminent par des fils.

Il est cependant préférable au lieu de river avec le zinc des bandes ou des fils, de fixer les bandes de dérivation par des bornes, comme nous le montre la *fig. 30.*

Celui qui se sera servi seulement quelquefois de ces sortes d'éléments sera sans doute de notre avis, car ces bandes polaires sont fort gênantes, lorsqu'il s'agit d'amalgamer les zincs; le mercure même détruit l'intimité de leur contact et dissout l'étain; en outre les zincs se trouvent rapidement près de ces bandes, par suite d'une action qu'il faut attribuer en partie à la formation d'un élément en court circuit, entre le cuivre et le zinc.

Même lorsque les zincs sont assez hauts pour que le point de contact ne puisse pas être touché par l'acide, ce qui occasionne cependant une grande dépense dans l'achat du zinc, les points placés près des bandes de dérivation sont fortement attaqués; en outre ces bandes présentent encore un embarras pour l'emballage des éléments. En dehors de tous ces ennuis que l'on évite en se servant de bornes, on jouit encore de l'avantage sérieux de pouvoir

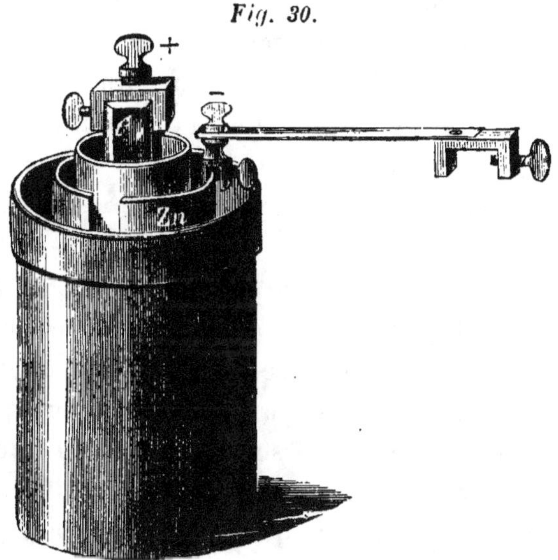

Fig. 30.

retourner les zincs, lorsqu'ils sont trop usés par le bas, ce qui arrive toujours plus vite que par le haut, et de pouvoir mieux les utiliser. Les bornes avec fils ou bandes séparées sont également plus faciles à nettoyer et à entretenir en état de propreté, que lorsqu'on est obligé de remuer chaque fois le cylindre de zinc en entier.

Aujourd'hui c'est la forme dite française des éléments Bunsen *(fig. 30)* qui est, et à juste titre comme nous le verrons bientôt, la forme la plus répandue. Un vase en verre ou en grès, et bien que ce dernier soit préférable par suite de son peu de fragilité, la transparence d'un vase en verre offre certains avantages, (la faïence vernissée doit être écartée, car le vernis venant à s'écailler, ce qui arrive vite, le vase laisse passer l'acide), reçoit l'acide sulfurique dilué et le cylindre de zinc, dans le milieu duquel on place un vase poreux rempli d'acide nitrique, dans lequel plonge l'électrode de charbon C. L'électrode négative a une section transversale rectangulaire, elle est taillée dans un morceau de charbon de cornue, qui possède une plus grande conductibilité, et que l'on réunit d'une manière très simple au moyen d'une borne à vis avec l'électrode la plus voisine. Cette disposition est représentée par la *fig. 30.*

Le vase poreux, qui doit l'être assez pour que la résistance ne soit pas trop grande, doit dépasser le cylindre de zinc, et celui-ci doit être assez large pour que la borne ait une place suffisante pour être aisément posée et que l'on puisse facilement verser l'acide sulfurique. Il faut que le charbon dépasse aussi le vase poreux suffisamment pour que la borne soit autant que possible à l'abri des vapeurs acides, qui se dégagent de l'acide nitrique. Il est utile que la borne du zinc soit réunie avec la borne du charbon par une bande métallique flexible, afin de ne pas avoir à faire avec trop de pièces et de points de contact. Mais ceci n'est avantageux que si toutes les pièces de la batterie sont semblables, sans quoi il est préférable de placer à la borne du zinc, un fil dont la souplesse permet de conserver toujours au charbon une position perpendiculaire. Entre la vis et le charbon on place une petite plaque de cuivre, à moins que la borne ne porte elle-même une plaque mobile ce qui est encore plus commode.

Les parties des bornes placées soit sur le zinc, soit sur le charbon, doivent être avant d'être employées, nettoyées par un acide, ou afin de ménager la vis et la pince, avec une lime fine, car un seul mauvais point de contact peut donner lieu à une diminution sérieuse dans la force du courant.

Une des opérations les plus importantes, qui doit précéder le montage d'une pile, après le nettoyage de tous les points de contact, c'est l'amalgamation faite avec soin des cylindres de zinc.

Parmi les différentes manières proposées pour faciliter ce travail nous citerons celles qui nous paraissent les plus convenables.

Si l'on n'a point besoin d'être trop économe de mercure ou pour mieux dire, si l'on peut disposer d'une assez grande masse de mercure destiné exclusivement à l'amalgame, on peut employer le procédé suivant.

Après avoir rempli un vase en verre fort avec une quantité de mercure suffisante pour dépasser la moitié de la hauteur du cylindre de zinc que l'on va y plonger, on verse sur le mercure une couche d'acide chlorydrique et on enfonce le cylindre qui devient aussitôt en dedans comme en dehors aussi brillant qu'une glace. On le retire, on le secoue et on le place dans un vase plein d'eau, qui le débarrasse de l'acide chlorydrique et qui permet de recueillir les gouttes de mercure qui s'écoulent du zinc.

Celui qui craint les vapeurs irritantes de l'acide chlorydrique peut se servir d'un mélange fait avec une partie d'acide sulfurique et 10 parties d'eau.

L'attaque de ce mélange est toutefois moins rapide,

aussi faut-il le mettre dans un vase à part, dans lequel on place les cylindres de zinc avant de les tremper dans le mercure, puis on procède ainsi : on place 3 ou 4 cylindres l'un après l'autre dans le vase, et chaque fois qu'on en sort un, on prend le plus ancien et on soulève le deuxième le plus ancien, de façon à ce qu'il ne plonge pas entièrement dans l'acide sulfurique, en ayant soin, dès qu'on retire un zinc, d'en remettre un nouveau. En suivant ce procédé, ils sont tous soumis à l'attaque de l'acide pendant le même espace de temps.

Si l'on veut économiser le mercure, il faut prendre un plat en fonte émaillée dont le fond corresponde avec la forme cylindrique du zinc.

On y place le cylindre de zinc et on l'y retourne aussi longtemps qu'il est nécessaire pour qu'il s'amalgame convenablement. Alors on le retire en le tenant incliné, afin que le mercure puisse s'égoutter, et en conservant la fente en l'air jusqu'au moment où on le plonge dans le vase qui sert à le rincer et à recueillir les gouttes de mercure qui découlent.

On arrive également au même résultat, si l'on ne dispose que d'une faible quantité de mercure, en introduisant dans le vase qui le renferme un cylindre de bois qui force le mercure à remonter, ou en se servant de deux vases cylindriques en verre, qui laissent libre un espace en forme de bague.

Le procédé que l'on emploie souvent et qui consiste à frotter les zincs avec un morceau de bois recouvert de feutre et trempé dans l'acide chlorydrique, puis à verser dessus du mercure et à le frotter avec un morceau de feutre, est très pénible et très long.

L'amalgamation obtenue en trempant le zinc dans une dissolution de mercure, comme on le recommande souvent, est tout à fait insuffisante et peut tout au plus remplacer l'attaque par l'acide avant l'amalgamation avec le mercure métallique. On prépare cette dissolution en faisant dissoudre sous l'action de la chaleur du mercure dans de l'eau régale, et après saturation on ajoute au liquide une quantité égale d'acide chlorydrique.

Les proportions sont à peu près les suivantes : 100 grammes de mercure et 500 d'un mélange fait avec une partie d'acide nitrique et deux parties d'acide chlorydrique.

Il est bon de ne faire l'amalgamation que peu avant le moment d'employer les zincs ; car il se forme autrement une pellicule de carbonate de zinc (zinc et acide carbonique), qui produit un fort bouillonnement quand on trempe les cylindres de zinc dans l'acide sulfurique, ce qui consomme inutilement de l'acide et couvre les vases de buée à l'extérieur.

Si les cylindres sont bien amalgamés, il suffit de les tremper dans le liquide à amalgamer et de les bien rincer pour éviter ce bouillonnement.

Nous empruntons la description qui suit au livre de A. Niaudet.

Montage de la Pile.

Cette opération demande à être faite avec beaucoup de méthode s'il s'agit d'une pile de 50 à 60 éléments comme il convient de l'employer pour la lumière électrique.

Il faut placer les vases de grès à une petite distance

les uns des autres, de manière qu'ils ne se touchent pas et que les pinces soient à bonne longueur pour établir la liaison ; il faut les mettre sur une seule ligne, **ou sur deux lignes**, ou en cercle, si on dispose d'un emplacement suffisant ; il faut éviter, autant que possible, de les mettre sur quatre rangées, parce que le remplissage et la vidange sont plus difficiles. Il faut, si possible, placer les éléments sur une table recouverte de carreaux en faïence comme il y en a souvent dans les laboratoires, ou mieux encore sur des baguettes de verre (comme le recommande M. Wigner); au pis aller, on disposera les vases sur des planches en bois sec, et on évitera, si faire se peut, de les mettre sur le sol en plein air. On comprend, en effet, qu'il est utile de supprimer toutes les pertes en communications anormales entre les éléments, comme il s'en produit si les vases sont humides, ou placés sur un sol humide, et s'ils se touchent les uns les autres. On a une preuve frappante de l'existence et de l'importance de ces pertes dans le fait suivant, qui se produit toutes les fois que les précautions d'isolement indiquées plus haut n'ont pas été prises : on éprouve une sensation douloureuse en touchant un seul des pôles de la pile, à cause du courant qui passe par le sol sur lequel on se tient.

Ces communications se produisent parce que les surfaces des vases et des supports se couvrent de vapeur d'eau et de vapeurs acides qui se dégagent abondamment dans les éléments, tant à cause de la température élevée à laquelle ils se maintiennent qu'à cause de l'action chimique même qui s'y produit.

Les vases de grès une fois placés avec le soin que nous venons de dire, on y met les zincs, les vases poreux et lès charbons qu'on a armés au préalable de leurs pinces respectives. On procède alors à l'attache des zincs, qu'on serre dans les pinces, de manière à former une ligne continue commençant par un charbon (pôle positif de la pile), et finissant par un zinc (pôle négatif de la pile).

Il faut placer les pinces du côté opposé à l'opérateur, pour qu'il ne soit pas gêné par elles dans le travail du versement des liquides.

La première et la dernière pince portent une borne à leur partie supérieure, dans laquelle on serre les fils conducteurs qui aboutissent d'autre part aux appareils destinés à recevoir le courant.

La pile peut être ainsi montée sans inconvénient plusieurs heures avant le moment de s'en servir, puisqu'elle ne contient pas encore de liquide.

Chargement de la pile.

Si les vases poreux sont neufs, il est utile de charger les éléments une heure ou deux avant le moment d'employer la pile, afin que les vases poreux aient le temps de se laisser pénétrer par les liquides.

Si au contraire, les vases poreux ont déjà servi, ils ont retenu dans leurs pores des liquides acides, et il suffit de charger la pile une demi-heure ou même un quart d'heure avant de la faire fonctionner, surtout si on a besoin de la faire travailler plus de trois ou quatre heures.

Il importe que le chargement des vases se fasse dans le moindre temps possible, pour que les premiers chargés ne soient pas dans des conditions notablement différentes des derniers; aussi faut-il prendre ses dispositions à l'avance et employer les moyens les plus expéditifs pour verser les liquides.

Il faut préparer l'eau acidulée dans un grand baquet de manière à avoir le même liquide dans tous les vases extérieurs; on y verse trente-trois pots d'eau pure et trois pots d'acide sulfurique du commerce à 66 degrés. On verse d'abord l'eau dans le baquet, et on y ajoute ensuite l'acide sulfurique lentement et en tournant de manière à rendre le mélange aussi homogène que possible; ce mélange s'échauffe beaucoup, comme on sait; si l'élévation de la température s'accuse comme trop forte, on arrête le versement de l'acide, et on agite le liquide du baquet avec un bâton de bois ou une baguette de verre, ou encore avec un des zincs amalgamés de la pile.

Le mélange peut être préparé sans inconvénient plusieurs heures d'avance; mais il n'y a pas d'inconvénient non plus à l'employer avant son refroidissement, il y aurait plutôt avantage; il importe seulement qu'il soit bien homogène, ou autrement dit bien mélangé.

En général, on puise le liquide dans le baquet avec une cruche, et on le verse dans un entonnoir qu'on tient à la main au-dessus des vases; ce procédé est très fatigant pour l'opérateur, et il lui faut une grande attention pour verser le liquide jusqu'à un même niveau dans chaque vase. Aussi croyons-nous devoir recommander l'emploi d'un siphon en caoutchouc. Le tube de caoutchouc est terminé à une de ses extrémités par un bout de tube de verre ou d'ébonite qui peut être aplati au bout pour pénétrer plus facilement dans les vases entre le zinc et la paroi. A l'autre bout du tube de caoutchouc, il est à propos de placer une embouchure d'ébonite qui soutient une forte rondelle de plomb; grâce à ce poids, l'embouchure descend au fond du réservoir dans lequel le siphon prend le liquide pour le remplissage des éléments. Pour que l'écoulement se fasse sans trop de lenteur, il faut que le réservoir soit à un niveau de 1 mètre plus élevé environ que les éléments; on tient le tube de caoutchouc à la main, tout près de son extrémité inférieure; pour arrêter l'écoulement, on serre le tube entre les doigts: pour obtenir l'écoulement, on n'a qu'à les desserrer. Ce système dispense d'un robinet, produit un arrêt instantané et permet de régler, à quelques millimètres près, le niveau du liquide dans les éléments.

On peut amorcer le siphon comme le fait M. Bernier.

On tient à la main les deux extrémités du siphon qui pend au-dessous; puis avec une carafe on verse de l'eau dans l'embouchure, jusqu'à ce qu'elle apparaisse aux deux extrémités; le siphon une fois plein, on renverse l'embouchure dans le réservoir à eau acidulée, on laisse couler dans un vase quelconque une certaine quantité de liquide pour purger le siphon de l'eau pure qu'il contient, et, dès lors, tout est prêt pour le versement du liquide; on transporte, comme nous l'avons dit, le bec du siphon successivement au-dessus de chaque vase de grès, on laisse couler jusqu'à ce que le niveau voulu soit atteint, et on arrête, à quelques gouttes près, quand le vase est suffisamment chargé, en pinçant le caoutchouc. L'opération terminée, il faut rincer le tube, autant que possible avec de l'eau contenant un peu d'ammoniaque, moyennant quoi il pourra servir longtemps.

Pour verser l'acide nitrique, on peut faire usage d'un

entonnoir et d'une bouteille ; on peut également employer un vase florentin (vase de verre pourvu d'un bec extérieur partant du bas et très semblable au bec d'une théière). On peut enfin employer le siphon en procédant comme nous l'avons dit pour l'eau acidulée ; mais pour l'acide nitrique, nous recommanderions de préférence le mode d'amorçage indiqué par M. Wigner ; la quantité de liquide étant moindre, on le met dans un grand flacon bouché ; le bouchon est traversé par le tube du siphon qui va jusqu'au fond du liquide, et par un autre tube qui descend à peine et n'atteint pas le niveau supérieur, de l'acide. En soufflant dans ce second tube, on **pousse** le liquide dans le siphon, et on l'amorce.

Par l'emploi du siphon, une personne seule peut charger 50 à 60 éléments en vingt ou vingt-cinq minutes.

Il peut être utile d'employer avec le siphon une pince comme celles des pipettes de Mohr qui serrent le tube de caoutchouc d'une manière permanente, de manière que la pression des doigts est nécessaire pour laisser couler le liquide. Ce petit engin additionnel est particulièrement commode si, par suite d'un accident quelconque, on est obligé d'interrompre le chargement : il maintient, en effet, le siphon amorcé sans qu'on ait aucune précaution à prendre.

Démontage de la pile.

Cette opération finale a une grande influence sur le succès au point de vue de l'économie. Il est clair que, à partir du moment où la pile n'est plus utilisée, il y a intérêt à arrêter l'usure des zincs et des acides.

Il est d'autant plus nécessaire d'avoir une méthode très arrêtée à l'avance pour faire cette opération, qu'elle se fait quelquefois à une heure avancée de la nuit avec un éclairage défectueux et après une soirée assez fatigante.

Il faut avoir tout préparé à l'avance, un baquet d'eau claire dans lequel on jette les zincs et les pinces à pile ; si l'on a le temps, on peut enlever ensuite les zincs et les faire égoutter, mais il n'y a aucun inconvénient à les laisser passer la nuit dans l'eau, non plus qu'aux pinces.

Il faut ensuite enlever les charbons et les placer bien rangés dans une terrine ad hoc ; il vaut mieux ne pas les passer dans l'eau, mais, au contraire, les laisser imbibés d'acides ; ils n'en fonctionneront que mieux plus tard.

Il faut ensuite vider les vases poreux ; on met un entonnoir à la bouteille ou tourie destiné à recevoir l'acide, et on verse le contenu des vases poreux dans l'entonnoir : c'est là la partie la plus pénible du travail, parce que des vapeurs très abondantes se dégagent, qui provoquent une toux très violente, si l'on ne prend pas de grandes précautions pour s'en tenir à l'écart.

Cela fait, la besogne urgente est terminée ; car, s'il y a intérêt à conserver l'acide nitrique, il est à peu près impossible de garder et d'utiliser l'eau acidulée à l'acide sulfurique, qui peut rester une nuit, ou même davantage, dans les vases de grès sans inconvénient.

L'acide nitrique peut être utilisé, si la pile n'a fonctionné que trois heures ou environ. En le mélangeant avec de l'acide neuf, on peut l'employer encore une fois dans la même pile pour la même durée ; mais il vaut mieux encore vendre cet article à certains industriels qui l'utilisent comme mordant et qui n'ont pas besoin d'acide neuf.

Pour terminer, il faut encore jeter l'eau acidulée et vider complètement les vases, — sécher les zincs après les avoir fait bien égoutter, — sécher les pinces à pile en les mettant dans une boîte avec de la sciure de bois, — et enfin vider les baquets et autres ustensiles qu'on a mis en œuvre.

Il est fort difficile dans une opération aussi longue, et à moins d'en avoir une très grande habitude, de ne pas se brûler le bout des doigts avec les acides :aussi doit-on recommander de faire usage de gants de caoutchouc pendant tout le travail.

Il est utile également d'avoir à sa portée un peu d'ammoniaque pour y plonger la main en cas d'accident ou pour en mettre sur une tache qu'on se serait faite à ses vêtements.

On voit, en somme, que l'emploi d'une grande pile de Bunsen ou de Grove entraîne un travail long et pénible, surtout s'il se fait impromptu, dans un endroit nouveau, beaucoup moins s'il se fait dans un laboratoire ad hoc où l'on a tout sous la main de longue date, et où la même opération a déjà été faite souvent.

Quand on fait l'opération dans une chambre, il faut absolument prendre ses dispositions pour un entraînement rapide des vapeurs acides; sans cela il serait impossible d'achever le chargement et même de pénétrer dans la pièce.

Quelques personnes préfèrent faire usage d'un appareil respiratoire comme celui de M. Gallibert, au moyen duquel on peut séjourner dans un espace rempli de gaz dangereux sans aucune incommodité.

Pour que les zincs se conservent bien dans l'intervalle, souvent fort long, des expériences, il faut les sécher soigneusement et les placer debout les uns au-dessus des autres, ne se touchant que par quelques points de contact. Quant aux vases poreux et aux charbons, il n'y a, comme nous l'avons dit, aucun avantage à les rincer, mais plutôt à les laisser imbibés des acides de la pile qui les rendront plus conducteurs dès le début, lors de leur emploi ultérieur.

Composition des liquides.

Nous avons dit d'une manière générale qu'on met de l'eau acidulée à l'acide sulfurique avec le zinc et de l'acide nitrique avec le charbon; mais chaque opérateur a son liquide à lui et quelques-unes de ces formules méritent d'être discutées.

Pour l'acide sulfurique, nous avons déjà dit, dans la première partie, que le mélange le plus conducteur est celui qui a pour densité 1,215 et qui se compose de 30 parties d'acide monohydraté et de 70 d'eau, et que nulle part on n'emploie cette liqueur trop concentrée. En général, on fait usage de liquides contenant de 8 à 12 parties en poids d'acide sulfurique pour 100 de mélange, et dont la conductibilité ne s'écarte pas beaucoup du maximum. En pratique, les poids étant moins faciles à apprécier que les volumes, on est conduit à employer les mélanges suivants : 1 volume d'acide pour 6 d'eau (Wigner), ou 3 volumes d'acide à 66° pour 33 volumes d'eau suivant les habitudes françaises.

La force électromotrice diminue (en même temps que la résistance augmente), quand la proportion d'eau augmente à partir de la densité **1,215**, comme on le verra par le tableau des expériences de M. Poggendorff.

En général, on emploie dans les vases poreux de l'acide nitrique du commerce marquant 40° au pèse-acides; la force électromotrice de la pile diminue notablement avec la densité de l'acide nitrique.

Quelques personnes, M. Wigner notamment, remplacent l'acide nitrique par un mélange de **2** parties en poids d'acide nitrique (**1,360** poids spécifique) et de **5** d'acide sulfurique (**1,845** poids spécifique). Il augmente la proportion d'acide nitrique jusqu'à **3 1/2** parties, si la pile doit fonctionner plus de quatre ou cinq heures.

Il est vrai que les expériences de M. Wigner ont toujours porté sur la pile de Grove, seule employée en Angleterre: mais il paraît certain que les résultats qu'il a obtenus le seraient également avec des piles à **charbon**. L'économie qui résulte de l'emploi du mélange de Wigner est évidente, car l'acide sulfurique coûte beaucoup moins cher que le nitrique.

M. Leroux a étudié cette question dès **1853** et il expose ainsi les faits qu'il a dégagés de ses expériences:

« On peut économiser très notablement la dépense d'acide azotique dans la pile Bunsen en lui substituant de l'acide sulfurique concentré, auquel on a ajouté **1** ou **2** vingtièmes d'acide azotique. L'acide sulfurique agit évidemment comme déshydratant et amène l'acide nitrique à un état dans lequel sa décomposition est plus facile que lorsqu'il se trouve en présence d'une grande quantité d'eau.

» L'acide sulfurique pouvant déshydrater d'une manière

convenable son volume environ d'acide azotique du commerce qu'on y ajoute successivement, on peut, avec son aide, utiliser presque complètement une quantité donnée d'acide nitrique, qui, employée seule, à la manière ordinaire. devra être rejetée longtemps avant d'être épuisée complétement. »

Élément Faure. — Nous avons déjà dit dans la description que nous avons donnée des éléments, zinc — charbon (p.) qu'il suffit de munir le cylindre de charbon d'un creux dans lequel on peut verser de l'acide nitrique pour gagner presque la valeur d'un élément. Mais la pile ne demeure pas longtemps constante, car la provision d'acide nitrique est petite. C'est pour ce motif que Faure a donné à son électrode de charbon, faite de graphite et d'argile. la forme d'une bouteille.

Le bouchon se compose d'un morceau de charbon de cornue paraffiné que traverse le fil polaire. Nous verrons plus tard que cette forme avait déjà été utilisée par Stöhrer. Cette bouteille qui renferme de l'acide nitrique concentré, et dont le sommet porte un trou pour le dégagement des vapeurs, se place dans le milieu d'un cylindre de zinc qui plonge dans de l'acide sulfurique dilué.

Faure prétend que son élément laisse dégager moins de vapeurs et utilise mieux l'acide nitrique que les autres formes, tout en assurant une meilleure dépolarisation par suite de la pression qui pousse les acides à pénétrer dans les pores du charbon.

La force électromotrice atteint les **9/10** de celle d'un élément Grove, et un élément d'une contenance d'un 1/4

de litre maintient, dit-il, pendant 10 heures **un fil de
platine** à l'incandescence.

Il n'est pas besoin de se demander si des électrodes
faites de cette manière doivent être moins poreuses et
moins conductrices que les autres puisque la partie poreuse ne conduit point le courant et que la portion conductrice n'est point poreuse. C'est peut-être le principal
reproche que l'on puisse faire à cet élément, que nous
n'avons pas eu malheureusement l'occasion d'étudier nous-
même; nous voyons cependant dans l'année 1879 de
La lumière électrique, p. 113 que différents physiciens n'ont
pas été satisfaits de son fonctionnement.

Pile Tommasi. — Nous donnerons la description de ces
éléments parce que pendant un temps ils ont été l'objet
des louanges les plus vives et qu'on leur donnait le nom
de pile universelle, pile domestique, pile perpétuelle.

Ils se composent en principe des mêmes parties qui
constituent l'élément Bunsen : d'un vase poreux verni
dans sa partie inférieure, d'une plaque de charbon ac-
crochée à un couvercle qui ferme hermétiquement le
vase, qui descend environ jusqu'à sa moitié et occupe
un espace qui correspond à peu près au quart du volume
total du vase. En face du charbon et suspendu à une
tige en aluminium, qui passe au travers du couvercle,
se trouve un demi-cylindre en porcelaine, qui occupe
également le quart de l'espace intérieur du vase poreux,
d'où il résulte que lorsqu'on enfonce ce cylindre, il fait
remonter dans le vase poreux l'acide nitrique, qui vient
alors baigner le charbon.

Ce vase poreux se trouve dans un récipient plus large

qui est muni d'un tube; en face de la partie vernie du vase poreux, le récipient extérieur porte une rentrée dans la partie supérieure de laquelle se trouve un cylindre de zinc, fixé contre la paroi, et qui porte une rainure que l'on remplit de mercure.

Tous les vases extérieurs sont en communication avec une cuve au moyen de tuyaux qui servent à les vider et à les remplir. Pour mettre la pile en marche, on ouvre le robinet de la cuve qui renferme l'acide sulfurique dilué, et celui-ci s'écoule petit à petit d'abord dans le premier vase puis dans les suivants. On baisse alors les cylindres de porcelaine et la pile entre en fonctionnement.

Les avantages qui sont offerts par cette disposition ne sont pas difficiles à comprendre. D'abord on peut facilement renouveler et faire circuler le liquide dans lequel trempent les zincs, puis on n'a point besoin de vider l'acide nitrique, ce qui évite une grande partie des inconvénients que présente d'ordinaire le démontage de la pile.

Les vapeurs d'acide nitreux ne sont cependant point éliminées, mais elles ont tendance à se dégager par la partie poreuse du vase intérieur et en tous les cas elles sont moins désagréables.

Moins croyable est l'affirmation de l'inventeur qui déclare que la pile peut rester 10 jours en service, sans avoir besoin de rien y faire que d'y ajouter chaque jour quelques gouttes d'acide nitrique au moyen d'une pipette par l'ouverture qui se trouve dans le bouchon, ce qui en tous cas n'est pas une besogne bien agréable.

Il faut également considérer ce qui se passe lorsque les zincs viennent à s'user, et qu'il s'y forme des trous qui permettent à l'acide de passer contre la paroi du **vase sur** laquelle ils se trouvent fixés. Pour parer à cet inconvénient on a adopté la disposition suivante. Les zincs sont faits en forme de bague et pendent dans une espèce de panier en cuivre qui sert en même temps à la dérivation du courant, tandis que sur les vases poreux on place une sorte de bouteille qui contient un mélange de nitrate de soude et d'acide sulfurique. Nous ne pouvons passer plus loin sans dire que des dispositions plus ingénieuses pour remplir et vider commodément les vases Bunsen ont déjà été imaginées bien des fois, et sous ce rapport nous citerons spécialement celle que nous avons vu fonctionner il y a des années chez le professeur Jedlik. A l'exposition d'électricité de Paris, on voyait fonctionner une pile Tommasi. Les éléments se composaient de pots droits portant une tubulure de chaque côté dans lesquels se trouvait un vase de hauteur double qui renfermait le charbon et à côté un vase poreux avec le mélange indiqué ; celui-ci reposait sur un petit socle, qui allait jusqu'à la hauteur des bagues de zinc, qui étaient placées dans un panier en cuivre, ce qui ne devait guère être avantageux. Le vase poreux était fermé et ne dépassait le vase extérieur que de la hauteur du cou.

Élément au fer. — La propriété que possède le fer dans l'acide nitrique concentré de prendre un certain état que l'on nomme passif, puisqu'il ne peut être dissous par l'acide nitrique, avait déjà depuis un certain temps engagé Hawkins, Poggendorf, Schönbein, à employer ce métal à la place du platine dans l'élément Grove.

Schönbein plaçait un vase poreux contenant de l'acide

sulfurique dilué et un cylindre de zinc, dans un vase en fonte rempli d'un mélange fait avec un 1/3 d'acide sulfurique et 2/3 d'acide nitrique. Nous avons déjà montré (p.   ) l'avantage qu'il y a à mettre ce supplément d'acide sulfurique; il trouve ici particulièrement sa place, car l'acide nitrique attaque le fer, aussitôt qu'il atteint un certain degré de dilution.

Callan, professeur à Maynooth en Irlande, a fait des expériences avec une batterie de 577 éléments et arriva à produire un arc voltaïque de $125^{m}/^{m}$ de longueur. C'est sous son nom que ces éléments sont répandus, surtout en Autriche.

Ils se composent d'un vase en grès ou en verre, dans lequel se trouvent l'acide sulfurique dilué et le cylindre de zinc, au centre duquel on place le vase poreux qui renferme l'acide nitrique et l'électrode de fer. Celle-ci est en forme de croix transversale et se termine par une tige ronde qui porte une vis sur laquelle on fixe les fils polaires.

Les avantages qu'offrent ces éléments sont les suivants :

1. Les frais d'achat sont moindres que ceux des éléments Grove et Bunsen.

2. L'électrode possède, par rapport aux électrodes en platine et en charbon, une grande solidité.

3. La résistance dans l'électrode est moindre, et les points de contact peuvent être facilement nettoyés; il n'existe pas de résistance à la place où sont fixés les fils polaires.

4. Les électrodes ne retiennent aucune trace d'acide nitrique, ce qui est économique et évite surtout l'odeur désagréable de l'acide.

Le grand poids des électrodes est toutefois un désavantage qui se traduit souvent par la casse des vases poreux, enfin il faut surveiller la pile, si elle reste long temps en activité, afin de pouvoir enlever rapidement un élément dans lequel le fer deviendrait actif, c'est-à-dire serait attaqué par l'acide; toutefois le danger n'est guère plus grand qu'avec les éléments Bunsen ordinaires.

Ce défaut se trouve beaucoup amoindri dans l'élément en fer d'Uelsmann, qui se distingue de celui que nous venons de décrire en ce que l'électrode négative se compose de fer silicié, c'est-à-dire de fonte avec laquelle on a mélangé un peu de silicium.

ACIDE NITRIQUE		FORCE ÉLECTROMOTRICE Daniell = 1.		DIFFÉRENCE
0/0	POIDS spécifique	FER SILICIÉ	FONTE	
56	1,46	1,700	1,703	— 0,003
50	1,425	1,688	1,693	— 0,005
40	1,365	1,670	1,673	— 0,003
30	1,27	1,648	1,638	+ 0,010
20	1,185	1,566	attaqué	
17,5	1,16	< 1		
15	1,135	0,784		
15	1,135	> 1		
15	1,10	1,545		
12,5	1,085	1,470		
10	1,085	< 1		
10	1,04	0,540		
5		0,514		

Ainsi que le montre le tableau précédent, les forces électromotrices des deux éléments baissent assez uniformément, jusqu'à ce que le contenu de l'acide nitrique tombe au-dessous de 30 0/0 point auquel il se produit de fortes oscillations. A 2,5 0/0 plus bas, la force électromotrice de l'élément Callan, par suite de l'attaque qui se produit en même temps sur l'électrode en fer, tombe à 1 Daniell.

Les chiffres que nous donnons dans le tableau qui précède montrent que la production d'électricité n'est pas moindre qu'avec des électrodes en fer ordinaire.

L'élément avec l'électrode en fer silicié est, il est vrai, plus faible, mais il ne survient de changement sérieux que lorsque la quantité d'acide tombe à 17. 5 0/0. A 15 0/0 la force électromotrice qui est à 0,784 Daniell augmente avec une dilution croissante et s'élève subitement à 1.545 pour retomber à 1.470 avec de l'acide à 13.5 0/0.

On ne remarque aucun dégagement de gaz avant que l'acide ne tombe à 17.5 0/0.

On peut conclure, de ce qui précède, que cette électrode permet d'utiliser 10 0/0 de plus de l'acide et qu'il n'y a pas à craindre un débordement du liquide par suite d'un dégagement de gaz trop subit.

Élément Callan. — Sous ce nom, on connaît également une disposition de l'élément Grove, dans lequel les électrodes en platine sont remplacées par des électrodes en plomb platiné.

Avec cette disposition l'électrode négative plonge dans un mélange composé de deux parties en poids d'acide sulfurique anglais, une partie d'acide nitrique et une partie d'une dissolution saturée de nitrate de potasse.

Poggendorff a trouvé que l'addition du salpêtre n'est pas nécessaire parce qu'il se trouve trop dilué et qu'en le chargeant avec un mélange de deux parties d'acide sulfurique et une partie d'acide nitrique concentré formant un liquide d'une densité de **1,34,** ou avec de l'acide nitrique seul de pareille densité, il agit plus fortement qu'un élément Grove.

Éléments d'Arsonval. — Nous trouvons dans un article très remarquable sur les piles électriques que le Dr **A.** d'Arsonval a publié dans *La lumière électrique* les passages suivants que nous recommandons particulièrement à l'attention des personnes qui s'occupent de perfectionner les éléments galvaniques. D'habitude on se sert d'acide sulfurique anglais, qui ne contient presque pas d'arsenic, surtout s'il a été fait avec du soufre, mais qui a le grave défaut d'introduire du sulfate de plomb dans l'élément.

D'Arsonval a pensé à nettoyer l'acide sulfurique de façon à pouvoir l'employer, et a trouvé à cet effet un procédé très simple.

Il verse 4 à 5 c $^{m/3}$ d'huile à brûler sur un litre d'acide sulfurique, ce qui donne naissance à la formation d'acide sulfo-glycérique et produit la précipitation à l'état de savons de tous les corps étrangers (Arsenic, plomb etc).

Ce procédé présente encore l'avantage de pouvoir amalgamer plus facilement les zincs, qui dans ces conditions ne laissent plus goutter de mercure et ne s'attaquent plus en circuit ouvert.

Tandis qu'un crayon de zinc amalgamé perd en **8** jours dans l'acide sulfurique ordinaire **42** grammes de son poids, le même zinc plongé dans de l'acide ainsi nettoyé n'a perdu que **1,5** grammes, tandis que l'acide qui n'avait pas été passé à l'huile avait au bout d'une heure déjà dissous 15 grammes de zinc, bien que celui-ci eût été soigneusement amalgamé au préalable.

Il est également avantageux de remplacer l'acide sulfurique par de l'acide chlorydrique dilué 1 : 10, autant par suite de son prix plus bas que par l'augmentation de chaleur qui se produit par la formation du chlorure de zinc (56.4 : 53) sans compter aussi que le sel qui se forme se dissout mieux et ne donne pas lieu à des efflorescences.

Enfin d'Arsonval prétend que dans les piles Bunsen l'acide nitrique se trouverait mieux utilisé par suite de la formation d'eau régale dans le corps du vase poreux.

Élément Wölher. — D'après *La Lumière Électrique*, cet élément se compose de deux cylindres en aluminium dont l'un est placé dans de l'acide nitrique concentré dont on remplit un vase poreux, tandis que l'autre plonge dans de l'acide chlorhydrique dilué ou dans une dissolution de soude caustique. L'électrode soluble peut naturellement être remplacée par du zinc.

Élément à l'eau régale. — Dans celui-ci on emploie un mélange d'acide nitrique et d'acide chlorhydrique; comme cet élément agit par une formation de chlore, nous en reparlerons plus tard lorsque nous arriverons à décrire la dépolarisation par le chlore.

Élément à acide chlorique. — Félix Leblanc a chargé un élément fait, comme un élément Grove, avec cet acide énergique et a trouvé qu'il agissait très vigoureusement même en solution diluée.

Cet acide est toutefois trop cher pour servir à un usage général; on est presque forcé, pour l'employer, de l'apprêter soi-même en détruisant la combinaison de la potasse par l'acide sulfurique, qui produit du sulfate de potasse et met l'acide chlorique en liberté. Nous rencontrerons souvent par la suite des procédés similaires.

Bunsen a essayé en **1841** un élément de ce genre, mais il l'abandonna pour reprendre son élément à l'acide nitrique, parce que, pendant la décomposition chimique, les bases devenant libres attaquent le charbon et nuisent à la constance du courant.

Les physiciens Salleron et Benoux renoncèrent également bientôt à leurs expériences, bien que par un supplément d'acide sulfurique suffisant, ils eussent obtenu de meilleurs résultats.

Dans leurs rapports les inventeurs ont surtout fait remarquer que le chlorate de potasse est en état de réduire cinq fois autant d'hydrogène que le sulfate de cuivre, ce qui mérite d'être pris en considération, si l'on réfléchit, que le prix de ce dernier sel est trois fois plus élevé (1).

Toutefois il ne faut point oublier que l'élément au sulfate de cuivre, produit du cuivre pur qui a une grande valeur, tandis que le sulfate de potasse ne peut obtenir qu'un prix assez minime.

Les éléments au chlorate de potasse n'ont pas trouvé une grande extension, et nous penchons à croire que la dépolarisation ne se fait pas d'une manière désirable, sans doute parce que le chlorate s'y trouve dans un état de

---

(1) Depuis, le prix du sulfate de cuivre a **considérablement diminué**. *(Note du traducteur.)*

dilution qui lui enlève sa capacité d'oxydation si énergique à son état ordinaire.

Cela vaudrait cependant la peine de refaire de nouvelles expériences à ce sujet.

Éléments à acide chromique.

Ce que nous avons dit pour le chlorate de potasse peut également s'appliquer à l'acide chromique. Ce dernier est également un oxydant énergique et par suite très propre à détruire l'hydrogène naissant.

Pour préparer cet acide on emploie le bi-chromate de potasse, que l'on décompose par l'acide sulfurique concentré; il se produit également du sulfate de potasse acide qui reste dans la dissolution.

$$K_2Cr_2O_7 + 2H_2SO_4 = 2CrO_3 + 2HKSO_4$$

Si ce mélange d'acide chromique et de sulfate de potasse est chauffé avec de l'acide sulfurique, il se dégage de l'oxygène, et il se forme de l'alun de chrome.

$$2CrO_3 + 2HKSO_4 + 2SO_4H_2 = Cr_2S_3O_{12}$$
$$+ K_2SO_4 + 4H_2O + O_2.$$

C'est cette réaction qui se produit probablement dans l'élément sitôt que le courant électrique circule; mais on peut également admettre que dans ces circonstances l'hydrogène enlève à l'acide chromique son oxygène, et qu'il ne se produit aucun dégagement de ce gaz.

$$CrO_3 + CrO_3 + H_6 + 2HKSO_4 + 2H_2SO_4$$
$$= (Cr_2S_3O_{12} + K_2SO_4) + 6H_2O.$$

Si l'on avait en vue l'acide chromique et le zinc, la réaction serait la suivante :

$$3Zn + H_2SO_4 + H_2SO_4 + H_2SO_4 + CrO_3 + CrO_3$$
$$= 3ZnSO_4 + 3H_2O + Cr_2O_3$$

qui se dissout dans l'acide sulfurique présent. Si nous rassemblons ces réactions,, nous avons finalement :

$$K^2 Cr_2O_7 + 4H_2SO_4 + H_6 = (Cr_2S_3O_{12} + K_2SO_4$$
$$+ 7H_2O$$

Nous voyons que quatre équivalents d'acide sulfurique doivent correspondre à un de bichromate, si la réaction doit se produire entièrement.

Le poids moléculaire de ce sel est :

$$K_2 = 78; \quad Cr_2 = 107; \quad O_7 = 112,$$

ensemble 297.

Pour l'acide sulfurique nous avons :

$$S = 32; \quad O_4 = 64; \quad H_2 = 2,$$

ensemble 98.

Quatre molécules pèsent donc $98 + 4 = 392$.

Il en résulte donc une relation de $297 : 392$; ou en chiffres ronds de $300 : 400 = 3 : 4$.

Il ne faut naturellement pas perdre de vue que l'on n'emploie pas généralement de l'acide sulfurique monohydraté, pour la combinaison duquel ces chiffres sont donnés, mais de l'acide sulfurique anglais que l'on trouve dans le commerce.

Poggendorff avait déjà donné en 1842 les proportions suivantes :

      Bichromate de potasse . . .   3 parties
      Acide sulfurique.   4   —
      Eau. 18   —

Pour les raisons que nous avons données plus haut,

ce mélange est insuffisant, et celui que Wöhler et Buff
ont proposé est préférable :

> Chromate double de potasse. . 12 parties
> Acide sulfurique. . . . . 25 —
> Eau. . . . . 100 —

L'élément alimenté par ce liquide a une force électromotrice de 2,028 unités Volta (Clark et Sabine), le double
d'un élément Daniell.

Warington, qui fut un des premiers qui employa l'acide
chromique, se servait de plaques de platine ; il remplissait simplement l'élément Grove avec le mélange dont
nous venons de parler.

Bunsen, Leeson et Poggendorff ont employé l'élément
zinc-charbon, dont nous allons nous entretenir.

Des expériences répétées ont fait voir que la force considérable de courant, que possède cet élément à son origine, diminue d'une manière sensible, après un court
fonctionnement.

D'après les recherches que Dehm a faites sous ce rapport
avec le plus grand soin, ce ne serait pas autant la diminution de la force électromotrice, qu'une augmentation
de la résistance intérieure, qui serait la cause de ce
défaut, auquel on peut facilement remédier, pour le service télégraphique, en employant des éléments ayant une
large provision d'acide comme nous l'avons déjà indiqué
pour les éléments au sel, et en recommandant de renouveler peu à peu la pile.

*Éléments employés dans le service télégraphique en Alle-
magne.*—Ils se composent d'un charbon creux d'une hauteur
de **16** $^{c}/_{m}$ sur un diamètre extérieur de **85** $^{m}/_{m}$, percés à

trois hauteurs différentes de 9 trous qui permettent le libre accès de l'acide chromique à l'intérieur de la partie creuse où se trouve le vase poreux avec le zinc.

Le fil polaire est fixé à une bande de cuivre qui se place sur la partie supérieure paraffinée du charbon avec lequel elle est fixée par une vis ; une feuille d'étain, posée entre, assure l'intimité du contact.

L'électrode de zinc, bien amalgamée, a une section transversale en forme de croix ; elle vient de fonte et plonge dans de l'acide sulfurique dilué (1 : 20).

L'acide chromique est préparé d'après les indications de Buff ; seulement on a pris des chiffres ronds. Ainsi, pour 1 partie de bichromate de potasse on prend 2 parties d'acide sulfurique et 8 parties d'eau.

Cette disposition des électrodes offre l'avantage de donner à l'électrode négative une surface aussi grande que possible en même temps qu'elle plonge dans une plus grande quantité de liquide dépolarisant.

Éléments employés dans le service télégraphique en Angleterre (élément Füller). — Cet élément *(fig. 31)*, dont il existe bien 20.000 en usage, a été introduit depuis l'année 1871 ; il se compose d'une électrode de zinc et d'une plaque de charbon.

Le zinc a la forme d'un bloc massif, d'où part un fil polaire amalgamé ; il est placé dans un vase poreux dont le fond est garni avec environ 30^{gr} de mercure, ce qui semble assurer une bonne amalgamation.

L'électrode de charbon a 15 $^{c/m}$ de long et 5 de large, elle possède une tête métallique avec un bouton vissé dessus, qui sert à fixer les fils polaires qui viennent des zincs.

Pour donner une idée de l'emploi de ces éléments dans la pratique, nous reproduirons ici ce qu'en dit Spagnoletti (Niaudet).

Nous devons à M. Spagnoletti des renseignements très complets sur les résultats qu'il a obtenus de l'emploi de cette pile sur le *Great Western Railway*.

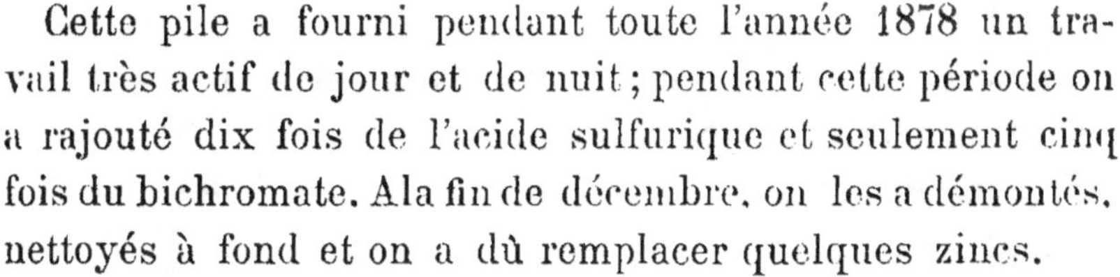

Il évalue en pratique la force électromotrice à deux Volts et la résistance à un Ohm pour le modèle de 1 litre de capacité.

A la station de Paddington, le service dirigé sur onze lignes variant de **42** à **284** milles est fait aujourd'hui avec 64 éléments Füller seulement.

Cette pile a fourni pendant toute l'année 1878 un travail très actif de jour et de nuit; pendant cette période on a rajouté dix fois de l'acide sulfurique et seulement cinq fois du bichromate. A la fin de décembre, on les a démontés, nettoyés à fond et on a dù remplacer quelques zincs.

On voit que ces soins d'entretien se réduisent à fort peu de chose; et pendant les trois ou quatre premiers mois, il n'y a même besoin d'aucune attention, d'aucun soin.

M. Spagnoletti regarde cette pile comme extrèmement commode dans les petites stations, et, en effet, comparée à la pile Daniell, ce n'est pas un médiocre avantage que la réduction de moitié du nombre des éléments.

Les frais d'entretien ne sont pas élevés : le charbon doit durer fort longtemps, le zinc de douze à dix-huit mois, l'acide sulfurique et le bichromate sont des substances peu coûteuses.

Il paraît qu'il y a déjà 20,000 éléments en service en Angleterre, ce qui est signe d'un assez grand succès.

Nous savons, de source certaine, que 3,000 éléments sont en fonction au poste central de Londres, General Port-Office New Building.

La seule particularité nouvelle que nous apercevions dans la pile Fuller, c'est l'amalgamation du zinc qui supprime toute action locale et arrête l'usure du zinc pendant tout le temps que le circuit est ouvert. C'est là un avantage capital pour l'application à la télégraphie.

Cette pile nous paraît extrêmement favorable dans les grandes stations très chargées de service, et dans lesquelles la pile Leclanché n'est pas à sa place. Elle convient également, comme le dit M. Spagnoletti, aux services à courant fermé.

Mais pour les stations ordinaires, la pile Leclanché ou celle au chlorure de chaux nous paraissent supérieures; à la vérité, il faut un nombre d'éléments un peu plus grand, mais on est dispensé de manier aucun acide, et on peut rester, comme nous l'avons dit, de longs mois sans visiter la pile, et des années sans renouveler le zinc.

Piles pour lumière électrique.

La force importante du courant des éléments à acide chromique les a désignés comme des plus propres à la production de la lumière électrique.

Si dans un élément Bunsen ordinaire on remplace l'acide

nitrique par l'acide chromique, on obtient d'abord un courant vigoureux mais qui ne tarde pas à diminuer considérablement; c'est dans un rapide appauvrissement du liquide, surtout du côté du charbon, qu'il faut chercher la cause de cet affaiblissement.

Si l'on choisit un vase de grande capacité et si on remplit l'espace entre ses parois et le charbon, on obtient bien un résultat meilleur, mais qui n'est cependant point suffisant, car après deux heures de marche, la diminution dans la force du courant devient très sensible. On évite ceci avec :

L'Élément Camacho. — Pour éloigner du charbon le liquide à mesure qu'il s'appauvrit, et éviter toute polarisation, Camacho, suivant l'exemple de Chutaux, emploie un procédé qui consiste à faire couler dans la pile de l'acide qui vient d'un récipient placé au-dessus.

Les vases sont placés sur des gradins et comme en escaliers; le liquide tombe d'un réservoir spécial dans le vase de l'élément le plus élevé; il en sort à la partie supérieure et est conduit par un siphon de caoutchouc souple dans le vase poreux suivant et ainsi de suite.

L'électrode négative est composée d'une tige de charbon et d'une masse considérable de fragments de charbon de cornue qui emplissent tout le vase poreux.

Cette disposition ne manque pas de présenter certains inconvénients tels que par exemple une attaque des zincs, sur le côté opposé à la plaque de charbon, ce qui fait que les surfaces attaquées sont trop en disproportion avec le charbon et que la dérivation ne se fait que d'une manière imparfaite, enfin le tuyau de caoutchouc doit agir en siphon, ce qui entraîne beaucoup d'inconvénients, sans compter qu'il reste constamment plongé dans l'acide sulfurique dilué; la disposition suivante que nous avons imaginée nous semble devoir donner un meilleur résultat.

Dans un vase muni par le bas d'un tube d'écoulement (*fig. 32*), on place un vase poreux destiné à recevoir la plaque de zinc.

Le long des parois se trouvent deux plaques de charbon

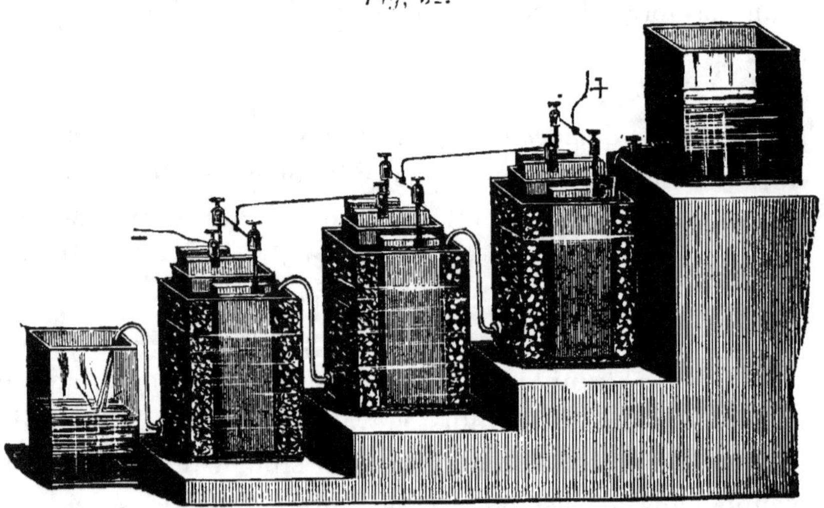

Fig. 32.

et l'espace entre est rempli de petits morceaux de charbon.

De la tubulure part un tuyau qui communique avec l'élément voisin et qui est muni d'un robinet en verre ou en ébonite, ce qui permet d'augmenter ou de ralentir à volonté l'écoulement du liquide.

Douze éléments de ce genre, dont les zincs ont $15\,^c/^m$ de large et $20\,^c/^m$ de haut, maintiennent pendant plusieurs heures à l'incandescence un fil de platine de $60^c/^m$ de long sur $1\,^m/^m$ de section.

Par rapport aux éléments à acide nitrique, ces derniers présentent les avantages suivants :

1. La pile ne dégage aucune vapeur, si les zincs sont bien amalgamés ;

2. Elle peut fonctionner 20 heures de suite sans que l'on remarque un affaiblissement appréciable :

3. Les dépenses d'entretien sont moindres ;

4. La résistance est, par suite de la disposition intérieure, supérieure à celle des éléments Bunsen. Toutefois il ne faut pas oublier, qu'il est nécessaire, après l'emploi de la pile, de remplacer le vase d'où arrive le liquide chromique par un vase contenant de l'eau, et de nettoyer complètement les charbons, sans quoi leurs pores se rempliraient de petits cristaux d'alun de chrome.

On enlève l'acide sulfurique soit au moyen d'une petite pompe ou simplement en laissant couler l'eau en même temps dans le vase poreux, ce qui n'a aucun inconvénient, car l'acide ne vaut plus rien.

Il n'est guère avantageux de disposer plus de quatre éléments l'un sur l'autre ; on doit faire circuler le même liquide jusqu'à son complet épuisement. Toutefois. il faut avoir soin de le faire circuler d'autant plus vite qu'il est plus épuisé. Avant d'arrêter le courant, on ferme le vase qui contient le liquide et on laisse travailler la pile. ce qui permet à l'acide chromique de s'user complètement, bien qu'il y ait naturellement diminution constante dans la force du courant.

Élément. Cloris.-Baudet. — Cet inventeur fabrique depuis environ trois ans une batterie au bichromate. qui a fait beaucoup parler d'elle et qui a été construite particulièrement pour la production de la lumière électrique.

Au lieu de maintenir une action constante du liquide autour des électrodes par un mouvement continu de va-et-vient et de le renouveler, Cloris-Baudet opère, dans une certaine mesure, le renouvellement du liquide dans l'élément même. Pour obtenir ce résultat, en dehors du vase poreux qui renferme l'acide sulfurique dilué (ainsi que du bisulfate de soude ou des parties égales de sel de cuisine, de vinaigre et d'eau) et que l'on place au milieu du vase extérieur qui a une assez grande capacité, on dispose dans l'élément même deux autres vases poreux plus petits dont l'un contient de l'acide sulfurique anglais et l'autre des cristaux de bichromate de potasse. Le vase extérieur est rempli avec le liquide que nous connaissons et renferme deux charbons.

La résistance intérieure de l'élément n'atteint au dire de l'inventeur que 0.22 Ohm, sa force électromotrice est de deux Volts, ce qui doit naturellement produire une quantité de courant importante.

Il n'est point douteux que pendant un certain temps ces éléments doivent donner un courant énergique, mais il faut faire attention à ce qui suit si l'on veut faire un usage continu de ces éléments. Celui qui a travaillé avec des batteries au bichromate et avec les liquides employés d'ordinaire, aura certainement remarqué qu'après un certain temps le charbon perd de sa qualité, par suite de la formation de cristaux d'alun de chrome qui viennent boucher ses pores et en diminuent considérablement la surface, sans compter que des cristaux se forment sur les plaques mêmes. Si ceci se passe avec les liquides ordinaires dilués, quel doit être le résultat avec un liquide, qui, comme dans les éléments Cloris-Baudet, est toujours dans un état de sursaturation.

En peu de temps, il doit se produire une formation de cristaux qui progresse beaucoup plus rapidement que dans les autres éléments au bichromate, puisque dans ceux-ci, par suite d'une production de cristaux, le liquide diminue de densité, tandis que dans ceux dont nous venons de parler, le liquide est toujours archi-saturé.

En outre dans les éléments au bichromate ordinaires, on ne les laisse jamais fonctionner aussi longtemps sans les nettoyer, aussi la formation de cristaux ne peut-elle se produire avec une aussi grande abondance.

Nous ne terminerons pas sans citer la proposition que Slater a faite (*La Lumière électrique, 1880,* p. 55) d'utiliser les sous-produits de l'élément au bichromate à la fabrication de matières ayant de la valeur. Dans l'élément Slater le zinc est remplacé par une électrode en nickel, qui se dissout pendant le fonctionnement de l'élément et qui fournit du sulfate de nickel dont on trouve un placement avantageux.

Si simple que paraisse la chose à première vue, le résultat n'est pas aussi avantageux lorsqu'on entre dans l'exécution pratique, car la diffusion exerce son influence perturbatrice, et l'on n'obtient que des sels impurs et absolument inutilisables pour la galvanisation.

Pour que la dépolarisation soit complète, et que l'on obtienne des sels convenables il faut avoir soin de tenir les liquides en mouvement; et c'est pour ce motif que Slater, après avoir mis en communication les vases intérieurs l'un avec l'autre, et fait de même pour les vases extérieurs. tient le liquide en mouvement, au moyen d'une pompe mise en activité par un moteur électro-magnétique.

L'inventeur prétend que l'électricité lui revient très bon marché, puisque le sel de nickel se vend 4 fr. 50 c. le 1/2 kilog., tandis que le métal lui-même ne coûte que 5 francs, mais il ne songe point au sulfate de nickel qui est entraîné par la diffusion électrique vers l'électrode négative et qui se perd.

En place d'acide sulfurique on emploie aussi de l'eau salée, ce qui donne naissance à la formation d'un sel double, qui peut également trouver un emploi dans le nickelage; il en serait de même si l'on faisait usage de sulfate d'ammoniaque.

La force électromotrice en employant de l'acide sulfurique dilué égale, à ce qu'il assure, celle d'un élément Bunsen; mais nous croyons qu'elle lui est de beaucoup inférieure.

Éléments à acide chromique sans vase poreux.

Pour simplifier la construction des éléments et diminuer la résistance intérieure, on est arrivé à supprimer le vase poreux, de sorte que l'élément au chromate devient un élément simple zinc-charbon dans lequel l'acide sulfurique est remplacé par l'acide chromique.

Il n'eût été cependant point à sa place de nous entretenir de cet élément lorsque nous avons parlé des changements que l'on peut apporter dans les acides, car les réactions chimiques qui se passent dans cet élément sont absolument différentes; le courant ne provient point en effet de la simple dissolution de l'électrode de zinc, mais encore de la réduction du gaz hydrogène qui se dégage. La tension électrique mise en jeu par ces deux actions augmente la force électromotrice de l'élément qui est réellement le double de celle d'un élément simple zinc-charbon, dont le liquide ne contient pas d'air.

Comme l'acide sulfurique que renferme le mélange doit également servir à la dissolution de l'électrode positive, il faut que le liquide en contienne une plus grande quantité; combien, c'est ce que nous allons voir dans ce qui suit :

$$K_2Cr_2Or + 6SO_4H_2 + Zn = Cr_2O_9 + K_2SO_4$$
$$+ 6H_2O + 3ZnSO_4.$$

(C'est dans ces conditions que se produit le sel vert) ou :

$$K_2Cr_2O_7 + 7SO_4H_2 + 3Zn = Cr_2S_3O_{12} + K_2SO_4$$
$$+ 7H_2O + 3ZnSO_4;$$

(cette combinaison donne lieu à la formation de l'alun de chrome). Le poids moléculaire du bichromate de potasse est 297, celui de 6 molécules d'acide sulfurique $98 + 6 = 588$, ce qui correspond aux rapports indiqués par Buff.

Pour la formation de l'alun de chrôme il faut 7 molécules d'acide sulfurique comme $98 \times 7 = 686$ on a comme rapport 297 : 686.

Certains physiciens emploient une plus grande quantité d'acide sulfurique, ce qui a sa raison d'être ; car, puisque les zincs doivent toujours être bien amalgamés, on peut donc choisir la solution d'acide sulfurique qui donne au liquide la meilleure conductibilité électrique.

Byrne dépasse même encore ce point en recommandant

un liquide composé avec 1 litre d'eau, 370ᵍʳ d'acide sulfurique et 130ᵍʳ de bichromate de potasse. L'une des formes les plus maniables de l'élément à acide chromique c'est celle de

L'élément Grenet ou Pile-bouteille. — Comme le nom nous l'indique déjà. le vase qui contient les électrodes et le

Fig. 33.

liquide a la forme d'une bouteille *(fig. 33)* à laquelle on donne le plus souvent un ventre en forme de boule ronde.

Les électrodes sont fixées sur le couvercle en ébonite du vase sur lequel les charbons sont vissés une fois pour toutes. La plaque de zinc qui se trouve entre elles est disposée de façon à pouvoir se déplacer au moyen d'une barre en laiton retenue par une vis qui permet de régler à volonté son enfoncement.

Une bague en caoutchouc souple ou de petits blocs en caoutchouc durci empêchent tout contact entre l'électrode de zinc et les électrodes de charbon.

Pour renouveler le liquide autour du charbon, ce qui ne peut se faire de soi-même que difficilement puisque les électrodes sont rapprochées le plus possible, on peut insuffler de l'air dans l'élément au moyen d'un tuyau de plomb qui passe entre les deux plaques de charbon.

Cette disposition a été supprimée dans les éléments du nouveau modèle, car on obtient le même résultat en remuant l'électrode de zinc.

Le courant que produit cet élément ne dure que peu de

temps, mais il suffit pour les expériences qui ne demandent un fort courant que pendant quelques instants, comme dans les expériences que l'on fait dans les conférences, échauffement de fils, etc., etc. Cet élément offre cet avantage c'est que la consommation du zinc, en retirant cette électrode (ce qui naturellement ne doit pas être oublié) est aussi restreinte que possible, et que par suite de la grande quantité de liquide qu'il contient, il peut servir pendant longtemps.

On emploie quelquefois aussi des éléments de ce genre qui contiennent deux plaques de zinc et trois plaques de charbon réunies en surface.

On obtient ainsi de grands effets d'incandescence momentanée.

Les charbons sont munis de boutons d'attache en cuivre fondus sur le charbon ou vissés dessus.

De la paraffine bouche les pores du charbon et empêche l'acide de grimper. Mais ces éléments possèdent pour principal inconvénient d'avoir les charbons constamment plongés dans le liquide, ce qui entraîne nécessairement une formation constante de cristaux d'alun sur leur surface et même une décomposition d'acide chromique sans aucune utilité.

Si l'on veut réunir plusieurs de ces éléments en batterie on éprouve encore toutes sortes de difficultés pour retirer les zincs. Ces inconvénients disparaissent avec l'emploi de la

Batterie au bichromate de Bunsen. — Ce physicien célèbre, dont nous avons déjà parlé plusieurs fois dans ce livre, a donné la disposition suivante à la batterie au bichromate *(fig. 34)*.

Dans un cadre métallique sont enchassées des bandes de bois ou de caoutchouc durci, qui portent alternativement

Fig. 34.

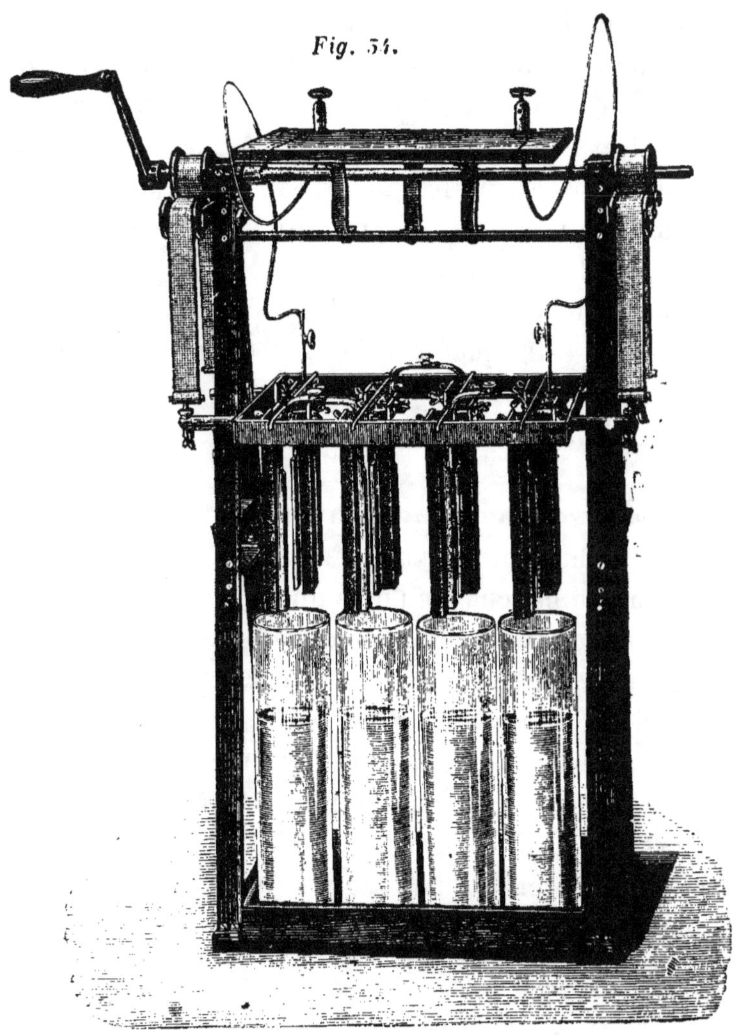

du même côté une électrode de zinc et une de charbon, qui sont réunies par deux et pressées contre les bornes polaires *(fig. 34-35)*.

Les têtes des vis qui opèrent cette réunion sont isolées des bandes polaires des zincs par du caoutchouc durci.

Les verres sont très hauts et cylindriques et les électrodes très longues, ce qui permet, par un enfoncement plus ou moins profond, de faire varier la force du courant.

Fig. 35

La force électromotrice dépasse 2.3 Daniell, mais elle n'est pas constante, et tombe rapidement; en enfonçant davantage les électrodes, ou en les mettant en mouvement, on remédie à cet inconvénient.

Comme on peut le voir par la figure, le cadre est à cet effet suspendu à des courroies qui se dévident sur des rouleaux fixés sur un axe qui porte une roue dentée qui sert à produire l'arrêt des rouleaux. Le liquide qui sert à charger ces éléments se compose d'une partie en poids de bichromate de potasse de 2 parties d'acide sulfurique et de 12 parties d'eau, et constitue un mélange que Bunsen recommande après beaucoup d'expériences qu'il a faites avec ces liquides; d'après Warrington il offre l'avantage de ne point donner lieu à la formation de chrome mais de

Fig. 56.

laisser déposer des cristaux verdâtres en forme d'aiguilles de potasse, de sulfate de chrome et de zinc.

Les vases tiennent 2 litres de liquide fait avec :

    77,5 cm. de bichromate de potasse,

    78,5 cm. d'acide sulfurique,

    750 cm. d'eau.

Pour amalgamer les zincs, ce qu'il faut faire soigneusement, on a un verre cylindrique qui contient du mercure et on y plonge les zincs sans les détacher.

Batterie au bi-chromate de Hauck. — Malgré la disposition très ingénieuse de la batterie que nous venons de décrire, elle possède encore cependant quelques défauts, qui pourraient être évités en suivant le mode de celle qui suit.

Avant tout, et pour économiser la place tout en conservant une aussi grande quantité de liquide que possible à notre disposition, nous avons choisi des verres carrés que nous plaçons sur une planche munie de rainures, par deux éléments, et réunis par le haut par une barre transversale. Une boîte métallique dans la planche, un pas de vis dans la barre transversale servent à une vis en fer, mue par une roue à main, à monter rapidement et à guider une planche carrée à laquelle est fixée une plaque d'écrou.

Sur cette planche qui porte des fils conducteurs de côté sont fixées les électrodes des éléments, les deux charbons au moyen de deux bornes, et la plaque de zinc qui se trouve entre, également par deux bornes, ce qui fait que l'on peut établir facilement toutes les communications soit en tension soit en quantité.

Pour maintenir dans la position perpendiculaire les plaques de zinc, qui sont vissées sur des petits blocs de bois qui s'ajustent dans des fentes pratiquées dans la planche, et les protéger contre tout contact avec l'électrode négative, on place au-dessous des bornes de petites plaques de métal.

La ***fig. 36*** montre d'une façon distincte comment l'ensemble est organisé.

Les charbons sont munis d'une tête en zinc coulé, dans laquelle on fixe en même temps deux pointes qui servent à les fixer sur les bornes. Des pointes semblables sont vissées dans les plaques de zinc qui sont assez épaisses.

Selon que la batterie est destinée à produire des actions d'échauffement ou de la lumière électrique, on emploie de grandes plaques de charbon très rapprochées l'une de l'autre ou des plaques plus petites assez écartées.

Batterie pour la lumière électrique. — L'écartement du charbon a pour but d'éviter toute difficulté dans le renouvellement du liquide autour des plaques de charbon. Pour que la surface des charbons soit prépondérante, on emploie des plaques de zinc qui n'ont que la moitié de la largeur des plaques de charbon, de sorte que les surfaces des électrodes de charbon qui sont en face l'une de l'autre se trouvent doubles de celle de l'électrode de zinc.

Les charbons sont écartés l'un de l'autre à une distance égale à leur épaisseur, et les deux plaques qui marchent ensemble sont réunies par une bande de cuivre.

Deux batteries de 24 éléments, dont les charbons ont 0^m004 de large et 0^m18 de long, fournissent une lumière électrique, qui suffit à toutes les expériences de lecture et donne pendant dix minutes une lumière à peu près égale : au bout de ce temps il faut soit tourner le moulinet, soit mettre les électrodes en mouvement.

Pour faire facilement l'amalgamation des zincs, on les attache par quatre à une petite barre de bois, ce qui permet de les rentrer et de les sortir tous ensembles, lorsque les fils de communication ou les bandes ont été défaits.

Au lieu de fondre des têtes sur les charbons, on peut

aussi employer des cercles de cuivre que l'on y soude et que l'on rive; il faut toutefois éviter l'emploi de petites bornes, car si l'on ne veut pas rencontrer une résistance inutile, il faut, chaque fois, qu'on s'est servi de la pile, les retirer et les nettoyer avec le plus grand soin.

Même si, comme nous l'avons indiqué à un autre passage de ce livre, les pores des charbons sont fermés avec de la paraffine, le dégagement des gaz entraîne assez d'acide sulfurique et de liquide salin pour que le petit point de contact se trouve bientôt oxydé, et par un usage fréquent de la pile il s'y forme une telle croûte que même il devient très difficile de la faire disparaître, et l'on se trouve ainsi privé de l'avantage qui résulte de la possibilité que l'on a de nettoyer ces bornes en les enlevant.

Pour préserver les bornes et les fils de contact de cet inconvénient, nous conseillons de toujours fixer les électrodes au-dessous d'une planchette; ceci offre encore l'avantage à celui qui se sert de la pile de trouver un abri contre les vapeurs acides qui se dégagent et qui sont souvent très désagréables.

Les inconvénients que nous venons de citer, existent également avec la

Pile Trouvé représentée par la *fig. 37*. — Cet électricien bien connu place dans un cadre convenable de caoutchouc durci un certain nombre de plaques de zinc et de charbon maintenues à une distance régulière très petite de manière à pouvoir être associées pour former, soit un seul élément à grande surface, soit deux éléments d'une surface moitié moindre réunis en tension.

Le cadre ou la boîte dans lequel sont placées lesdites plaques est formé d'une base et de deux montants verticaux F reliés et maintenus à la partie supérieure par la poignée A. Les distances entre les plaques sont maintenues par des jarretières de caoutchouc souple placées

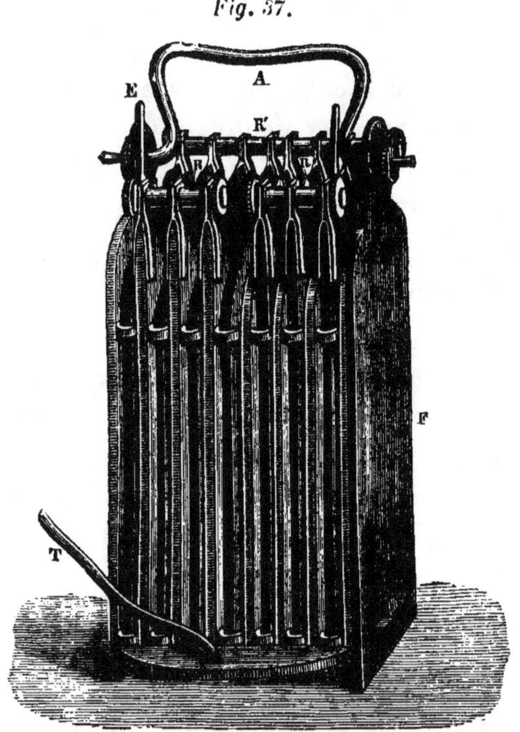

Fig. 37.

sur les charbons dans le sens horizontal; en cas de secousse accidentelle, ces bandes de caoutchouc amortissent le choc, ce qui est important pour les charbons, car leur fragilité est telle qu'il faut se tenir en garde contre les ruptures. Des pinces métalliques mobiles et élastiques se mettent à cheval sur les zincs et les charbons, et sont rattachées à des tringles horizontales qui réunissent plusieurs plaques de zinc ou de charbon.

Dans la figure, on voit, en avant, à droite, trois plaques de charbon réunies ensemble : c'est le pôle positif de la pile ; les trois plaques de zinc correspondantes sont à l'arrière-plan, réunies entre elles et trois autres plaques de charbon ; enfin, les trois dernières plaques de zinc sont réunies en avant et à gauche : c'est le pôle négatif de la pile qui est donc composée de deux éléments réunis en tension.

Ces deux éléments, on l'a déjà compris, plongent dans une même auge contenant le liquide ou plutôt le mélange : il y a bien une certaine perte de courant par les liquides, mais on réalise ainsi une simplicité qui fait plus que compenser le petit défaut en question.

Un tube T permet de souffler de l'air qui arrive à la partie inférieure du liquide, l'agite et contribue à la dépolarisation. D'ailleurs on peut, au moyen de la poignée, agiter la pile dans le liquide et obtenir à très peu de chose près le même effet que par l'insufflation de l'air.

En résumé, on voit que la disposition de M. Trouvé a les avantages suivants :

Elle permet un démontage facile et rapide de toutes les parties de la pile, commodité qui manque à l'élément Grenet ;

Les plaques, une fois démontées, peuvent être lavées commodément, ce qui évite les détériorations lentes par les acides ;

Les plaques de zinc peuvent être réamalgamées, quand il est nécessaire, sans qu'il faille avoir recours à un constructeur spécial ;

Les pinces lavées et séchées peuvent servir indéfiniment;

Enfin, la pile peut être combinée en deux ou plusieurs éléments ou disposée en un couple unique.

La Batterie Stohrer, — qui a beaucoup de ressemblance avec celle que nous venons de décrire, possède une dispotion pour soulever et abaisser commodément les électrodes, ainsi que des petits chapeaux de métal d'une forme particulière. que l'on place une fois pour toutes sur les électrodes; la communication se fait au moyen de fils.

La surface des charbons est totalement utilisée, car l'élément se termine des deux côtés par des plaques de zinc, mais par contre il se trouve deux plaques de zinc qui ne servent que par un côté à donner du courant, tout en étant attaquées par l'acide des deux côtés.

Les plaques de zinc sont plus étroites que les plaques de charbon, ce qui, comme nous l'avons déjà souvent indiqué, peut être considéré comme avantageux.

Les électrodes qui sont portées par des barres de métal recouvertes d'ébonite trempent dans deux vases séparés. et des bagues en ébonite assurent l'écartement nécessaire des électrodes entr'elles.

Les barres métalliques sont attachées à un prisme en bois que l'on soulève ou que l'on abaisse à l'aide d'une vis. que l'on tourne avec une manivelle à main.

Stohrer emploie aussi des cylindres creux de charbon, qui sont entourés par des cylindres de zinc, et qui sont préservés du contact avec les premiers par des perles de verre *(fig 38)*. On se sert de la disposition déjà décrite pour mettre la pile en fonctionnement.

Un emploi de ces éléments dont nous devons parler

consiste en ce que l'on peut aussi remplir le charbon creux avec de l'acide nitrique et employer à l'extérieur de l'acide sulfurique, ce qui sert à remplacer l'élément Faure.

Cette batterie possède la même disposition de fonctionnement.

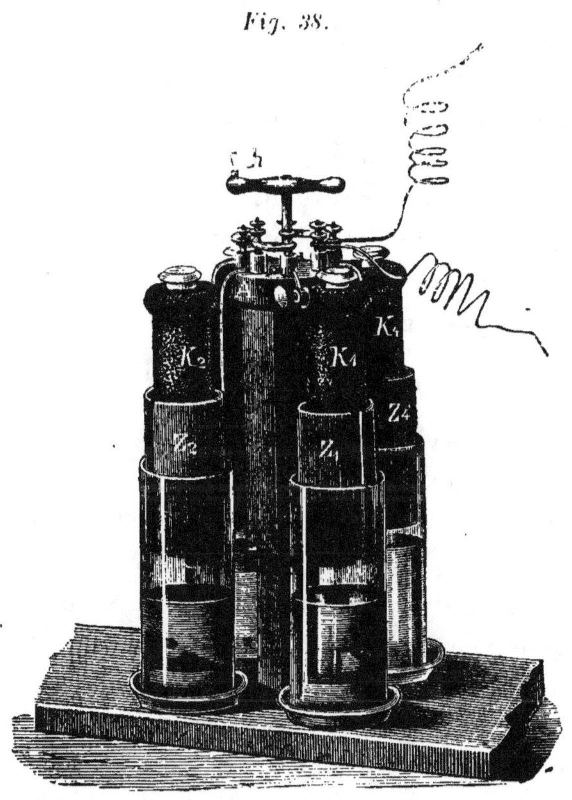

Fig. 38.

Élément Chutaux. — Cet inventeur a cherché comme l'avait fait déjà avant lui Fabre de Lagrange à obtenir la constance dans la force du courant en mettant le liquide en un mouvement de va-et-vient. A cet effet, il place dans un vase, dont le fond est couvert d'un tamis en grès ou quelque chose de semblable, une électrode de zinc et une électrode de charbon et il remplit le reste de l'espace autour du zinc, avec du sable; autour du charbon, avec du poussier de charbon. (*Dingler's Journal*, vol. CCIII, p. 377, 1872). La couche supérieure est fermée avec du sable, sur lequel on place un vase fortement poreux, que l'on remplit avec le liquide excitateur.

Le cou d'une bouteille renversée qui contient le même liquide, pénètre au-dessous de la surface du liquide, de sorte que lorsque ce dernier arrive par trop à baisser, le vase peut se remplir à nouveau.

Le fond du vase de l'élément porte un trou, par lequel passe le liquide qui s'écoule et qui peut encore traverser trois éléments placés l'un sous l'autre sans qu'il en résulte d'inconvénient, bien que le liquide ait déjà agi sur les trois premiers.

Cette pile a servi pendant le siège de Paris à des opérations d'éclairage électrique, on dit toutefois que la constance du courant, qu'elle produit, n'est pas tout à fait satisfaisante.

On peut encore en changeant la disposition des électrodes, comme l'a du reste fait Chutaux, diminuer considérablement la résistance intérieure.

Pour conserver une amalgamation toujours suffisante, ce qui semble difficile avec cette organisation, Chutaux ajoute du sulfate de mercure à son liquide dont voici alors la composition :

Bichromate de potasse	66 grammes.
Sulfate de mercure.	33 —
Acide sulfurique anglais . . .	133 —
Eau.	1000 —

Cette composition diminue légèrement la force élec-

tromotrice, mais par contre elle facilite la dépolarisation.

L'élément Higgins dont nous avons trouvé la description
dans « la Lumière électrique » 1882, p. 70, est aussi un de
ceux qui demandent un mouvement constant du liquide
chromique.

Il se compose de deux plaques de charbon, qui plongent dans un liquide rapidement utilisé du genre de ceux
déjà décrits.

Le fond du vase qui a une hauteur de $18\,^{c}/_{m}$ sur $15\,^{c}/_{m}$
de largeur est couvert de mercure, dans lequel sont des
rognures de zinc. Une barre de cuivre couverte de gutta-
percha trempe dans l'amalgame et sert à la dérivation.

La force électromotrice de l'élément atteint, dit-on,
2 volts et la résistance intérieure ne dépasserait pas
0,108 — 0,170 Ohm, ce qui explique comment trois
éléments semblables peuvent porter au blanc incandes-
cent un fil de platine de $3\,^{m}/_{m}$ d'épaisseur et de $13\,^{m}/_{m}$
de longueur, qui possède à froid une résistance de
0.42 Ohm.

La dépense d'entretien de ces éléments est moins forte
que pour les autres éléments de cette nature, et en admettant l'emploi d'un liquide neuf elle ne serait que de
20 centimes par élément et par jour avec un travail sur
une résistance extérieure de 1,5 Ohm. La manipulation
en est très simple et la constance du courant très satisfaisante.

Un exemple de l'application pratique des éléments au
bichromate pour produire de l'éclairage électrique en
grand nous est donné par la

Pile Grenet-Jarriant, dont les éléments se composent suivant la description que nous empruntons à un article qui a paru dans *la Nature*, n° 480, 12 août 1882, qui traite de l'éclairage électrique du Comptoir d'Escompte de Paris, et que voici :

« L'installation d'éclairage électrique que nous allons faire connaître aujourd'hui à nos lecteurs est de beaucoup la plus importante qui ait jamais été tentée en faisant appel, comme source d'électricité, aux *piles hydro-électriques*. Le problème de l'éclairage électrique du Comptoir d'Escompte se posait d'ailleurs dans des conditions toutes spéciales : l'installation d'un moteur à vapeur dans des caves, près du service des. titres, présentait de sérieux dangers; l'établissement d'une machine dans un local voisin était non moins impossible, à cause du prix élevé des loyers dans un quartier central et des difficultés administratives relatives à l'établissement des fils conducteurs nécessaires pour transporter l'électricité du lieu de production, au Comptoir d'Escompte, lieu de consommation.

» L'habile architecte de cet établissement, M. Corroyer, a levé les difficultés en se servant de piles hydro-électriques, et c'est là le point original et nouveau de cette installation. Le service de l'éclairage complet comprendra soixante batteries au bichromate de soude, à un seul liquide, à écoulement continu et à insufflation d'air, mais une partie seulement des batteries est aujourd'hui en service. C'est, en résumé, une application industrielle et sur une grande échelle de la pile imaginée par M. Grenet en 1857, combinée sous une forme nouvelle et pratique par MM. Grenet et Jarriant. Les batteries sont disposées

au sommet de l'édifice, dans les combles, alignées avec
autant de régularité que peuvent le permettre les pans
coupés et les couvertures mansardées de l'édifice. La

Fig. 39.

fig. 39 représente le détail d'une batterie et la *fig. 40* une
série de batteries alignées.

» Chaque batterie se compose de quarante-huit éléments

disposés en deux lignes juxtaposées de vingt-quatre éléments, dans des auges en bois rectangulaires. Chaque élément se compose d'un récipient en ébonite renfermant le liquide, une solution de 38 kilog. de bichromate de soude et 75 kilog. d'acide sulfurique à 66° par mètre cube de liquide. Le bichromate de soude remplace ici le bichromate de potasse, qui est d'un prix beaucoup plus élevé.

» Le pôle positif de chaque élément se compose de quatre plaques de charbon placées dans une auge de forme rectangulaire et assemblées dans une tête en plomb. Sur cette tête en plomb se fixent aussi deux petits tubes en ébonite qui plongent jusqu'au fond de l'auge et servent à l'insufflation, comme nous allons l'indiquer tout à l'heure. Les charbons sont fixes et plongent toujours entièrement dans le liquide dont le niveau est réglé dans chaque élément par un tuyau de trop-plein i (*fig. 39*).

» Le pôle négatif de chaque élément est formé par un récipient circulaire en caoutchouc durci au centre duquel est fixée une tige en cuivre s protégée par un tube isolant. La partie inférieure de la tige plonge dans du mercure que renferme le récipient. C'est sur la base de ce récipient que viennent reposer les cylindres de zinc U, U, maintenus par une ou deux jarretières en caoutchouc contre la tige s. Le mercure assure un bon contact et une amalgamation toujours parfaite du zinc jusqu'à usure complète.

On met en général six crayons de zinc d'un centimètre de diamètre dans chaque élément. Tous les zincs sont suspendus à deux traverses horizontales qui peuvent se soulever à l'aide d'un système de poulies et d'engrenages équilibré par des contre poids (*fig. 40*). On peut ainsi facilement mettre la pile en activité ou en repos, en plongeant ou en retirant les zincs, régler la surface active plongée dans le liquide, etc. Pour que les communications entre le zinc d'un élément et le charbon de l'élément suivant, restent permanentes malgré les déplacements des zincs, à chacun d'eux est fixée une tige métallique en équerre dont la branche verticale plonge dans un tube P renfer-

Fig. 40.

mant du mercure et relié au charbon de l'élément suivant *(fig. 39)*; les zincs peuvent ainsi monter ou descendre sans que la communication cesse d'être établie entre les quarante-huit éléments montés tous *en tension* dans chaque batterie.

» La dissolution de bichromate de soude préparée à l'avance à l'usine, est apportée dans des voitures spéciales et refoulées par une pompe jusqu'au sommet de l'édifice dans de grands réservoirs. De là un réseau spécial de canalisation l'amène au-dessus de chacune des batteries. Le liquide se déverse par un robinet en grès C dans une série de petites cuvettes en ébonite D qui affectent à peu près la forme de chapeaux de gendarme. Lorsque ces petites cuvettes renferment une certaine quantité de liquide, un litre par exemple, elles basculent autour d'un axe commun et se vident dans une seconde série d'auges isolées E d'où, par des tuyaux en caoutchouc, le liquide se déverse ensuite dans chaque élément, à la partie inférieure, tandis que le tuyau de trop-plein rejette une quantité égale de liquide puisé à la partie supérieure de chaque élément dans des caniveaux de décharge qui correspondent à d'autres réservoirs placés à l'étage inférieur. Suivant la nature du liquide, le courant à produire, etc., on règle l'écoulement du liquide par le robinet C. Le liquide neuf peut servir trois fois ; la première fois, on le fait écouler à raison de 20 litres environ par heure et par batterie, la seconde fois à raison de 30 litres, la troisième, à raison de 40 litres ; en ajoutant ensuite un peu de liquide neuf, on peut faire servir la solution une quatrième fois, en faisant passer jusqu'à 60 litres par heure et par batterie de quarante-huit éléments. Après quoi, le liquide est pratiquement épuisé, on le renvoie à l'usine pour le régénérer. Ce procédé de régénération, sur lequel nous n'avons pas de renseignements bien précis, permettrait, au dire de MM. Jarriant et Grenet, de reconstituer les éléments actifs en séparant le chrome et le zinc du sulfate alcalin, par un procédé des plus économiques (1). Nous fai-

---

(1) Malgré tous les essais faits, par MM. Jarriant et Grenet pour

sons toutes nos réserves sur ce point spécial. Le lavage et le nettoyage des éléments s'opère par une canalisation d'eau parallèle à la canalisation de bichromate de soude ; les eaux de lavage s'écoulent ensuite à l'égout par une série de caniveaux disposés sur le plancher même de l'installation.

» Une dernière canalisation est celle relative à l'insufflation. Pour la réaliser sans trop de frais et sans installation spéciale, on a mis à profit la distribution d'air établie pour le service des tubes pneumatiques qui desservent les différents bureaux du Comptoir. Le moteur à gaz et la pompe qu'il actionne ont donc un double rôle à remplir ; l'air sous pression sert à la fois aux dépêches pneumatiques et à l'insufflation des éléments.

» L'air arrive à chaque batterie par un tube horizontal O, d'où part une série de petits tubes *o* qui viennent plonger dans les boîtes en ébonite, à raison de deux tubes par élément. On règle la quantité d'air insufflé par un robinet.

» Dans ces conditions, en proportionnant convenablement l'écoulement du liquide et l'échappement de l'air au travail électrique à produire, on obtient un courant parfaitement constant, condition des plus satisfaisantes pour la régularité de la lumière. La force électro-motrice de chaque batterie, formée de quarante-huit éléments, est d'environ 82 volts, et sur un circuit court, l'intensité du courant est de vingt-quatre ampères. MM. Jarriant et Grenet estiment que chaque batterie en plein fonctionnement.

---

régénérer les liquides usés dans une usine créée spécialement à Billancourt, ils ne sont arrivés à aucun résultat. Quant à l'éclairage électrique du Comptoir d'Escompte, après avoir fonctionné quelques mois il a cessé complètement.

(Note du traducteur.)

équivaut à un cheval-vapeur et demi d'énergie électrique, soit 112 kilogrammètres par seconde.

» Dans la disposition adoptée au Comptoir d'Escompte, le fonctionnement de chaque batterie est indépendant de celui de toutes les autres. Tous les zincs extrêmes sont reliés à un fil commun qui forme le négatif. Chacun des pôles positifs vient s'attacher à un grand commutateur suisse à cinquante directions. C'est aussi à ce commutateur que viennent s'attacher les cinquante conducteurs qui correspondent aux lampes à arc ou aux séries de lampes à incandescence disposées dans les différents services.

» On peut ainsi établir très rapidement toutes les communications, et connaître d'un seul coup d'œil, sans erreur possible, toutes les piles en service et les lampes en fonction à un instant déterminé. Grâce au négatif commun et au commutateur suisse, on n'a jamais besoin de manœuvrer qu'une seule clef pour établir la communication entre une batterie donnée et le foyer qu'elle doit alimenter. Les accidents sont ainsi rapidement localisés, les substitutions de lampes et de piles s'opèrent avec la plus grande facilité et l'accident réparé en quelques instants, sans recherches inutiles et sans tâtonnements.

» Les lampes électriques employées dans les différents services ne présentent rien de particulier; on a adopté un éclairage mixte par lampes à arc voltaïque Siemens ou Gravier, et par lampes à incandescence Swan, suivant la nature des locaux à éclairer et les besoins spéciaux à satisfaire. Cet éclectisme a l'avantage de permettre de faire un choix après expériences comparatives, et d'adopter les dispositions qui auront donné les meilleurs résultats après une épreuve de quelque durée.

« Telle est, dans ses grandes lignes, l'installation de l'éclairage électrique du Comptoir d'Escompte, dont une partie est déjà en fonction, et qui sera complètement terminée en octobre prochain.

» On conçoit qu'une usine électrique de ce système ne peut être établie que sur une grande échelle, pour avoir quelque intérêt à installer ces canalisations multiples : 1° liquide actif ; 2° eau de lavage ; 3° insufflation d'air ; 4° caniveaux de réception du liquide actif épuisé ; 5° caniveaux de réception des eaux de lavage, sans compter la petite installation mécanique nécessaire à l'insufflation et à l'élévation des liquides dans les bacs réservoirs, le camionnage des liquides de l'usine de régénération au point où on les utilise, et *vice versa*, sans compter enfin la question assez complexe de régénération des produits. Aussi, tout en admirant l'agencement heureux du système et les dispositions ingénieuses imaginées par MM. Jarriant et Grenet dans cette installation unique autant par sa nature que par son importance, croyons-nous devoir faire les plus expresses réserves au point de vue économique. Il faudra attendre des chiffres précis relativement au prix total de l'installation et au prix d'entretien, en tenant compte de tous les facteurs multiples qu'il est juste d'y faire figurer, pour savoir si la production d'une énergie électrique de cinquante chevaux-vapeur par les piles hydro-électriques au bichromate de soude est non pas économique, mais seulement d'un prix comparable à celui d'une production directe par une machine à vapeur de cinquante chevaux et des machines dynamo-électriques. »

La faculté que possèdent les éléments au bichromate

de produire, bien que ce ne soit que pour peu de temps, un courant très énergique et surtout de pouvoir faire rougir des fils, a permis de les employer non seulement pour des usages galvano-caustiques et les machines à inflammation, mais encore pour mettre le feu aux mines militaires.

Nous allons décrire l'élément de l'école régimentaire du génie à Arras, qui est connu sous le nom de

Pile d'Arras, et qui a été employé par le capitaine Barisien.

La pile à un élément se compose d'un cylindre creux de zinc au milieu duquel est un bâton de charbon; la surface extérieure du zinc qui n'est pas destinée à concourir efficacement à l'action utile de la pile est peinte d'un vernis noir qui empêche le liquide de l'attaquer.

Les deux électrodes sont montées sur un petit plateau de bois qui porte également deux bornes ou pinces, auxquelles on fait aboutir les conducteurs. Le liquide est contenu dans un petit flacon bouché à l'émeri au moyen d'un tampon de bois entouré de caoutchouc.

Les électrodes ne sont plongées dans le liquide qu'au moment précis où on doit faire sauter la mine; elles n'y restent que quelques secondes. Dans ces conditions la pile donne son maximum d'effet.

Si l'on peut laver les électrodes dans de l'eau pure peu après s'en être servi, il n'y aura pas d'usure bien sensible du zinc, pas plus qu'il n'y a eu de consommation du liquide. Par conséquent, avec un peu de soin et d'attention la pile pourrait servir fort longtemps sans être renouvelée ou réparée.

Tout l'appareil est renfermé dans une petite boîte d'emballage ou de transport à deux compartiments.

On a fait pendant le siège de Paris des piles de quatre

éléments. Chaque élément est composé d'un zinc et d'un charbon demi-cylindrique séparé à la partie supérieure par une petite plaque de caoutchouc durci. Ils sont emmanchés dans des trous pratiqués dans une planchette de bois ; ces trous peuvent d'ailleurs être doublés de deux demi-cylindres de cuivre qui établissent d'assez bons contacts avec les électrodes et avec les fils qui vont aux éléments voisins. Un manche de bois permet de manier les quatre éléments ensemble et de les plonger simultanément dans des flacons contenant le liquide actif. La boîte présente à droite un compartiment dans lequel on laisse les électrodes séparées du liquide tout le temps que la pile ne fonctionne pas.

Élément Putot. — C'est encore à l'école d'Arras que les recherches du capitaine Putot ont abouti à la meilleure solution. Le liquide actif aujourd'hui adopté est formé de 6^{gr} de bisulfate de potasse et de 20^{gr} de chlorochromate de potasse dissous dans 100 gr. d'eau. Ce liquide donne une intensité moindre que le mélange de bichromate et d'acide sulfurique, mais bien suffisante pour les opérations militaires, du moins avec la pile que nous allons décrire. Dans ces conditions, étant donné qu'on trouve de l'eau partout, on n'a donc à emporter dans les voitures du génie que des matières solides : l'avantage de cette combinaison est trop apparent pour que nous devions y insister.

Si on a du temps devant soi et les ressources d'une ville, on pourra ajouter au liquide que nous venons d'indiquer une dizaine de grammes d'acide sulfurique ; on diminuera ainsi la résistance intérieure et on obtiendra un courant d'une intensité plus grande.

Venons maintenant à la pile elle-même de M. Putot. Elle est à quatre éléments associés en tension. Chacun d'eux est formé d'un cylindre en zinc au milieu duquel est un bâton de charbon. Ils sont placés en carré et noyés tous les quatre dans une masse cylindrique de gutta-percha.

Les communications entre les éléments sont cachées dans la gutta-percha, et rien ne dépasse sauf les deux bornes qui présentent les pôles de la pile. Les quatre éléments se voient dans quatre cheminées ouvertes par le bas et présentant en outre une petite ouverture latérale vers leur partie supérieure, ouverture nécessaire au départ de l'air au moment où le liquide doit pénétrer dans les cavités.

Le liquide est préparé au préalable dans un vase de caoutchouc demi-durci, matière moins fragile et plus souple que l'ébonite.

On y plonge le cylindre qui contient les quatre éléments; il monte dans les intervalles libres entre les électrodes, et la pile est constituée.

Les quatre éléments plongent à la vérité dans un vase unique; mais, quand le cylindre de gutta-percha touche le fond du vase, les cavités se ferment par leur partie inférieure et constituent quatre cellules distinctes. La perte par la communication des liquides est, croyons-nous, négligeable; d'autant qu'on a poussé le soin jusqu'à couvrir d'un vernis isolant la face inférieure du bout decharbon qui regarde le fond.

Pour de plus amples renseignements sur les piles militaires, il faut consulter le volume spécial de la *Bibliothèque des actualités industrielles* qui paraîtra prochainement.

Élément Pneumatique Byrne. — Déjà en 1841, Poggendorf avait essayé un élément zinc, platine et bichromate, et trouvé que sa force électromotrice était d'un tiers inférieure à celle d'un élément zinc, charbon et bichromate.

Le Docteur Byrne, de Brooklyn (New-York), a réalisé sur les principes précédents une pile qui a beaucoup attiré l'attention en 1878 et qui mérite de la fixer par les résultats qu'elle donne.

L'électrode positive est formée par une plaque de zinc, et placée entre deux électrodes négatives comme dans la pile Grenet. L'électrode négative double est, en réalité, une feuille de platine fort mince. Mais M. Byrne a tenu compte de ce que cette feuille mince a une conductibilité insuffisante, et il a placé derrière le platine une feuille d'égale étendue de cuivre. De plus, pour éviter que ce cuivre ne fût attaqué, il l'a enveloppé de plomb. De telle sorte que l'électrode se trouve en réalité composée :

1° D'une feuille de cuivre ;

2° D'une feuille de plomb qui l'enveloppe absolument et à laquelle elle est soudée ;

3° D'une feuille mince de platine placée sur la face intérieure, et soudée au plomb ;

4° D'une couche de vernis qui protège le plomb partout où il n'est pas recouvert par le platine.

L'élément est placé dans un grand vase carré d'ébonite muni d'un couvercle de même matière.

Le couvercle porte les deux électrodes négatives ; entre elles une tige de laiton commande la plaque de zinc et permet de plonger le zinc dans le liquide ou de le soustraire à son contact quand la pile ne doit pas fonctionner.

Enfin, M. Byrne joint à son élément un soufflet en

caoutchouc très heureusement disposé et au moyen duquel il insuffle de l'air et agite le liquide comme le faisait M. Grenet dès 1857.

L'intensité du courant fourni par cet élément est considérable; il est essentiellement propre aux applications médicales et spécialement aux cautérisations.

Avec dix éléments semblables on a pu rougir un fil de platine de 80^{cm} de long et de 2^{mm} de diamètre (exactement 21/10 de millimètre). L'avantage de l'insufflation est rendu frappant par cette expérience; quand on **souffle**, l'incandescence devient plus vive quand on cesse de souffler, elle pâlit aussitôt.

La force électromotrice de cet élément varie peu (1,73 à 1,97), comme on le verra ci-après; mais la résistance très variable (de 0^{ohm},78 à 0,14) est toujours fort petite.

Cette faible résistance tient :

1° A la nature de l'électrode négative qui est très bien combinée et bien supérieure à l'électrode de charbon;

2° A la grande conductibilité du liquide très riche en acide sulfurique:

3° A la température très élevée qui se produit lorsque le circuit est fermé, et à l'air insufflé, ce qui a pour effet de diminuer encore la résistance du liquide.

L'inventeur emploie aussi du chromate de chaux comme nous le voyons dans *la Lumière électrique, 1880*, p. 18: mais les résultats paraissent aussi peu satisfaisants que l'emploi d'acide sulfurique dilué, dont on se sert également quelquefois pour faire fonctionner cet élément.

Zinc. Cuivre. Acide chromique. — Poggendorf a également essayé cette disposition et trouvé que sa force électromotrice ne dépasse pas **1,2** Daniell. En outre, l'élément ne possède aucune constance.

Cuivre. Charbon. Acide chromique. — Cette disposition a été essayée par Thomsen de Copenhague. Le cuivre avait été convenablement choisi puisque même à circuit ouvert il ne s'attaque pas dans l'acide sulfurique dilué avec quatre parties d'eau, ce qui permet ainsi de n'avoir qu'une très faible résistance intérieure.

Malheureusement la force électromotrice n'est que de 0,9 Daniell. Comme liquide excitateur on se servait du mélange indiqué par Buff.

Après avoir passé en revue les formes principales des éléments au bichromate, nous allons examiner les quelques changements qui y ont été introduits.

Déjà dans l'élément militaire de nouvelle disposition, nous avons vu que le liquide était autrement composé; plus grand encore est le changement dans

L'élément Delaurier. (Zinc, charbon, liquide). — Dans le vase extérieur se trouve de l'eau et un cylindre de zinc, dans le milieu duquel on place le vase poreux. Ce vase renferme l'électrode de charbon et un liquide qui se compose de :

  5,4 parties de bichromate de potasse,
  5 — sulfate de soude,
  4 — sulfate de fer.
  25 — d'acide sulfurique à 66° B,
  30 — d'eau.

Delaurier espère arriver de la manière suivante à augmenter la réduction de l'hydrogène.

Laissons tout le reste de côté, nous prendrons le bichromate pour point de départ.

$$4CrO_3 + 6H_2SO_4 + Fe_2O_33SO_3 + 7H_2$$
$$= 2(Cr_2O_33SO_3) + 2FeSO_4 + 12H_2O + SO_4H_2.$$

Nous voyons qu'ici $7H_2$ sont oxydés, tandis qu'autrement de $4CrO_3$ il n'y a que $6H_2$ qui se combinent.

$$4CrO_3 + 6H_2SO_4 + 6H_2 = (2Cr_2O_33SO_3) + 12H_2O.$$

Il emploie aussi un mélange de

      5,4 bichromate de potasse,
      5   sulfate de fer.
      6   acide sulfurique à 66° B.
et   12   d'eau.

lequel, en produisant le même effet, revient meilleur marché que l'acide nitrique, et qu'il espère pouvoir régénérer lorsqu'il a servi.

Au lieu d'acide sulfurique dilué on peut également employer de l'eau salée avec l'électrode de zinc, ce qui diminue beaucoup sa consommation pendant les moments de repos ; on économise encore l'amalgamation, ce qui est spécialement important pour les galvaniseurs, car il arrive souvent que du mercure tombe sur les objets à dorer, ce qui a de graves inconvénients.

Pour les éléments qui servent à la télégraphie domestique, il vaut mieux employer des dissolutions saturées de sel, car la résistance et la diffusion s'en trouvent fortement diminuées.

Batterie Griscom. — Une organisation qui nous paraît très bien comprise c'est celle que Griscom a donnée à la

batterie plongeante à bichromate dont il se sert pour actionner son moteur électro-magnétique pour les machines
à coudre.

La *fig. 41* nus montre une planche à laquelle sont
fixées 12 plaques de charbon qui trempent dans 6 grands
vases en verre. Entre chaque paire de plaques se trouve
une plaque de zinc fondu, d'une forme particulière, qui
est beaucoup plus épaisse dans le bas. pour en égaliser
l'usure ou peut-être aussi pour que son enfoncement plus
ou moins profond dans l'intérieur du vase. ou une meil-

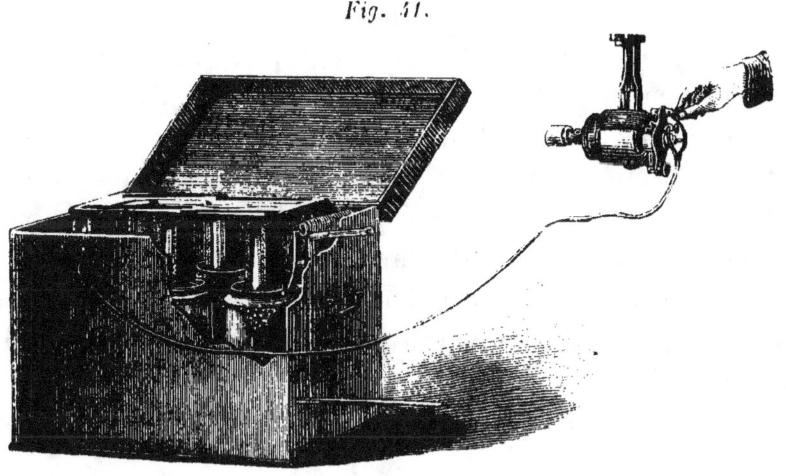

Fig. 41.

leure agitation du liquide produise, dans une certaine
mesure, plus de régularité dans la marche du courant.
Le mouvement est nécessaire, pour éviter la polarisation ;
si l'on enfonce peu. les plaques se trouvent très près
l'une de l'autre et se polarisent ; on les plonge alors
un peu plus profondément. ce qui se fait facilement en
appuyant plus ou moins sur un petit bras qui est en

relation avec un levier angulaire, sur lequel repose la planche à laquelle sont fixées les électrodes.

Un fort ressort en spirale sert à relever les éléments.

En pressant plus ou moins fort sur le bras, les électrodes plongeant plus ou moins profondément, et la machine marche vite ou lentement, ou s'arrête même complètement.

La caisse entière est d'une grandeur qui permet de la placer au-dessous d'une machine à coudre.

Élément Anderson. — Cette disposition qui ne nous est connue que par des brevets, mais dont la description a fait le tour de toutes les feuilles qui s'occupent d'appareils électriques, emploie comme liquide excitateur de l'acide sulfurique ou de l'acide nitrique ou un sel de ces acides, qui entoure le zinc, tandis que le charbon trempe dans l'acide oxalique auquel est mélangé un acide ou un sel convenable, mais qui doit contenir du chrome ou de l'acide chromique de façon à qu'il se forme de l'oxalate d'oxyde de chrome qui puisse encore se combiner avec le sel d'un sel de chrome double ou simple.

On emploie également ce liquide lorsqu'on supprime le vase poreux.

D'habitude on emploie pour le zinc du chlorhydrate d'ammoniaque et pour le charbon de l'oxalate de potasse réuni avec du bichromate de potasse et de l'acide chlorhydrique. La première combinaison s'obtient en mélangeant du chromate double de potasse avec de l'acide oxalique jusqu'à ce que l'effervescence cesse. Nous pouvons voir que ce liquide est plus que coûteux, car une partie du chromate se réduit en oxyde de chrome et une partie de l'acide oxalique se dégage sous forme d'acide carbonique, avant que l'élément n'ait encore rien consommé.

On évapore cette dissolution, et le sel qu'on en retire est mélangé avec une quantité égale de bichromate de potasse, puis placé dans la pile autour du charbon; enfin on ajoute une addition d'acide chlorhydrique.

Les cristaux de bichromate de potasse peuvent également être placés dans un tube de verre en forme d'entonnoir qui est muni par le fond d'un filet en fil de platine. Selon que l'on désire un courant plus fort ou plus faible, on enfonce ce tuyau plus ou moins profondément dans le liquide. Pour éviter le dégagement des vapeurs on verse de l'huile sur le liquide, ou on le recouvre d'une couche de noir de fumée ou de charbon de bois *(fig. 42)*.

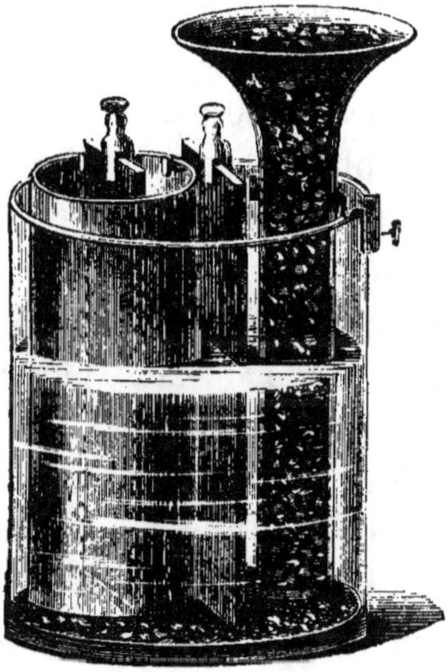

Nous ne ferons aucune autre remarque sur cet élément, dont on ne connaît pas la force électromotrice et nous nous bornerons à citer ce que l'inventeur réclame comme ayant surtout de la valeur.

Fig. 42.

C'est sur la construction de batteries galvaniques avec emploi d'acide oxalique en combinaison avec une solution quelconque qui contient du chrome ou de l'acide chromique, de sorte que l'acide oxalique se combine chimiquement avec le chrome ou le chromate et forme un oxalate simple d'oxyde de chrome ou un oxalate composé, qui contient du chrome ou du chromate. — Nous n'avons pu nous rendre compte des avantages ou des résultats que visent ces combinaisons.

Élément Partz. — Pour cette disposition dont la description se trouve dans le troisième volume de *la Lumière électrique*, 1881, p. 168, on emploie au lieu de bichromate de potasse du bichromate d'ammoniaque et une dissolution de chlorure de zinc en place d'acide sulfurique.

Les chiffres du mélange sont : 15 parties de chaque sel pour 100 parties d'eau. L'élément a beaucoup de ressemblance avec celui qui est représenté par la *fig. 19*; un perfectionnement assez important consiste en ce que le charbon est muni de 10-12 fentes longitudinales qui facilitent le renouvellement du liquide dépolarisant, et que l'électrode de zinc plonge dans un petit verre rempli de mercure, ce qui assure toujours une amalgamation complète. Pendant la marche de l'élément il se forme une double combinaison de couleur vert olive, de l'oxychlorure de chrome et de zinc, qui se détache très facilement du zinc. L'emploi du bichromate d'ammoniaque offre encore l'avantage de ne point donner lieu à la formation de corps difficiles à dissoudre, car l'alun d'ammoniaque, à l'opposé de l'alun de potasse, se dissout très facilement.

D'après des essais faits par du Moncel et Hospitalier, la force électromotrice atteint **1,45** Volts, la résistance de l'élément **2** Ohm. ce qui le rend très propre à remplacer les éléments Leclanché.

La Lumière électrique a publié plusieurs expériences intéressantes qui ont été faites avec divers mélanges.

Élément à acide permanganique. — Nous ne parlerons pas de l'emploi de cet acide, qui a été essayé par Beetz et Koosen, car il ne peut présenter aucune valeur pratique.

Éléments avec dépolarisation par l'oxygène des sels métalliques.

Ainsi que nous le savons, la force électromotrice de l'élément se trouve également élevée lorsque tout l'hydrogène dégagé par la dissolution du zinc, se trouve réduit par l'oxygène de l'air, ou un oxyde ou un acide, ce qui produit une force électromotrice pareille à celle qui provient de la dissolution de l'électrode de zinc.

La faculté de réduire l'hydrogène à l'état naissant n'appartient cependant pas seulement à l'oxygène de l'air ou aux oxydes et acides, mais encore à beaucoup de sels métalliques qui contiennent de l'oxygène. Nous pouvons nous en assurer facilement, si dans un élément-Volta fermé, sur l'électrode de cuivre duquel se dégagent des bulles d'hydrogène, nous faisons couler avec précaution le long du cuivre une dissolution de sulfate de cuivre. Dès que la dissolution atteint l'électrode, le dégagement d'hydrogène diminue et la force du courant augmente, comme l'indique une plus grande déviation du galvanomètre, si nous en avons intercalé un dans le circuit.

Cette manière d'arrêter le dégagement de l'hydrogène ne peut cependant point être utilisée, car la dissolution de sulfate de cuivre ne tarderait pas à se répandre dans tout le liquide, et toucherait au zinc sur lequel il se déposerait du cuivre.

Il faut donc entourer l'électrode négative avec un vase poreux dans lequel on verse la dissolution de sulfate de cuivre.

Ce nouvel élément s'appelle, d'après le nom de son inventeur, qui l'a construit en 1836,

Élément-Daniell. — Il se compose d'une électrode de zinc qui trempe dans de l'acide sulfurique dilué au milieu de laquelle on place un vase poreux, qui contient une dissolution de sulfate de cuivre et une électrode de cuivre *(fig. 43)*.

Fig. 43.

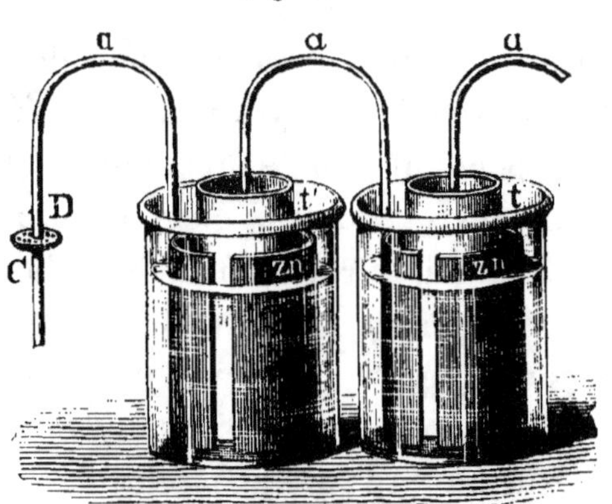

Si nous intercalons un galvanomètre dans le circuit de cet élément, nous verrons qu'aussi longtemps que le vase poreux contiendra du sulfate de cuivre, l'aiguille indiquera toujours le même chiffre, et que par conséquent la force du courant reste toujours la même, bien que l'acide sulfurique se consomme. Pour expliquer cette situation, il est nécessaire d'observer de plus près les actions chimiques qui se produisent.

Nous avons dans l'élément :

$$Zn + H_2 SO_4 + Cu SO_4,$$

corps qui se transforment sous l'influence du courant en :

$$Zn SO_4 + H_2 SO_4 + Cu.$$

Nous voyons donc qu'il ne manquera jamais d'acide sulfurique libre dans l'élément, et nous pouvons ainsi nous expliquer, comment un élément peut fonctionner même sans acide sulfurique introduit à l'état de liberté, comme cela arrive souvent.

Si le zinc ne plonge que dans l'eau, il passe par les pores du vase un peu de sulfate de cuivre qui vient toucher le zinc, le sulfate se décompose en déposant un peu de cuivre et il se produit de l'acide sulfurique libre.

Certainement l'observation du galvanomètre nous apprendra que la force du courant n'atteint que petit à petit toute sa grandeur, mais nous trouvons l'explication de ce fait dans ce que l'eau est un mauvais conducteur et que par suite la résistance intérieure de l'élément est très grande en commençant.

Pour diminuer la longueur du temps que met l'élément à acquérir toute sa force, on le ferme quelque temps en court circuit, ce qui porte l'action chimique à son maximum.

Le fait que la force électromotrice de cet élément n'est sujette qu'à de très faibles variations, a été cause qu'il a été pris comme Unité.

A la suite de nombreuses expériences, dans lesquelles on a tenu compte des changements de température, il résulte (Sabine), qu'il n'y a qu'une augmentation de

0.015 à 100° C., lorsque la force électromotrice à 18° C. égale 1.

Les éléments destinés aux mesures sont alimentés avec du sulfate de zinc, en place d'acide sulfurique dilué. Avec un semblable élément Jules Regnauld a trouvé :

175 pour une dissolution saturée de sulfate de cuivre;

175 pour du sulfate de cuivre dans un volume d'eau double;

174 pour du sulfate de cuivre dans 10 volumes d'eau;

172 pour du sulfate de cuivre dissous dans 50 volumes d'eau.

On trouve le chiffre 179 (1) si l'on emploie de l'acide sulfurique dilué.

Comme on le voit, la force électromotrice est alors un peu plus grande; elle monte à **188** avec de l'acide sulfurique qui n'est dilué que dans quatre parties d'eau et tombe à 161 avec de l'acide sulfurique dilué au **12e**.

Regnauld a trouvé en outre, que la force électromotrice ne change point avec une augmentation dans l'épaisseur du vase poreux, ou une diminution dans la densité de la dissolution de sulfate de zinc mais par contre que la résistance intérieure de l'élément (2) subit des changements considérables et même d'une manière particulière, car la conductibilité diminue avec une certaine augmentation dans la densité de la solution de sulfate de zinc, comme l'indiquent les chiffres suivants :

---

(1) Ces nombres sont des unités thermo-électriques, c'est-à-dire les forces électromotrices de 175-172 éléments bismuth-cuivre réunis en tension, dont les points de soudure sont à 0° et 100° C.

(2) Pour faciliter la comparaison, les chiffres sont également donnés en unités thermo-électriques.

Dissolution de sulfate de zinc saturée.

poids spécifique. 1.441

Conductibilité. 5.77

Dilué avec un volume égal d'eau. . . 7.13

Dilué avec trois volumes d'eau. . . . 6.43

La température a également de l'influence sur la conductibilité d'une dissolution de sulfate de zinc; c'est à 14° C. qu'elle est la meilleure.

A mesure que la densité de la dissolution de sulfate de zinc augmente, celle de la dissolution de sulfate de cuivre diminue naturellement, et avec elle sa conductibilité, car Edouard Becquerel a démontré qu'une dissolution saturée de sulfate de cuivre d'un poids spécifique de 1.171 a une conductibilité de 5.42

Diluée avec un volume d'eau 3.47

Diluée avec trois volumes d'eau . . . 2.08

Il faut donc, comme on le voit, maintenir toujours la dissolution saturée, ce qui arrive si on ajoute des cristaux en surplus, que l'on pose sur le tamis D.

Ce procédé n'est cependant pas économique, comme l'expérience l'a démontré, et l'augmentation de la résistance que produit une dissolution plus diluée, est égalisée en quelque sorte par le sulfate de zinc qui vient se mélanger avec elle.

En dehors de toutes ces causes de changement dans la force du courant, il faut encore considérer que l'évaporation tend constamment à augmenter la saturation des liquides.

La forme originaire de l'élément-Daniell est celle que nous allons décrire; nous la donnons surtout, parce que, dans les dispositions les plus récentes données aux piles électriques, on revient sous certains points à cette forme.

Le vase, qui constituait en même temps l'électrode de dérivation, était formé par un cylindre de cuivre creux, muni à l'intérieur d'un rond en forme de tamis, sur lequel s'appuyait le boyau de bœuf employé comme vase poreux, et dirigé vers l'ouverture qui se trouvait au fond du vase.

Le fond de ce vase poreux était formé par un bouchon de liège, dans l'ouverture duquel on disposait un tuyau doublement courbé, destiné à prévenir une trop grande saturation de la dissolution de sulfate de zinc, qui se produisait facilement, puisque le cylindre de zinc plein occupait presque toute la place intérieure.

Mais ces tuyaux rendaient l'appareil peu maniable, en même temps que l'emploi du cuivre comme vase extérieur n'est pas des meilleurs. Il est vrai que ni le sulfate de cuivre, ni l'acide sulfurique dilué n'attaquent le cuivre d'une manière sensible, mais les actions secondaires, les dépôts de métaux étrangers, même la place de la soudure donnent lieu à des actions locales qui doivent produire finalement des trous dans le vase.

Le fait de l'augmentation de l'électrode négative, par rapport à la positive, n'a pas grande importance avec des éléments semblables, dans lesquels l'hydrogène se trouve complètement absorbé, et n'a par suite aucune valeur.

Le prix de ces éléments est beaucoup plus élevé que les autres puisque l'on emploie une grande quantité de cuivre, et la consommation de zinc est assez considérable, surtout si l'on emploie des cylindres de zinc fondu, qui contiennent souvent des espaces creux qui produisent une destruction inutile des électrodes. Des cylindres creux de zinc laminé obvient à ce défaut en même temps qu'ils permettent d'introduire dans le vase poreux une plus grande quantité de liquide.

Par suite de ces motifs on a abandonné dans les éléments-Daniell la forme que nous venons de décrire, et on les construit généralement en plaçant dans un cylindre de zinc creux un vase poreux, qui contient l'électrode de cuivre et le sulfate de cuivre (*fig. 43*).

Nous pofitons de cette occasion pour faire remarquer que le vase poreux contient actuellement de nouveau trop peu de sulfate de cuivre, aussi est-on parvenu à remédier à cet inconvénient par un ballon rempli de cristaux et de liquide, ce qui a donné naissance à l'

Élément-Ballon. — Cet élément, qui a eu, il y a quelques années en France une grande vogue, peut rester pendant 6 mois en activité sans y toucher, si le ballon contient environ un kilog. de cristaux de sulfate de cuivre (1). Ce ballon est fermé par un bouchon, duquel sort un petit tuyau en gutta-percha ou en verre, qui va jusque dans le liquide qui est contenu dans le vase poreux. Par ce petit tuyau la dissolution du ballon s'écoule, si celle-ci est plus dense, plus saturée, que celle qui se trouve dans le vase. Un couvercle en bois, sur lequel repose le ballon, empêche l'évaporation ainsi que la formation trop rapide d'efflorescences salines.

---

(1) **Un de ces éléments a même fonctionné pendant un an à la gare d'Orléans à Paris.**

Malgré la bonne disposition apparente de ces éléments, ils ont été cependant remplacés petit à petit par ceux de Callaud ou de Leclanché. Sans tenir compte de la consommation du zinc qui est continue, la saturation constante paraît ne pas être favorable.

Tous ces éléments, et beaucoup de ceux qui les ont suivis, offrent cet inconvénient, c'est que le vase poreux refuse bientôt son service, et présente toutes sortes d'inconvénients que nous allons examiner de plus près.

Les vases poreux dans l'élément-Daniell. — Lorsqu'on examine le vase poreux d'un élément-Daniell, qui a fonctionné pendant quelque temps, on trouve qu'il est couvert de lignes brunes en forme de fleurs de glace, qui proviennent du cuivre, et l'on peut même remarquer des grains de cuivre en dedans et en dehors. Si dans ces conditions une pile fait encore son service pendant un peu de temps, il est à craindre, qu'il ne se produise une relation de conductibilité entre le zinc et le cuivre, et que, par suite, l'élément se ferme sur lui-même.

Différentes opinions ont été émises sur les causes qui donnent naissance à ce phénomène. D'après une de celles-ci, les matières métalliques qui font partie du vase poreux doivent donner lieu à un dépôt de cuivre.

Place l'attribue à un limon de zinc, qui se dépose sur le vase poreux. Divers faits viennent à l'appui de cetteopinion.

Premièrement, ce dépôt n'existe pas sitôt que l'élément ne renferme point, ou ne renferme que l'électrode de cuivre.

Deuxièmement, il se produit aussitôt que l'électrode de zinc est introduite.

Troisièmement, il est évité dès que l'on place cette

électrode dans un petit sac de toile ou que l'on s'arrange de façon à ce que le limon de zinc ne s'attache point au vase poreux.

Quatrièmement, le dépôt de cuivre commence toujours par le côté qui regarde le zinc.

Le limon de zinc ne provient point seulement du cuivre séparé du sulfate de cuivre qui traverse vers l'électrode positive, mais encore de divers métaux, tels que fer et plomb, qui se trouvent mélangés avec le zinc, et qui, par leur décomposition, par le sulfate de zinc, se trouvent séparés métalliquement.

Nous verrons plus tard, comment on a d'une manière ingénieuse diminué ou même supprimé complètement la résistance de l'élément-Daniell, et évité ainsi les désavantages qu'elle comporte en diminuant le dépôt de cuivre, ou même en le supprimant tout à fait.

L'élément-Kramer emploie un second vase poreux et un second cylindre de cuivre, ce qui donne à cet élément la disposition suivante. L'un des vases qui contient l'électrode de cuivre et le sulfate de cuivre en cristaux, est entouré d'un cylindre formé par une feuille de cuivre, qui est munie de fentes longitudinales dont les bords sont courbés en dehors. Ce cylindre de cuivre, qui est réuni à celui de l'intérieur par des conducteurs, se place également

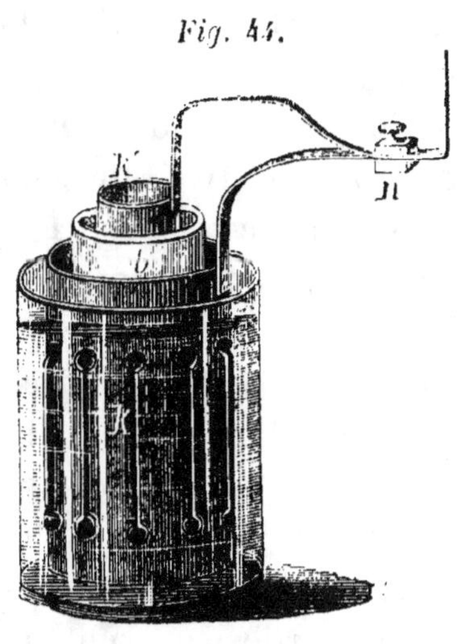

Fig. 44.

dans un vase poreux, qui contient ainsi que le vase extérieur de l'acide sulfurique dilué (1 : 100). Le cylindre de zinc a enfin sa place dans l'espace vide qui se trouve autour du vase poreux extérieur, qui est supprimé dans la *figure 44*, ainsi que le zinc.

Cet élément peut fonctionner plusieurs mois sans surveillance, pourvu qu'il soit pourvu d'une quantité suffisante de sulfate de cuivre. Malheureusement nous ne savons rien sur l'étendue de son application.

Éléments télégraphiques.

Elément-Frog. — Dans le service télégraphique anglais on emploie le plus souvent des caisses longues en bois de teck, fermées à clef, qui contiennent des éléments de forme plate, ce qui contribue beaucoup à réduire la place.

Une longue caisse en bois est partagée par 10 plaques d'ardoises et 10 plaques en porcelaine poreuse, en 20 divisions dans lesquelles trempent alternativement une plaque de zinc et une plaque de cuivre.

Celles-ci sont réunies ensemble par paires et reposent sur les plaques d'ardoise. Les zincs ont 0^m07 de long et 0^m05 de large, les cuivres 0^m17 de côté. L'entretien d'une pile de 10 éléments coûte environ 10 francs par an, soit 1 franc par élément, ce qui est certainement peu; le prix de la pile est d'environ 25 francs.

Les parties qui contiennent les plaques de cuivre sont remplies de sulfate de cuivre, celles dans lesquelles trempent les plaques de zinc fondu contiennent de l'eau, ou du sulfate de zinc dilué.

Les principaux avantages de cette pile sont : la solidité des vases, la facilité de transport, la distance fixe des électrodes qui ne touchent point les plaques poreuses, et leur peu d'évaporation; on peut les laisser un mois en service, sans ouvrir la caisse.

Par contre les cloisons sont difficiles à établir étanches, et les zincs fondus ne sont pas ce qu'il y a de meilleur à employer; ces inconvénients ont sans doute conduit à la

Pile-Muirhead, dont le bureau central des postes emploie encore aujourd'hui 20.000 éléments. Ils se distinguent de ceux que nous venons de décrire, en ce que la caisse contient cinq vases de porcelaine, qui sont munis de deux séparations, dans lesquelles sont placés des vases poreux plats. Pour diminuer le plus possible le passage de la dissolution de sulfate de cuivre vers le zinc, on a construit

L'élément-Siemens-Halske. — La transformation de l'élément-Daniell imaginée par l'électricien berlinois, repose en principe sur une augmentation dans l'épaisseur de la cloison poreuse, que l'on obtient de la manière suivante : Sur le fond d'un verre cylindrique, on place une bande de cuivre en forme d'S et quelquefois deux, réunies à leur point de traverse par une plaque au milieu de laquelle on fixe un fil qui vient en haut. Après les avoir couvertes de cristaux de sulfate de cuivre, on place dessus une cloche en terre poreuse, dans laquelle on scelle un tube en verre, par lequel passe le fil de cuivre et que l'on remplit de cristaux de sulfate de cuivre *(fig. 45)*.

Sur la cloche vient une bouillie faite avec du papier et son 1/4 en poids d'acide sulfurique et 4 fois autant d'eau. Après avoir exprimé le liquide superflu on pétrit soigneusement cette pâte et on la tasse sur la cloche sans laisser de vide ; ceci forme la véritable cloison poreuse. Sur cette pâte on place un bloc de zinc fondu en forme de bague, qui est muni d'une borne en laiton, après avoir au préalable posé un morceau de toile rempli de sulfate de zinc, ou de sulfate de magnésie en cristaux.

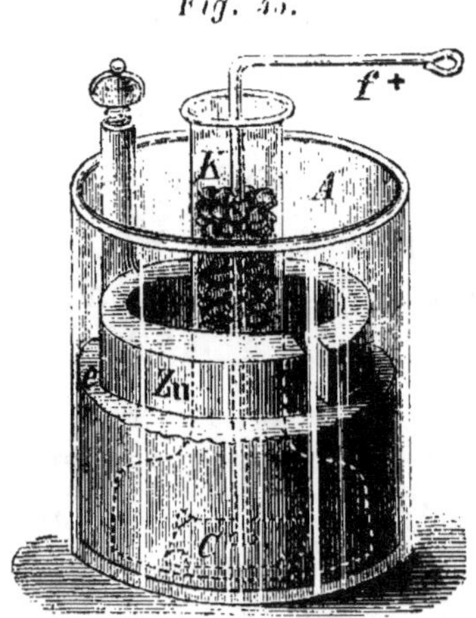

Fig. 45.

Lorsque l'élément doit être mis en activité, on verse de l'eau dans le tube de verre et sur le zinc, en ayant soin de ne point faire déborder le liquide, ce qui mettrait la dissolution de sulfate de cuivre en contact avec le zinc.

Lorsqu'après un emploi assez long la provision de sulfate de cuivre dans le tube de verre est consommée on le remplit de nouveau.

Une cloison poreuse aussi épaisse augmente, il est vrai, la résistance intérieure assez considérablement, mais ceci n'a pas d'importance, si l'on emploie l'élément à des usages télégraphiques ou médicinaux (courant constant), puisque dans ces circonstances il faut dans les circuits extérieurs vaincre de grandes résistances. Ce n'est pas sans raison, que nous avons dit, que le passage du sulfate de cuivre vers le zinc se trouve seulement diminué, car il a lieu effectivement, et il s'y produit le phénomène connu et plein d'inconvénients, dont nous avons parlé dans l'élément-Daniell.

Si cet élément est employé continuellement, il arrive également que des veines de cuivre entières traversent la masse de papier et que la cloche de terre se recouvre complètement de cuivre.

Pour éviter cet inconvénient, l'électricien Varley a eu l'idée d'employer de l'oxyde de zinc en place de la masse de papier; c'est ainsi que se compose

L'élément-Varley, que nous allons décrire d'après une description originale de l'inventeur.

L'élément se compose d'un verre, dont le fond est couvert par une plaque de cuivre, à laquelle est attaché un bon fil de dérivation bien isolé. En face de ce fil on fixe un tube de verre qui descend vers le bas, et que l'on remplit de cristaux de sulfate de cuivre. La plaque de cuivre est couverte d'abord avec une couche de sciure de bois, puis avec de l'oxyde de zinc, après quoi suit une couche de carbonate de zinc et une nouvelle couche de sciure de bois. Le tout est couvert d'eau dans laquelle trempe un bloc de zinc aplati en forme de boule dans le bas, et attaché par sa borne au couvercle d'ébonite qui repose sur le bord du vase. Aussi ingénieuse que soit cette disposition dans tous ses détails, même jusqu'au bloc de zinc en forme de boule, qui fait que les pellicules se détachent plus facilement, cet élément n'a cependant point été employé pratiquement.

L'action chimique à laquelle donne lieu l'oxyde de zinc
est simplement celle-ci : l'acide sulfurique est enlevé au
sulfate de cuivre, à mesure qu'il traverse, et le cuivre est
séparé à l'état d'oxyde de cuivre noir.

L'élément-Minotto, qui ressemble dans l'organisation de
ses détails à celui que nous venons de décrire, a obtenu
plus de succès en Italie et dans l'Inde. Sur le fond du
vase se trouve une spirale de cuivre, ou une plaque de ce
métal, de laquelle part un fil isolé qui se rend vers le
haut de l'élément. Après avoir couvert cette électrode de
cristaux de sulfate de cuivre, on remplit le vase avec du
sable (sable quartzeux, surtout pas de sable calcaire).
Au lieu de sable, on peut aussi se servir de sciure de
bois. Enfin on place une feuille de papier buvard, ou un
morceau de toile, et par-dessus la plaque de zinc que l'on
recourbe souvent en forme de voûte.

D'après les rapports de Preece et de Sivewright, cet
élément fournit un bon usage pendant dix-huit à vingt
mois, et si le service n'est pas très actif, il peut durer
trente-deux mois. Naturellement cela dépend de la provision de sulfate de cuivre, qui doit être assez forte, puisqu'on ne peut point ajouter de nouveau des cristaux,
comme dans l'élément Siemens ou Varley.

Modification d'Arsonval. Dans *la Lumière*, 1880, p. 352,
d'Arsonval écrit qu'il préfère remplacer le sable par du
charbon animal qui possède la propriété de retenir le
sulfate de cuivre. Une série d'expériences de trois ans a
donné de bons résultats, toutefois la résistance intérieure
se trouve malheureusement augmentée.

Tous les éléments que nous avons décrits jusqu'ici, présentent le désavantage que pendant le temps qu'ils ne font aucun service, la consommation, bien que minime, existe toujours quelque peu.

L'élément-Trouvé cherche à remédier à cet inconvénient par l'emploi de feuilles de papier buvard. La moitié du bas de ces feuilles, qui se trouve près de l'électrode de cuivre, a été préalablement trempée dans une dissolution de sulfate de cuivre, celle du haut dans du sulfate de

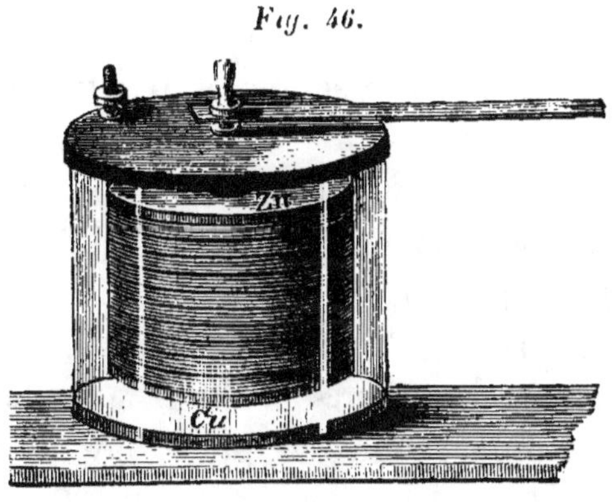

Fig. 46.

zinc. Nous ne pouvons oublier de faire remarquer que ces feuilles avant d'être placées, sont séchées, et que toutes sont munies d'une ouverture dans le milieu, afin de pouvoir se laisser traverser au centre par le fil de dérivation de l'électrode négative qui est recouvert de caoutchouc durci.

La plaque de zinc est également isolée, et le tout, au moyen d'un écrou, qui se visse sur le bout de la pointe de cuivre, se trouve pressé contre une plaque d'ardoise, qui sert en même temps de couvercle.

Une pointe, également munie d'un écrou, part du bord de la plaque et sert de pôle négatif.'

Lorsque l'élément doit être mis en activité on le tient quelques minutes sous un filet d'eau, jusqu'à ce qu'une légère pression des plaques fasse voir que les feuilles de papier en sont imbibées, puisqu'on aperçoit des gouttes d'eau sur le bord. Si alors l'élément est enfermé dans un vase de verre, il reste humide, puisque l'eau ne peut s'évaporer. Comme il n'y a point de liquide dans le vase, on peut le transporter facilement d'un endroit à l'autre. Lorsqu'on n'a plus à s'en servir pour un temps assez long, on sèche les disques en exposant l'élément à un courant d'air. Lorsque les papiers sont secs, il n'y a plus de consommation.

A mesure que l'élément fonctionne, la distance entre les papiers au sulfate de zinc et ceux au sulfate de cuivre diminue, et il se produit du sulfate de zinc; enfin la dernière feuille arrive à être presque entièrement usée, ce qui dure cependant plusieurs mois; il faut alors procéder à une nouvelle préparation, ce qui se fait de la manière suivante :

On remplit une tasse avec de l'eau, à une hauteur telle que l'élément trempé dedans ne soit atteint par l'eau qu'un peu au-dessous du milieu des feuilles de papier; on marque la place, sur les parois du vase, avec une raie pour servir de base aux opérations suivantes, et on y trempe l'élément; le sulfate de zinc qui se trouve dans la partie du bas se dissout. Lorsque cette dissolution est faite, l'on vide la tasse, et on la remplit jusqu'à la marque avec une dissolution de sulfate de cuivre. Si l'on y enfonce de nouveau l'élément, les feuilles de papier immergées recevront de nouveau du sulfate de cuivre et l'élément sera remis à neuf.

La maniabilité de ces éléments, leur résistance qui reste assez semblable, le fait qu'ils n'ont besoin que d'être trempés dans l'eau, pour être prêts à servir, qu'en outre, pendant le repos, si l'on a eu soin de les sécher soigneusement, ils ne consomment rien, les rendent propres aux services de la guerre ou de la médecine. Pour ces services spéciaux Trouvé a du reste construit :

Une batterie de camp portative, qui se compose de 9 éléments, qui sont partagés en trois caisses, faites en caoutchouc durci et munies d'un couvercle en ardoise. Celui-ci porte les trois éléments et les bandes de réunion qui, sitôt que la caisse en bois de chêne, qui renferme ces batteries, se trouve fermée, établissent la réunion des piles de 3 éléments en une pile de 9 éléments. Chacun des éléments a un diamètre de 65 $^m/_m$ et une épaisseur de 30 $^m/_m$. Un diamètre considérablement plus petit est donné aux

Éléments-médicinaux, qui ont à peu près la grandeur d'une pièce de 10 centimes. sur une hauteur de 30 $^m/_m$, disposition qui produit inévitablement une forte résistance dans ces éléments, mais qui est justement favorable, pour les usages auxquels on les emploie. puisqu'on fait traverser le corps humain par des courants de 60 — 70 éléments, qui, s'ils avaient une faible résistance, endommageraient certainement la peau aux endroits des points de contact.

60 — 80 de ces éléments sont fixés sur une plaque de

caoutchouc durci, qui forme le couvercle d'une épaisse caisse de bois. Dans le couvercle on pose un commutateur qui permet d'employer un nombre plus ou moins grand d'éléments. La grande résistance diminue par suite de la consommation de sulfate de cuivre, dont il y a une assez grande quantité ce qui fait que l'élément dure longtemps.

Jusqu'ici nous avons vu, que l'on s'est efforcé de parer aux inconvénients qu'offrent les éléments-Daniell, en augmentant l'épaisseur des cloisons poreuses. Différents inventeurs ont eu, presque en même temps, l'idée de séparer les liquides par la différence de leur densité, ce qui supprime les vases poreux et les inconvenients qui se rattachent à leur emploi.

En 1855, Varley avait déjà pris un brevet pour un élément de ce genre, que nous allons décrire brièvement

Élement-Varley. — Une caisse carrée, munie d'un couvercle, comporte deux cloisons de séparation, dont l'une part du fond pour venir à la moitié du vase, tandis que la deuxième venant du haut s'arrête au point où l'autre monte. Ces cloisons séparatrices sont placées chacune à peu près à un tiers de longueur de la boîte ; l'électrode de cuivre se trouve entre sa cloison et celle qui vient d'en bas, tandis que le zinc est au bout opposé. Après avoir entouré le cuivre avec des cristaux de sulfate de cuivre, on remplit d'eau. Cet élément n'a, paraît-il, jamais été sérieusement appliqué. par contre

L'élément-Meidinger, qui fut construit bientôt après, est très répandu *(fig. 47)* ; il se compose d'un grand verre A, plus étroit d'un 1,3 dans le bas. Au fond de ce verre se trouve un deuxième petit vase, qui dépasse un peu la partie étroite, et où se trouve l'électrode négative de cuivre ou de plomb, qui va jusqu'au bord du haut du petit vase; cette électrode est munie d'une bande de dérivation soigneusement isolée. Sur le bord qui provient du rétrécissement du vase extérieur repose le cylindre de zinc. Le vase est muni d'un couvercle en bois ou en verre, qui possède au milieu une ouverture qui sert à la réception d'un entonnoir en verre dont le bout va jusque dans le petit vase et que l'on remplit de cristaux de sulfate de cuivre. Le vase entier est rempli primitivement rien qu'avec de l'eau, ou pour diminuer la résistance avec une dissolution de sulfate de magnésie, moins dense que celle de sulfate de cuivre. Lorsqu'on place l'entonnoir, les cristaux se dissolvent petit à petit.

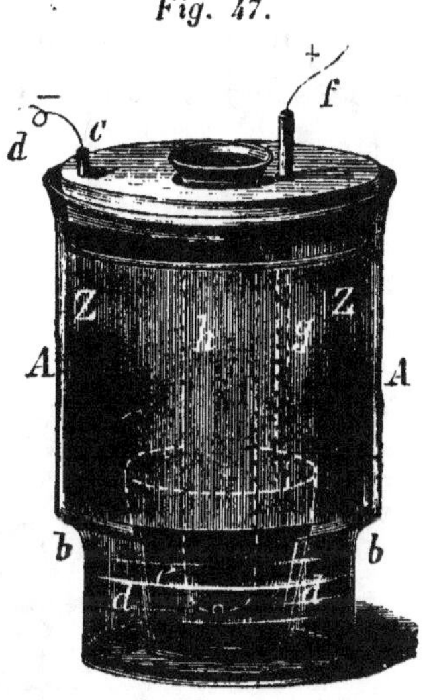

Fig. 47.

Comme l'entonnoir ne peut recevoir qu'une petite quantité de sulfate de cuivre, ce qui donne lieu à un travail ennuyeux et se répétant souvent, si l'on demande à l'élément un service constant, comme par exemple dans l'Allemagne du Nord, où les stations travaillent avec un courant non interrompu (courant constant), (circonstances où ces éléments se montrent particulièrement utiles). Meidinger songea bientôt à remplacer l'entonnoir par un ballon d'une forme semblable à la disposition que nous avons déjà indiquée pour l'élément-Daniell.

13

Élément-Ballon. — La direction télégraphique badoise adoptait déjà cet élément *(fig. 48)* il y a **22** ans, et la direction prussienne en 1869; dans le service des chemins de fer autrichiens il se propagea également avec rapidité; les chemins de fer et le télégraphe de l'État russe l'emploient presque exclusivement. Le chemin de Lyon emploie également l'élément-Ballon pour les sonneries électriques des passages à niveau qui demandent un courant non interrompu.

Fig. 48.

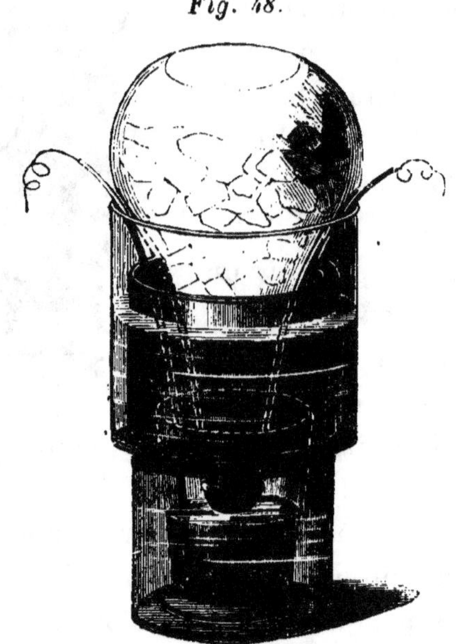

Si le ballon contient, comme le docteur Dehms l'a proposé, 1 kilog. de sulfate de cuivre, il peut fonctionner un an, même 14 mois sans avoir besoin d'y toucher.

Il faut encore ajouter que ces éléments possèdent une assez grande résistance, qui d'après le docteur Dehms varie, suivant la grandeur, de 4—9 unités Siemens, et l'on peut admettre ce dernier chiffre comme résistance ordinaire. Si les éléments ne sont pas employés en même temps sur plusieurs lignes, ce qui arrive rarement pour les petites stations, cette résistance n'a pas grande importance.

Cet élément permet encore plus facilement que le précédent de surveiller combien il reste de sulfate de cuivre. Aussi pour diminuer le prix d'achat, dans les deux éléments, les électrodes de cuivre sont remplacées par des électrodes de plomb, qui se garnissent bientôt avec du cuivre et offrent l'avantage, que le cuivre qui se dépose peut être facilement enlevé, en courbant l'électrode. Si l'on établit également les bandes de dérivation en plomb, on économise l'isolation puisque le liquide n'attaque pas ce métal.

Comme désavantage de cet élément, nous dirons que l'expérience a prouvé que la présence de dissolutions toujours saturées augmente beaucoup la consommation.

Récemment Meidinger a construit des éléments avec des vases de largeur égale, en laissant plonger le cylindre de zinc jusqu'au fond ; cette disposition diminue beaucoup la résistance, augmente l'espace destiné au liquide, mais rend tout à fait impossible la surveillance du petit verre intérieur ; en outre, il permet au cuivre de se déposer sur le zinc, et même de venir jusque dans le vase extérieur.

Il ne faut pas oublier que l'ouverture du petit tube, qui est placé dans le bouchon qui ferme le ballon, a une largeur proportionnelle à l'emploi de l'élément, sans quoi le sulfate de cuivre monterait vite trop haut. L'inconvénient dont nous venons de parler est évité dans

L'élément-Krüger en ce que le cylindre de zinc ne va point jusqu'au fond ; il est suspendu au bord du vase. Par contre le cylindre de cuivre, qui est formé par une feuille mince de cuivre et qui est retenu par de petits blocs de bois qui sont fixés dans le zinc, va jusqu'au fond. Pour lui donner une base plus solide, trois bandes recourbées en dehors lui servent de pieds. Les fentes qui se produisent par cette disposition, facilitent la diffusion de la dissolution de sulfate de cuivre, puisque la préparation se fait en remplissant l'élément d'eau ou avec une dissolution de sulfate de magnésie, et en jetant simplement les cristaux de sulfate de cuivre dans le cylindre de cuivre.

Comme nous le voyons par cette description, cet élément est très simple, et par suite bon marché ; sa résistance est plus faible, il reste seulement à craindre, que le cylindre de cuivre, à l'endroit de la séparation du sulfate de cuivre et du sulfate de magnésie, ne se détruise rapidement, en donnant lieu à une égalisation du courant et une consommation de cuivre inutile ; par contre, cela doit empêcher que du cuivre ne vienne se déposer sur le zinc.

Les actions qui peuvent trouver lieu dans cet élément et que nous ne faisons qu'indiquer, sont évitées d'une manière ingénieuse dans

L'élément-Candido. — Sur le cylindre de cuivre on presse un tuyau de porcelaine, muni de trois allonges, sur lesquelles repose une bague de zinc. La partie du bas du cylindre de cuivre, qui est troué à plusieurs endroits, est remplie de sable et communique avec une plaque qui couvre le fond du vase.

L'élément est mis en action, en le remplissant d'acide sulfurique dilué (1 : 20) et en plaçant des cristaux de sulfate de cuivre sur le sable humide. On pourrait, il est vrai, simplifier l'élément comme nous l'avons déjà proposé à un autre endroit, et diminuer son prix de revient, en supprimant le cylindre et le disque de cuivre, et en les remplaçant par du plomb. Cet élément se recommande parce qu'il est facile à établir, que la hauteur de la dissolution du cuivre peut être aisément surveillée et que la dissolution des cristaux à travers la couche de sable, diminuant la mobilité des liquides, se fait plus lentement, ce qui produit une économie. Nous mentionnerons ensuite

L'élément-Gaiffe, très semblable sous certains rapports, dont nous tirons la description du volume V de *la Lumière électrique*, 1881, p. 78 *(fig. 49)*.

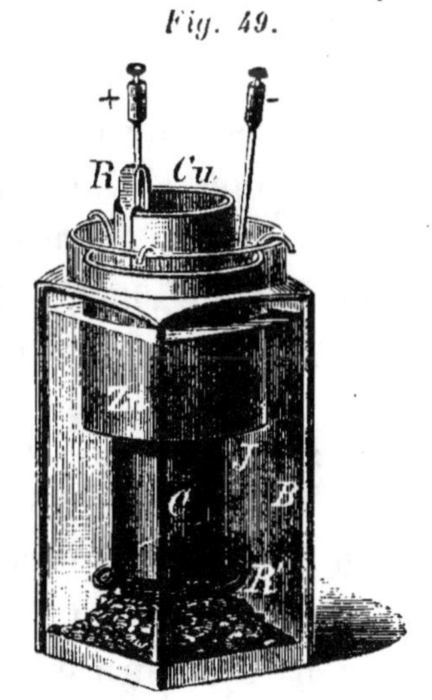

Fig. 49.

Cet élément rappelle en même temps l'élément Kramer, car il possède comme celui-ci une disposition qui offre un arrêt à l'avancement de la dissolution de sulfate de cuivre jusqu'au zinc.

Le cylindre de cuivre, suspendu à un crochet, se termine en dehors par un fil de cuivre, qui se rend vers le bas le long du tuyau de porcelaine et qui, près du fond, s'entortille autour de lui.

Nous ne pouvons oublier de faire remarquer que le tuyau de porcelaine est poreux dans la partie haute qui se trouve en face des cylindres de cuivre et de zinc, et qu'on le remplit de cristaux de sulfate de cuivre. Après en avoir encore recouvert le fond du vase, on le remplit avec une dissolution saturée de sulfate de zinc ou de magnésie.

Lorsque dans l'intérieur du tube la dissolution de cuivre atteint la partie poreuse, elle retombe au dehors en descendant, procédé qui s'accomplit très lentement.

Lorsque le courant est fermé, cette dissolution est d'abord employée à la réduction de l'hydrogène, puisque la position de la bague est calculée de façon à ce que la résistance qui se trouve dans la couche de liquide entre elle et le cylindre de zinc soit plus faible que celle de la partie du haut.

Ce que nous avons dit pour l'élément Krüger, s'applique également à cet élément; il peut être aussi regardé comme un élément-Daniell, qui devient un élément zinc, cuivre et sulfate de magnésie, lorsque tout le sulfate de cuivre autour de la bague de cuivre est consommé.

Nous voulons encore parler d'un changement dans l'élément-Meidinger qui, depuis neuf ans, a été introduit par la ligne de Buschtéhrade, c'est-à-dire :

De l'élément-Kohlfüst dont la description avec illustrations et tableaux de marche, a été donnée, dans une petite brochure à l'occasion de l'Exposition Universelle d'Électricité de Paris.

La partie courbée du verre A *(fig. 50)* de cet élément renferme un couvercle en fonte de fer D qui porte vers le bas le bloc de zinc Z en forme de boule et qui est par le haut vissé sur une pointe de laiton C, à la borne x.

Une plaque de plomb courbée en forme d'S sert de deuxième pôle, et repose sur le fond du verre ; elle est mise en communication avec le haut par un fil isolé *f* couvert de gutta-percha.

L'espace jusqu'à la courbure *bb* est rempli avec des cristaux de sulfate de cuivre et sur *bb* est posée une plaque de terre cuite non vernissée.

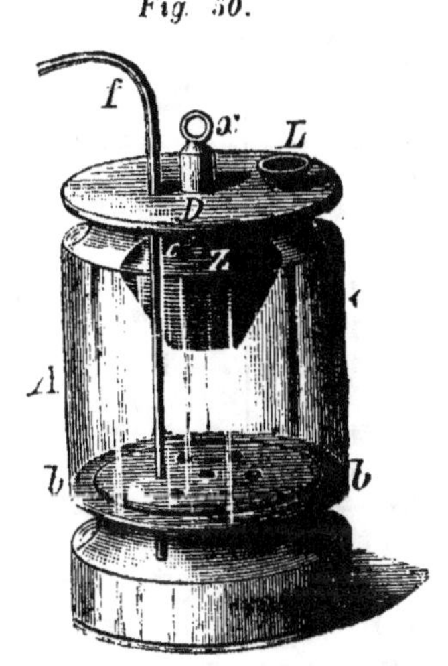

Fig. 50.

Le liquide, une dissolution ordinaire de sulfate de zinc, ou de sulfate de magnésie, est versé par l'ouverture de l'entonnoir L, fermée d'habitude par un bouchon sitôt que l'élément est prêt à être placé à son lieu de destination.

Pour éviter l'évaporation, on peint le bord du verre avant la pose du couvercle D avec une dissolution épaisse de gomme. Cet élément peut fonctionner de 6 à 8 mois sur une ligne chargée, 10 à 14 mois sur une ligne moins active, sans avoir à y toucher.

Sa force électromotrice est **11.35** Jacobi, la résistance **5.0** Siemens ; sa constance est excellente.

Le maniement et les soins à donner à cette batterie sont extraordinairement simples et se font sans difficulté par le personnel ordinaire des stations du chemin de fer.

Cet élément est employé pour tous les signaux et dispositions télégraphiques, par le chemin de fer privilégié de Buschtéhrade et a remplacé les éléments Meidinger et Krüger, dont on se servait dans le temps. L'avantage économique de la forme que nous venons de décrire, qui a été successivement installée depuis 1873, résulte du tableau suivant, extrait des rapports statistiques de la Direction générale.

ANNÉES	EN ACTIVITÉ ÉTAIENT		LES FRAIS DES BATTERIES SE MONTAIENT					
	ÉLÉMENTS	ÉLECTRO-AIMANTS	EN SOMME		Pour Électro-Aimant.		Pr. Éléments galvaniques.	
			Florins.	Kreutzer.	Fl.	Kr.	Fl.	Kr.
1873	2604	744	6702	88	9	00.9	2	57.4
1874	2582	1114	7246	95	6	50	2	80.6
1875	2556	1135	6754	61	5	95	2	60.4
1876	2723	1237	6288	46	5	08	2	30.9
1877	2871	1249	3957	36	3	17	1	37.8
1878	2726	1215	2892	—	2	34	1	06.0
1879	2630	1168	2382	65	2	00.4	—	90.5
1880	2637	1165	2164	42	1	85.7	—	85.0

La forme la plus simple donnée à l'élément-Daniell sans vase poreux a été celle de Callaud en 1861 que nous allons décrire, comme Bernier l'a installé au chemin de fer d'Orléans.

Élément-Callaud. — Sur le bord supérieur d'un vase de 0^{m}20 de hauteur et 0^{m}13 de diamètre *(fig. 51)* pend un cylindre de zinc haut de 0^{m}03 au moyen de trois triangles soudés avec lui. L'électrode négative, qui est couchée sur le fond du vase, est formée par une bande de cuivre courbée en un cylindre de 0^{m}03 de hauteur et 0^{m}04 de diamètre; elle est munie d'un fil de dérivation bien isolé. La direction télégraphique emploie des zincs de 0^{m}07 de hauteur.

Pour diminuer la résistance, sur le conseil de Baron,

on a doublé la surface, en enroulant les électrodes en
forme de spirales, ce qui donne à la bande de zinc une
longueur de 0^m47.

Autant est simple cette disposition autant de difficultés
présente le chargement de
ces piles, pour lequel on
recommande d'observer le
procédé suivant :

Lorsque l'on a suspendu
le zinc on remplit le vase
jusqu'à 0^m01 au-dessous de
l'extrémité inférieure du
zinc, avec de l'eau ou mieux
une dissolution de sulfate
de zinc au dixième, que l'on
peut facilement préparer en
diluant le contenu des éléments ayant servi.

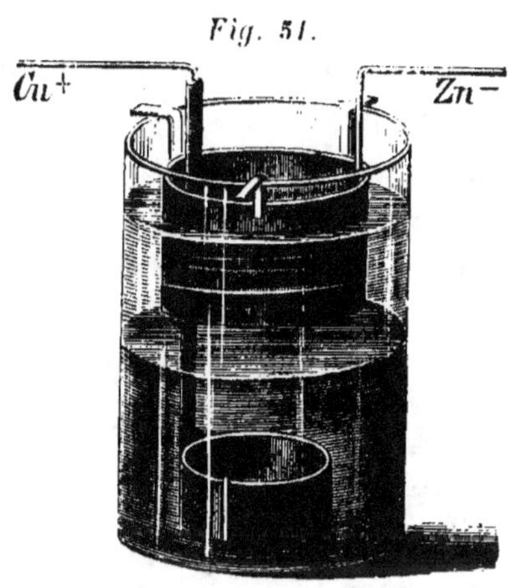

Pour introduire la dissolution de sulfate de cuivre on
se sert d'après Bernier, d'un siphon en caoutchouc. qui
va jusqu'au fond du vase. On laisse couler, jusqu'à ce
que le sulfate de cuivre, qui se mélange avec la couche
du haut du sulfate de zinc, ne se trouve plus qu'à 1/2 c.
du zinc.

Ce remplissage suffit pour un mois entier; après ce
temps on enlève à peu près un 1/2 cm. du liquide
du haut et on emplit de sulfate de cuivre; si par suite
de l'évaporation, le liquide est devenu trop dense. on y
ajoute de l'eau.

Par suite des indications, que les employés du chemin
de fer d'Orléans ont reçues en 1871. les éléments doivent
être démontés tous les trois mois, mais si on les remplit

soigneusement tous les mois, ils peuvent fonctionner une année entière. Après ce terme ils sont démontés et les zincs grattés soigneusement pour enlever tous les dépôts, et l'on renouvelle le liquide, comme nous l'avons décrit, pour le premier chargement.

Après une observation de trois ans, faites par différentes personnes sur 28 batteries de 18 éléments établies dans autant de stations, chaque élément occasionne par an une dépense de 0 fr. 45 c. à 0 fr. 50 c.

Houzeau donne dans les *Annales télégrahiques* (novembre et décembre 1878) les renseignements suivants, sur la manière dont on charge les éléments-Callaud, à la Direction centrale des Postes à Paris (rue de Grenelle).

Les dissolutions de sulfate de cuivre et de sulfate de zinc sont préparées d'avance dans de grandes cuves et à une densité de 23° pour la première et de 8e B. pour la seconde. Lorsque au bout de quelques mois la densité a atteint 25 —30, ce qui est presque toujours le cas, il faut la ramener à 20′ B, sans quoi il se produit des efflorescences salines, qui peuvent avoir des suites désagréables.

Dans les *Annales télégraphiques* de juin 1877, Cailleret donne, sur la résistance de l'élément-Callaud, qui par suite de la disposition favorable des électrodes, est assez égale dans les grands éléments comme dans les petits, les renseignements suivants :

26	janvier	1876	résistance	32.5	unités-Siemens
29	—	—	—	25	—
4	février	—	—	17.5	—
12	—	—	—	11.5	—
16	—	—	—	10.5	—
25	—	—	—	9.25	—

La pile nettoyée et nouvellement chargée donne :

31	mai	1876	résistance	5	unités - Siemens
6	juin	—	—	4.6	—
22	—	—	—	4.5	—
2	juillet	—	—	4.5	—

Déjà Gaugain était arrivé au même résultat à la suite des recherches qu'il publia en 1875-1876, car il trouva au début 37 unités, et après 23 jours 5.5 unités; ce qui prouve que la résistance de cet élément change beaucoup, mais devient très faible après quelque temps de service.

Cet élément est assez répandu, il n'a fait que revêtir d'autres formes, dans les différents pays, et il est passé en partie à l'élément-Meidinger, comme nous le verrons plus tard.

La Poste centrale de Paris emploie 500 — 800 grands éléments, le chemin de fer d'Orléans, au contraire, préfère les plus petits à cause de leur bas prix; ils sont placés dans des caisses à roulettes sous les tables d'où on ne les retire que pour les charger, ce qui fait tomber le reproche que Sivewright fait à cet élément, qu'il a besoin d'un repos absolu. En Angleterre, cet élément a été supprimé pour ce motif.

Ces éléments sont employés également dans les États-Unis, et Jones, de l'*Union Western Telegraph Company*, écrit dans un traité bien connu : « Les dépenses pour l'entretien de 600 éléments-Callaud qui sont établis en trois batteries qui servent 10 circuits, se monte par mois à peu près à 30 dollars, ce qui fait environ 15 centimes par élément et par mois.

Nous citerons encore

L'élément-Trouvé-Callaud, pour donner un exemple, combien un élément peut être établi à un prix extraordinairement modique, si l'on s'y prend adroitement :

Cet élément qui ressemble beaucoup à celui qu'emploie le chemin de fer d'Orléans, mais qui a été construit particulièrement pour des usages médicinaux, se compose d'un vase en verre de 12 $^c/^m$ de hauteur, 7 $^c/^m$ de largeur et coûte 40 centimes. Le cylindre de zinc est tenu par trois courbures que l'on y pratique avec une tenaille. L'électrode négative se compose d'une spirale de fil de cuivre dont le bout sert de fil de dérivation, et qui se trouve garanti par un tube de verre dans lequel il passe. Les fils des pôles zincs sont enroulés en spirale par le bout et s'enfilent sur les fils de cuivre.

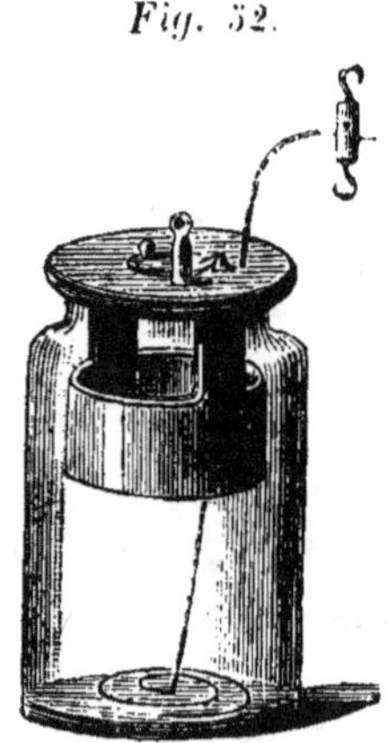

Fig. 52.

En Autriche, les éléments-Callaud sont munis de couvercles auxquels sont vissés les zincs *(fig. 52)*. La plus grande forme comporte des verres de 25 $^c/^m$ de hauteur et 12 $^c/^m$ de diamètre. Les éléments employés à la Direction télégraphique de l'État allemand, ont un verre cylindrique de 15 $^c/^m$ de hauteur, 10 $^c/^m$ de diamètre; la bague de zinc qui est suspendue aux trois bras fondus a une hauteur de 5 $^c/^m$ et une épaisseur de 7 $^m/^m$. Son extrémité inférieure est à 7 $^c/^m$ du fond du vase sur lequel on place une plaque de plomb 1 $^c/^m$ d'épaisseur et de 5 à 7 $^c/^m$ de large. Un fil de fer long de 18 $^c/^m$, fort de 6 $^m/^m$, entouré d'un tube de plomb, sert de dérivation. La dissolution de sulfate de zinc pour le chargement, a presque toujours une densité de 1.2 B.

En Italie, on emploie des vases qui sont rétrécis vers le milieu de 10 $^c/_m$ à 5 $^c/_m$, ce qui évite de faire des nez aux électrodes de zinc, puisque leur extrémité inférieure repose sur cette rentrée.

Aux États-Unis Lockwood a donné une autre forme à l'élément-Callaud, et la disposition suivante est assez répandue sous le nom d'

Élément-Lockwood. — Dans une pièce de métal à trois bras de la forme d'un Y qui repose sur le bord d'un verre de 14 $^c/_m$ de largeur et 28 $^c/_m$ de hauteur, pend un bloc de zinc fondu, d'une forme particulière, propre à en augmenter la surface *(fig. 53)*; à 6 $^c/_m$ en-dessous de l'électrode positive se trouve une spirale de cuivre qui forme l'électrode négative.

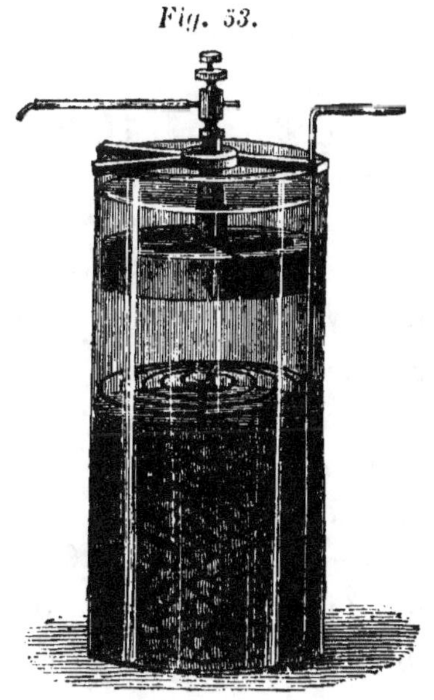

Fig. 53.

Cette électrode se compose de deux spirales de fil posées perpendiculairement l'une sur l'autre, unies et enroulées à l'opposé, dont l'une se trouve sur le fond du vase, et est couverte de sulfate de cuivre, tandis que l'autre placée au-dessus se trouve près du bord du bas du zinc, ce qui diminue certainement la résistance intérieure et empêche aussi le dépôt de cuivre sur le zinc, mais leur donne l'inconvénient que nous avons déjà signalé dans l'élément-Krüger. Entre les deux spirales on introduit un peu plus de 2^k. de cristaux de sulfate de cuivre.

Comme liquide excitateur on se sert d'une dissolution de 200^{gr} de sulfate de zinc. Pour rompre le courant du liquide en le versant. on pose sur la spirale supérieure une plaque de papier buvard. Pour éviter l'évaporation et l'efflorescence on le recouvre d'huile.

Élément-Granfeld. — Une forme tout à fait particulière, et à ce qu'il paraît très convenable donnée à l'élément-Daniell sans vase poreux. a été imaginée par le commissaire des télégraphes autrichiens, Granfeld. Son élément se compose de deux vases cylindriques réunis, qui sont en relation dans le haut, et sont séparés dans le bas par la paroi du verre.

Dans l'un on met du sulfate de cuivre et l'électrode de cuivre, dans l'autre pend à un crochet le cylindre de zinc, dont le bord du bas se trouve dans la même ligne que la paroi de séparation. On remplit de liquide le cylindre de zinc, afin que le sulfate de cuivre ne vienne pas s'y déverser.

Ces éléments ont été introduits depuis 1878 dans le service télégraphique d'Autriche, à titre d'essai, et ont fourni des résultats satisfaisants. Leur résistance intérieure comporte 6—8 Ohms, car la préparation ne se fait qu'avec de l'eau ; la résistance dépend du reste de la hauteur des parois de séparation.

Élément-Rollet. — Rollet place une électrode de cuivre, en forme de spirale, sur le fond d'un vase tubulé, tandis que le zinc, muni de trous, est fixé vers le milieu à un couvercle en bois, de façon à pouvoir être descendu. Un tube en caoutchouc de 10 $^c/^m$ de longueur et de $1^c/^m5$ de large, conduit à un cylindre tubulé qui contient le sulfate de cuivre.

Si l'on ne se sert pas de l'élément, on ferme le tuyau avec un robinet à pression et on ferme le courant en court circuit, jusqu'à ce que le liquide soit décoloré.

L'élément est rempli avec une dissolution de sulfate de magnésie d'une densité de 1.01.

Le courant ne change en 9 heures que dans la proportion de 175 : 186, il est donc très constant et n'offre que peu de résistance.

Semblable à celui-ci est

L'élément-Terquem-Callaud, dont nous tirons la description d'un rapport de la Société française de physique (avril—juillet 1882). Il se compose d'un vase en verre, muni d'un tube de 16 $^c/^m$ de largeur, 23 $^c/^m$ de hauteur, propre à contenir environ 5 litres. Le tube reçoit à l'intérieur un tuyau de verre de 2 $^c/^m$, courbé à l'extérieur et muni d'un robinet.

Une plaque de zinc épaisse de 7 $^m/^m$ et large de 7—12$^c/^m$ forme une spirale de trois tours d'un mètre de longueur, qui pèse 3 kilog. et est suspendue par le moyen de bornes à une croix de cuivre qui repose sur les bords du verre.

L'électrode négative est composée d'une plaque de cuivre sur le milieu de laquelle se trouve fixée une barre couverte de matière isolante, qui se dirige vers le haut, à travers un tube de verre qui descend presque sur la plaque ; elle est tenue par une bague large de 3$^c/^m$, à laquelle sont fondus les quatre bras de la croix *(fig. 54)*.

La dissolution de sulfate de zinc, aussi pure que possible, a une densité de **1.20** à **20° C.**, c'est celle qui possède la plus grande conducticilité (**50** parties de cristaux avec **100** parties d'eau); on emploie donc **2ᵏ5** à **3ᵏ** pour la quantité indiquée.

Dans un litre de liquide on dissout jusqu'à saturation du sulfate de cuivre, que l'on ne verse seulement par le

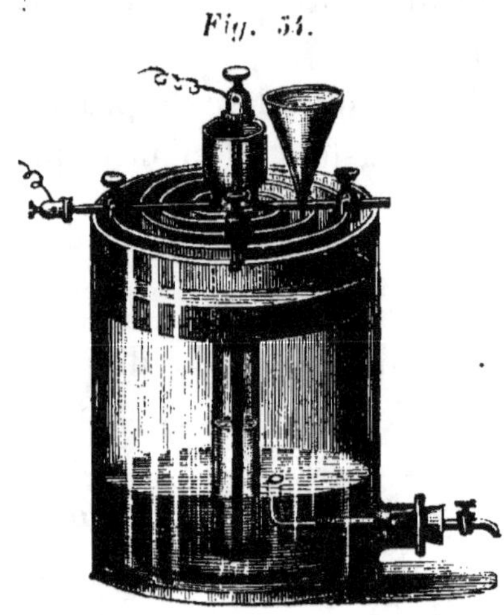

Fig. 54.

tube du milieu que lorsque le vase contient déjà la dissolution de sulfate de zinc. Le tuyau G est alors entièrement rempli de cristaux de sulfate de cuivre.

Pour éviter tout mélange de liquide, on en retire une ou deux fois par jour, par le robinet; à peu près 1/3 jusqu'à 1/2 litre suffit pour **24** heures. Le liquide retiré, qui après un long emploi forme de grandes quantités, est décomposé par des rognures de zinc, pour en retirer le cuivre, et peut alors de nouveau servir, en le versant par un entonnoir muni d'un filtre. Pour éviter tout dépôt de cuivre sur le zinc, l'on peut également suspendre un morceau de zinc dans l'élément.

La résistance de l'élément est de **1.578 ohms**.

Élément-Plush. — Un changement insignifiant de l'élément-Callaud est celui indiqué par le Dʳ Plush (dans *la Lumière électrique*, 1880 p. 178); il consiste à suspendre une passoire en cuivre au moyen de trois fils à la moitié de la hauteur du verre, dans laquelle on met des rognures de zinc, qui servent d'électrode soluble.

Un tube, qui passe au milieu de la passoire en se dirigeant vers le fond, sert à mettre des cristaux de sulfate de cuivre.

Dans cet élément, il ne peut guère se déposer de cuivre sur le zinc ; par contre, le contact avec la passoire de cuivre, qui sert de pôle au zinc, produit une consommation continuelle de zinc, comme dans un élément fermé ; l'emploi de rognures peut offrir toutefois un certain avantage économique.

Éléments propres à l'éclairage électrique.

La grande constance et le fait que les éléments-Daniell ne produisent aucune évaporation nuisible les rendent très propres à être employés dans les appartements et pour l'éclairage électrique. Le peu de courant qu'ils produisent est cependant défavorable, et comme ce faible débit provient presque toujours d'une grande résistance intérieure, on a fait de nombreux essais pour la réduire. C'est ainsi qu'a pris naissance

La pile-Carré. — Celle-ci se distingue particulièrement d'une pile-Daniell ordinaire en ce que les éléments comportent en place de vase poreux en terre, des vases en papier parcheminé. Soixante de ces éléments, dont les cylindres de zinc avaient la hauteur de $55^{c}/_{m}$ et $11^{c}/_{m}$ de diamètre, ont suffi pour la production de lumière électrique, et cette pile peut servir pendant deux cents heures, sans affaiblissement sensible, si l'on a soin toutes les vingt-quatre heures de remplacer par de l'eau une partie de la dissolution de zinc. Malheureusement la fragilité du vase poreux est un grave inconvénient; nous verrons plus tard, comment on peut y parer. On l'a évité assez adroitement dans

La pile–William–Thompson, nommée aussi pile de Bot-

Fig. 55.

tomley *(fig. 55)*, que cet éminent physicien construisit d'après la manière de l'appareil à cadres d'Oersted; sa forme rappelle en même temps beaucoup la pile inventée par Jacobi.

Des cadres en bois garnis de plomb, dont le fond est recouvert par une feuille de cuivre, servent en même temps de vases et d'électrodes négatives. Les électrodes positives de zinc sont fondues en forme de gril et reposent sur quatre blocs de bois, qui sont placés aux quatre coins du vase. Comme cloison poreuse on se sert également d'une feuille de parchemin, qui entoure simplement le gril ; il faut observer de laisser les quatre coins libres, sur lesquels l'élément suivant est posé, de sorte que la bande de métal qui vient de la garniture de plomb soit en contact avec le gril de zinc ; par suite la réunion des éléments en tension est obtenue d'une manière certaine et très simplement. Il est absolument nécessaire que l'on observe, en posant les caisses, de les mettre aussi perpendiculairement que possible, ce que l'on peut juger en versant d'abord un peu de liquide sur le fond du vase. Les cristaux de sulfate de cuivre sont alors posés, puis on met le gril et sa cloison poreuse et on ajoute une dissolution de sulfate de zinc, d'une densité de 1.10. Cette pile fut construite dans l'origine pour le service du siphon-Recorder; on peut toutefois l'employer avec avantage pour la production de la lumière électrique. Si le courant doit être très constant, ce qui est demandé dans le premier cas, il faut veiller à ce que la dissolution de sulfate de zinc ne monte pas au-dessus de 1.3, ce que l'on obtient en en retirant tous les jours une partie, et en ajoutant de l'eau ; par contre, il faut éviter de descendre au-dessous de 1.1. Cette précaution doit surtout être observée si l'on supprime la feuille de parchemin, puisque la densité de la dissolution de sulfate de cuivre est de 1.18. Un changement dans la position des électrodes, l'application de dissolutions de sulfate de zinc saturées à la densité de 1.44, ne sauraient être recommandés, puisque de petites parties de cuivre séparées de la dissolution de sulfate de cuivre pourraient facilement tomber sur le zinc et occasionner des accidents dans la marche du courant.

Si on ne se sert plus de la pile, il ne faut point la laisser en circuit ouvert, mais il faut la fermer en court circuit, afin que le sulfate de cuivre se consomme sans aller jusqu'au zinc. Il n'est pas bon de mettre plus de huit éléments l'un sur l'autre, à cause de leur poids; cette circonstance rend l'emploi des éléments un peu incommode, et fait qu'ils ne sont point aussi répandus qu'ils le méritent.

Récemment. où l'emploi des courants forts et constants, a été demandé pour charger des batteries secondaires et pour la lumière électrique à incandescence, l'attention des physiciens s'est de nouveau portée vers les perfectionnements apportés à des éléments de ce genre, et il en surgit tous les jours de nouveaux. Pour cet usage on emploie aussi

La nouvelle batterie de Reynier, que nous allons décrire d'après *la Nature*, 1882, p. 273, *la Lumière électrique*, IVe année, n° 13, p. 304. Les éléments sont composés de vases en cuivre de 44^c/^{m} de longueur, 5^c/^{m} de largeur, 22^c/^{m} de hauteur, qui sont munis sur leur petit côté d'un tuyau d'écoulement, qui sert à évacuer une partie du liquide, lorsque celui-ci contient trop de sulfate de zinc, et que l'on remplace par de l'eau. L'on pose dans ces caisses des plaques de zinc qui sont enveloppées dans du papier parchemin, et qui sont plus courtes de 10^c/^{m}, pour laisser la place nécessaire à la pose d'une corbeille remplie de cristaux de sulfate de cuivre *(fig. 56)*.

Comme liquide on se sert d'une dissolution de sulfate

de cuivre qui traverse le papier parchemin, se décompose sur le zinc et fournit ainsi l'acide sulfurique nécessaire.

Pour que la résistance intérieure soit aussi petite que possible on ajoute encore différents sels, tels que : chlorure de potassium 200. sel de cuisine 400, sulfate d'ammoniaque 100, sulfate de soude 200, sulfate de potasse 200, sulfate de zinc 50, bisulfate de soude 200, etc. Le zinc n'est remplacé qu'une fois par mois ; l'élé-

Fig. 56

ment consomme par 24 heures de travail 400^{gr} de sulfate de cuivre et 100^{gr} de zinc, en fournissant à côté de l'électricité, 90^{gr} de cuivre.

Reynier avait déjà installé 500 de ces éléments en avril 1882, dont 68 servaient à la formation d'éléments secondaires Faure.

Par suite de l'addition des sels indiqués plus haut, la résistance de chaque élément est réduite de 0^{ohm}2 à 0^{ohm}14 ; ce qui donne un maximum de travail extérieur de

$0^{kgm}2$ par seconde. La pile n'est hors de service qu'une fois par mois, pendant quatre heures, pour renouveler les zincs et retirer le cuivre séparé qui doit suffire à payer le zinc ainsi que la pile, dont l'établissement est très simple. Reynier espère remplacer le papier parchemin par un tissu. Le peu de largeur n'a guère d'importance, car le courant galvanique en éloigne le sulfate de zinc, aidant à la diffusion, ce qui est un fait connu. Reynier donne les renseignements suivants sur la disposition, travail fourni et frais de sa pile. Les 68 éléments sont employés pour charger 18 éléments secondaires Faure.

Comme la force électromotrice de chaque élément est 1.08 il en résulte . . . . $1.08 \times 68 = 72.7$

celle d'un élément Faure de 2.2. . $2.2 \times 18 = 39$

$$72.7 - 39 = 33.7$$

Résistance de chaque élément Reynier. 0.14 en tout 9.52

Résistance de chaque élément Faure . 0.02 — 0.36

$$9.88$$

ainsi la force de courant est $33 : 9.88 = 3.34^{amp}$.

Le travail entier par seconde est donc :

$$3.34 \times 72 : 9.81 = 24^{kgm}51;$$

De ceci le travail intérieur absorbe :

$$3.34^2 \times 7.52 : 9.81 = 11.24.$$

il reste donc pour le travail extérieur 13.27. Le compte des frais pour 24 heures s'établit comme suit :

En 24 heures on remplace par élément un litre de liquide par de l'eau ; ce qui donne 68 litres. Le compte de la dépense du sulfate de cuivre est de 368^{gr} par élément, réellement 400^{gr} ainsi en tout $0.400 \times 68 = 27^{kg}200$. La consommation de zinc est $96^{gr}2 \times 68 = 6^{k}542$, en chiffres ronds 7^{kg}.

Le cuivre déposé devrait être :

$$93^{gr}79 \times 68 = 6^{kg}348,\text{ mais il n'est que } 6^{kg}.$$

Cela fait en tout 16 francs. Le travail accompli est égal à celui d'un cheval pendant 8 heures.

Reynier croit que la dépense pourrait être ramenée a 10 francs, si, en place de sulfate de cuivre et de zinc pur, on employait des produits moins purs.

Les 68 éléments et les éléments secondaires pourraient mettre 20 machines à coudre en activité pendant 10 heures ou éclairer une pièce pendant 5 heures, par 20 lampes Edison, ce qui correspond à une production de lumière de 130 bougies qui coûtent un peu plus de 16 francs. Cet éclairage, par suite des frais d'achat et d'amortissement revient plus cher que le gaz, mais meilleur marché qu'avec des bougies. Quant aux dispositions que Reynier emploie pour charger les éléments secondaires, il donne les renseignements suivants : une pile de 40 éléments, disposés parallèlement en 20, charge 20 éléments secondaires, qui sont également disposés parallèlement. Pendant le chargement les éléments au sulfate de cuivre sont réunis en tension, les éléments secondaires en quantité. Dans la décharge qui met les lampes en fonctionnement, les deux piles sont intercalées l'une derrière l'autre, et la pile de chargement en quantité, la pile secondaire en tension, ce qui s'opère facilement au moyen du commutateur Planté.

Élément-Reynier. — L'électricien connu, dont cet élément porte le nom, est arrivé à perfectionner l'élément-Daniell en employant une dissolution de soude caustique, en place d'acide sulfurique, qui occasionne toujours une consommation de zinc inutile. Cette disposition possède un double avantage. Premièrement, elle oppose une digue à la diffusion de la dissolution de sulfate de cuivre, pendant le repos de l'élément. puisqu'il se forme dans les pores de l'hydrate d'oxyde de cuivre, si difficile à dissoudre et, deuxièmement. la force électromotrice atteint 1.3 et même 1$1^{volt}$52, enfin, ce qui n'est point à dédaigner, l'amalgamation des zincs devient inutile.

Pour diminuer la résistance que possède un élément de ce genre, Reynier y ajoute certains sels qui ne prennent pas part aux actions chimiques, et que nous citerons plus tard. Pour le même motif, il donne à ses deux électrodes la forme d'un U, ce qui permet de les rapprocher l'une de l'autre.

Enfin il emploie des vases poreux en papier parchemin, qui se font simplement en plaçant du papier parchemin autour de l'électrode de zinc, et en employant un mode de pliage particulier.

Pour diminuer encore le mélange des liquides on emploie plusieurs feuilles de papier, ce qui augmente bien la résistance, mais point dans la mesure à laquelle on pourrait s'attendre. Le mélange se fait plus lentement parce que les liquides entre les cloisons poreuses possèdent de fortes différences de saturation. .

Comme nous l'avons dit plus haut, la résistance est différente suivant la quantité des enveloppes, mais elle ne dépasse guère jamais 004 ^{ohm}, ce qui en présence de la force électromotrice de 1.52 ^{volts} explique facilement la force de courant considérable de cet élément. Nous ne pouvons passer sous silence l'inconvénient qui se trouve dans la destruction facile de la pile. Pour l'éviter, nous avons établi des éléments dans lesquels le papier de parchemin est étendu sur des cadres de bois. au moyen de vis de cuivre, et forme des vases poreux dans lesquels les électrodes de zinc sont introduites par la fente, ce qui fait que leur consommation complète devient possible puisqu'on peut les retourner, ce qui n'est pas possible dans l'élément Reynier.

Après un emploi de plusieurs heures, il se dépose, sur le papier de parchemin, un dépôt vert, sous forme de vase, qui se compose d'oxyde de cuivre hydraté et qui augmente la résistance intérieure. Si l'élément reste en service pendant longtemps, il s'y dépose de l'oxyde de cuivre brun ; il faut alors que la pile soit démontée et lavée dans de l'acide sulfurique dilué.

Ce moment peut être reculé, si, comme je l'ai trouvé dans les expériences que j'ai faites, on pend un petit sac avec des cristaux d'acide tartrique dans la dissolution de sulfate de cuivre qui dissout ce dépôt. Si on ne se sert plus de la pile, on retire l'acide tartrique, afin de ne point perdre l'avantage qui diminue la diffusion par la formation d'hydrate d'oxyde de cuivre (1).

Non seulement le sulfate de cuivre, mais, comme nous le verrons bientôt, bien d'autres sels possèdent encore la

---

(1) D'après *la Lumière électrique*, 1881, VIII, p. 306. Le liquide dans lequel plonge le zinc se compose de : 1,200 parties d'eau, 300 de carbonate de soude, 100 de soude caustique, 20 de chlorate de potasse, 20 de chlorate de soude, 20 de chlorure de sodium, 20 de chlorure de potassium, 20 de sulfate de potasse, 20 de sulfate de soude ; celui pour le cuivre : 1,200 eau, 240 sulfate de cuivre, 60 nitrate de cuivre, 20 chlorate de potasse, 20 chlorate de soude, 30, chlorure de potassium, 20 chlorure de sodium, 20 sulfate de soude et potasse, 20 sulfate de zinc, et 20 d'une dissolution saturée de chlorure de zinc.

capacité de brûler et de réduire en eau l'hydrogène qui se sépare du métal attaqué.

Remplacement du sulfate de cuivre par d'autres sels.

Parmi les meilleurs éléments de ce genre on peut citer

L'élément-Marié-Davy ou élément *au sulfate de mercure.* Avant d'aller plus loin, nous parlerons des qualités de ce sel de mercure.

Nous connaissons avant tout un sulfate d'oxyde Hg^2SO_4, par l'emploi duquel 2 équivalents de mercure sont mis en liberté par équivalent de zinc, puis le sulfate de protoxyde $HgSO_4$, que l'on emploie le plus souvent, surtout en médecine. Il offre la particularité de se décomposer en deux sels, lorsqu'il vient en contact avec de l'eau : en un sel basique, difficile à dissoudre, connu sous le nom de turbith minéral, qui possède une couleur jaune et en un sel acide, facile à dissoudre, qui n'a pas encore été examiné de très près. Le turbith a pour formule $HgSO_6$. La plupart du temps on préfère le sulfate Hg^2SO_4, car on évite ainsi le danger de voir les pores du vase poreux se boucher par le turbith. L'élément-Marié-Davy a la forme de cet élément-Bunsen, où le charbon se trouve dans le vase poreux, seulement celui-ci est entouré de sulfate de mercure, en place d'acide nitrique.

La bande de dérivation est soudée à un rabattement par voie galvanoplastique, ou fixée par une des différentes manières que nous avons indiquées.

Quand l'élément est en activité, il se sépare du mercure.

L'élément-Marié-Davy a une force électromotrice supérieure à l'élément-Daniell, elle est de $1^{volt} 5$; par suite de la dissolution difficile du sulfate de mercure les liquides ne se mélangent que très lentement, et lorsqu'il vient toucher le zinc, le mercure séparé ne produit aucune action secondaire, il entretient au contraire l'amalgame en bon état.

Par contre, il faut tenir compte du prix élevé du sulfate de mercure, bien que l'on en retire le mercure, puis des variations dans les prix de ce sel; enfin, par suite de sa difficulté à se dissoudre, le courant baisse rapidement en court circuit, et, ce qui n'est point le moindre défaut de cet élément, le sel de mercure est un poison violent.

Plus petits sont les éléments, plus petite est naturellement la quantité de sulfate mise en action, et plus vite se produit la faiblesse dans le courant, qui peut aller assez loin, comme Gaugain l'a trouvé, pour produire l'électrolyse du sulfate de zinc, si l'élément est réuni en batterie de plusieurs en tension; lorsque tout le sulfate dissous est consommé, il se forme un amalgame de zinc, qui devient positif en face du zinc, de sorte qu'il se produit un retournement du courant.

Aussi on recommande d'avoir soin que les éléments qui sont réunis en tension, aient tous autant que possible une construction semblable, afin que l'un ne vienne pas avant l'autre dans le cas de manquer de sulfate de mercure dissous.

La dissolution du sel peut être hâtée, comme nous l'avons déjà dit, par la division du sel, ce qui peut se faire en le mélangeant avec des morceaux de coke, comme Beaufils l'a fait, qui a installé un élément de cette manière sans vase poreux, et qui a servi pendant longtemps au bureau central de la Direction télégraphique française, fonctionnant des mois entiers.

A l'Exposition d'électricité de Paris, Beaufils avait un élément fait avec du sulfate d'oxydule de mercure mélangé avec de la poudre de charbon et fondu en un cylindre avec de la paraffine, qu'il employait comme électrode négative. On devrait croire qu'un charbon disposé de cette manière est tout à fait incapable de produire une action électrique, mais nous nous sommes assurés qu'il conduit suffisamment l'électricité, si la paraffine n'est pas en excès. C'est ainsi qu'est construit

L'élément-Gaiffe, qui sert le plus souvent à mettre en marche les appareils médicinaux d'induction. Deux éléments réunis ensemble sont établis dans une petite boîte séparée en deux parties par une cloison, dont chacune est munie d'un disque de charbon, sur l'un desquels est posé le protoxyde de mercure humecté et la plaque de zinc sur l'autre. Lorsque la plaque de zinc est posée sur une pointe de platine, qui vient du charbon de l'élément voisin, les deux éléments sont réunis en tension.

Le courant de ces éléments peut durer pendant une heure. Ils ont le désavantage, qu'il faut alors renouveler le sulfate et même retirer celui-ci après l'emploi, ce qui fait que l'on a beaucoup à faire avec ce sel vénéneux. Cet inconvénient a été évité dans

L'élément-Trouvé. — Celui-ci se compose d'un cylindre creux en ébonite muni à ses deux extrémités de spires auxquels se vissent des couvercles, dont l'un porte une électrode de zinc, celui dans le voisinage duquel se trouve le cylindre de charbon creux qui couvre la paroi intérieure *(fig. 57)*.

Le liquide contenu dans l'élément est calculé pour ne réunir le charbon et le zinc, que lorsque l'élément est retourné.

L'élément est complètement fermé, il est également employé pour faire fonctionner des appareils médicaux.

Élément au sulfate de plomb. — Lorsque Becquerel eut construit son élément, dont l'électrode de dérivation se composait de plomb de charbon ou de fer-blanc, Marié-Davy eut l'idée en 1860 de donner à sa pile la forme qu'a la pile Volta, en couvrant le fond d'une tasse en fer-blanc, avec du sulfate de plomb, en posant sur celle-ci une deuxième tasse de fer-blanc munie en dehors d'un fond en zinc et ainsi de suite, disposition qui a beaucoup de ressemblance avec l'élément-Thomson. Pour éviter le contact direct du zinc et du sulfate de plomb, chaque tasse était munie de deux anses en fer et se trouvait suspendue à deux barres de bois placées debout. Une pile de 40 éléments n'avait qu'une hauteur d'un mètre, ce qui demande des tasses très basses, ne pouvant contenir que peu de liquide, circonstance qui explique facilement le peu de courant, et qui conduisit à renoncer à l'emploi de cette pile.

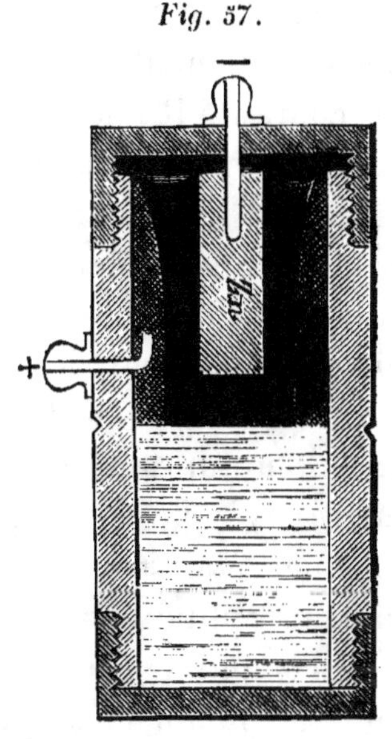

Fig. 57.

De même les expériences faites plus tard par Becquerel ne conduisirent à aucun résultat satisfaisant, et ce qui en est la cause principale, c'est que la force électromotrice de cet élément n'est que moitié de celle d'un élément Daniell. ce qui fait que pour avoir la même force de courant, il faut employer le double d'éléments, ce qui compense l'économie que présente son prix minime. Sa résistance intérieure est également assez forte, et il se polarise très facilement à cause du peu de solubilité du sulfate de plomb. si on le ferme en court circuit, ou si on le fait agir sur des électro-aimants, à faible résistance.

E. Becquerel avait essayé de supprimer le vase poreux en entourant une barre de plomb de 6 à 7 $^{m}/_{m}$ de diamètre avec un mélange de 100^{gr} de sel de cuisine; ce mélange était fixé à l'électrode avec du plâtre qui donnait au cylindre la solidité nécessaire.

Si comme A. Niaudet l'a proposé, on employait le sulfate de plomb mélangé avec du charbon de cornue, on pourrait peut-être s'attendre à un meilleur résultat, puisqu'alors la dissolution du sel serait accélérée en même temps que la résistance deviendrait plus faible. Dans l'état actuel, cet élément a entièrement perdu la position qu'il avait acquise dans le service des sonneries domestiques.

Dépolarisation par le chlore.

Partant du principe connu. que le chlore a pour l'hydrogène une plus grande affinité que pour l'oxygène puisque ces deux gaz se combinent à la lumière du jour ordinaire et qu'il y avait lieu d'attendre de cette combi-

naison un fort développement d'électricité, d'Arsonval
essaya une dissolution de chlore comme moyen dépolarisant. Mais comme celle-ci ne tarde pas à s'épuiser, il
composa un liquide contenant du chlore.

Il emploie pour cela de l'eau régale diluée en préparant le mélange suivant :

Acide nitrique . . . . 1 partie en volume
Acide muriatique. 1   —   —
Eau 2   —   —

Comme il se forme toujours de nouvelles quantités
d'acide muriatique, on peut en mettre une quantité plus
faible.

De cette manière d'Arsonval peut utiliser de l'acide
qui est devenu mauvais pour l'élément-Bunsen; il obtient
en outre une augmentation dans la force électromotrice
qui atteint $2^{volts}2$.

Élément à l'eau régale. — Un élément semblable a été
construit par le chimiste bien connu Félix Leblanc, qui
constata également ses bonnes qualités.

Bouillon a proposé d'employer dans cet élément une
électrode en argent, et il a constaté que, même après plusieurs mois de services, elle n'accuse aucune diminution
de poids.

Pour éviter le dégage ment de vapeurs désagréables, d'Arsonval a remplacé l'acide nitrique, par de l'acide chromique en mélangeant une partie en volume d'une dissolution de bichromate de potasse saturée à froid, avec un
pareil volume d'acide muriatique. Si on laisse couler ce
liquide, goutte à goutte, sur des éléments de 20 $^{c}/_{m}$ de

hauteur, qui contiennent du charbon en menus morceaux, on peut obtenir un courant de 18 ampères par élément, on évite toute polarisation et on conserve une force électromotrice de 2 volts. Comme l'acide muriatique passe au travers du vase poreux. il est inutile d'aciduler le liquide dans lequel trempe le zinc. Il faut exclure très soigneusement la présence d'acide sulfurique et l'emploi de dissolutions saturées. L'action chimique se passe ainsi :

$$2K_2Cr\,O_4 + 8HCl = Cr_2Cl_3 + 4H_2O + 2KCl + 3Cl$$

Partant du même point de vue A. Niaudet est arrivé à essayer l'emploi des hypochlorites, c'est-à-dire des combinaisons qui abandonnent très facilement leur chlore.

A. Niaudet a eu une idée très heureuse, car ces matières et surtout le chlorure de chaux peuvent se trouver partout et à très bon compte, ainsi que celui de soude, connu sous le nom d'eau de Javel, que l'on emploie beaucoup comme liquide de blanchiment. Il opéra toutefois plus spécialement sur le chlorure de chaux et construisit

L'élément au chlorure de chaux. — Une des formes principales de cet élément que nous représentons dans la *fig. 38* est disposée de la manière suivante :

Dans le vase poreux que l'on peut faire en parchemin ou pareille matière, même en amiante, on place une plaque de charbon, autour de laquelle on entasse du charbon concassé, puis une couche de chlorure de chaux, de nouveau une couche de charbon, etc. etc., jusqu'à ce qu'on arrive au bord supérieur, puis on ferme le tout avec une couche de poix. A la distance voulue et retenu par de petits bâtons en bois, ce vase poreux est entouré d'un cylindre de zinc qui trempe dans de l'eau salée, où il peut rester impunément, puisque ni ce sel, ni le chlore ne peuvent l'attaquer.

Le vase poreux ainsi que le cylindre de zinc qui y est fixé sont cimentés avec le cou du vase pour éviter

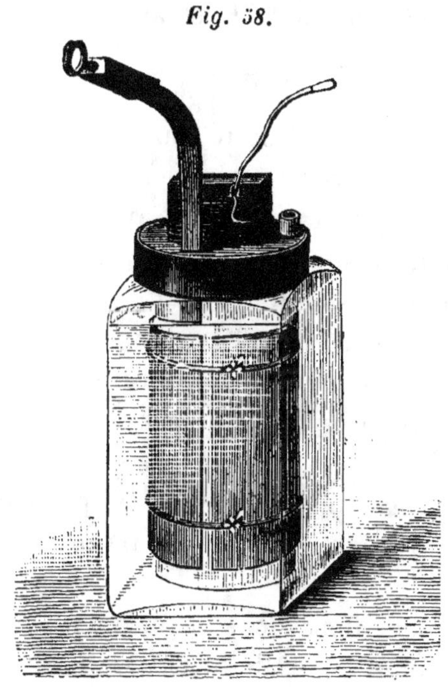

Fig. 58.

tout dégagement de chlore, et on ne laisse qu'une ouverture, pour le remplissage de l'eau salée, que l'on prépare en dissolvant dans 100 parties en poids d'eau 24 parties de sel de cuisine, proportion qui donne la plus petite résistance.

Au début la force électromotrice est $= 1.6$ D, mais

elle tombe après quelques mois à **1.48** D. Toutefois la réduction de l'hydrogène ne se fait pas complètement de sorte que la force électromotrice peut tomber à **1.38**, même à **1.13**, si l'on ferme la pile en court circuit; mais il suffit d'un court repos, pour qu'elle reprenne de nouveau sa force primitive.

La composition du chlorure de chaux est :

$CaOCl_2$ ou comme on l'admet aussi :

$CaCl_2 + Ca\,Cl_2\,O_2$.

L'on voit donc que de l'oxygène aussi bien que du Cl peuvent être mis en liberté par la formation du chlorure de calcium, corps excessivement soluble.

Depuis plusieurs années nous avons fait, sur les éléments-Niaudet, des expériences qui nous ont presque toujours donné satisfaction. Il faut prendre en considération, comme dans l'élément-Leclanché, qu'il ne peut faire que des services interrompus, mais dans ce genre d'emploi il peut être mis au moins au niveau de l'élément-Leclanché.

Il n'a point besoin de surveillance, pas même de renouvellement de liquide, puisque la dissolution ne peut pas s'évaporer.

Dans l'élément dont nous venons de parler, on emploie une matière, dans laquelle le chlore n'est que faiblement combiné, aussi la force électromotrice atteint-elle **1.6** D. Plus fixe est la combinaison du chlore, plus faible devient la force de tension utilisable et, par suite, plus petite la force électromotrice.

C'est ce qui montre pourquoi l'élément au chlorure de platine, que Daniell avait essayé, ne donne que les **2/3** de la force électromotrice d'un élément-Grove, et qu'il en est de même avec celui au chlorure d'argent construit en 1860 par Davy.

Cependant en 1868, grâce aux efforts de Warren de la Rue et de Müller, qui avaient d'abord essayé de le construire avec une bouillie de chlorure d'argent et de sel de cuisine, cet élément est arrivé à une forme convenable. Le vase extérieur qui a la forme d'un petit tube d'expérience a 13 c/m de hauteur sur un diamètre de 3 c/m, il contient un cylindre de chlorure d'argent, auquel est soudée une bande d'argent, et qui se trouve entouré d'une enveloppe de papier parchemin. Cette bande est passée plusieurs fois dans l'enveloppe et sert à la maintenir ; après avoir traversé le bouchon, qui ferme le tube préalablement rempli d'une dissolution de sel ammoniac, on la réunit avec la barre de zinc non amalgamé de l'élément voisin. On la fixe sur l'électrode de zinc, en l'enfonçant dans un trou pratiqué dans le zinc et en l'y serrant avec une pointe en forme de coin.

La paraffine est un bon isolant, elle ne prend aucune humidité puisqu'elle repousse l'eau, elle fond à basse température, et si de petites fentes viennent à se produire, il est facile de les faire disparaître en approchant une baguette de fer chauffée.

Par suite de l'emploi du sel ammoniac, l'élément ne consomme point de zinc, lorsque le courant n'est point fermé, ce qui est important, si l'on ne se sert point d'un élément pendant un certain temps, et si on veut toujours le trouver en bon état et prêt à fonctionner à la demande.

Comme la surface de l'électrode d'argent, qui ne se compose en réalité que de la bande d'argent, est très petite, et que le chlorure d'argent est mauvais conducteur, la force du courant est très faible au commencement; elle augmente par le fonctionnement et elle acquiert bientôt une grandeur qui ne change plus que très peu, ainsi que le montre le rapport qui suit de De la Rue.

Le 29 juin 1875 la pile dans le voltamètre développe par minute 1 cent. cube de gaz

—	4	juillet	—	—	—	1.4	—	—	—
—	27	octobre	—	—	—	1.4	—	—	—
—	15	mars 1876	—	—	1.45	—	—	—
—	8	avril	—	—	—	1.41	—	—	—

Warren de la Rue réunit 200 éléments sur une planche en une batterie, en plaçant 10 éléments sur une plaque de caoutchouc durci, comme le montre la *fig. 59*. Il

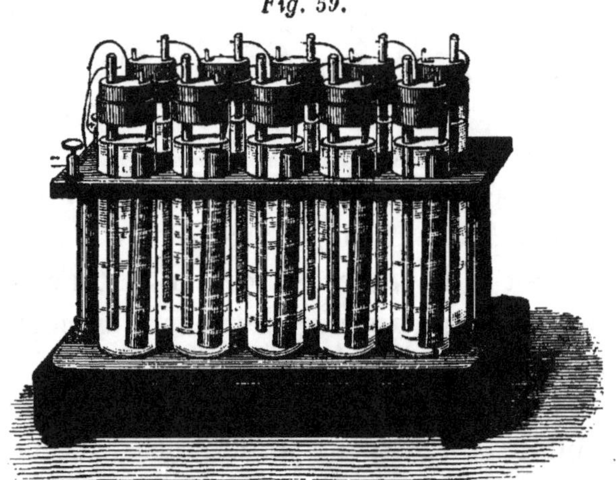

Fig. 59.

met six de ces batteries de 200 éléments dans une caisse, afin de les préserver des poussières, ou autres causes de dérangement, et est arrivé de cette manière à pouvoir employer pour ses expériences 11,000 éléments qui, grâce à leur bonne isolation, peuvent développer une telle tension électrique, qu'entre les bouts des pôles il existe un continuel dégagement d'étincelles, comme dans une machine électrique à frottement ou dans une bobine d'induction.

La force électromotrice d'un élément chargé au sel de cuisine n'est que 0.97, soit environ celle d'un élément-Daniell, mais par l'emploi du sel ammoniac elle atteint 1.03 ; la résistance s'élève à $4^{ohms}2$.

D'après du Moncel ces éléments peuvent supporter 24 heures de fermeture en court circuit, ce qui est beaucoup si l'on prend en considération le peu de solubilité du chlorure d'argent.

En même temps que De la Rue et en dehors de lui Pincus s'occupait aussi d'un élément au chlorure d'argent pour des usages médicinaux. Il place dans un petit tube d'expériences d'une longueur d'à peu près $20\ ^{c}/^{m}$ sur $2\ ^{c}/^{m}$ de largeur, un petit creuset d'argent chimiquement pur d'environ $9\ ^{c}/^{m}$ carrés de surface, rempli de chlorure d'argent non fondu, d'où part un fil de cuivre isolé qui traverse une dissolution d'acide sulfurique dilué ou de sel de cuisine qui remplit le tube jusqu'à $4\ ^{c}/^{m}$ au-dessous du bord, lequel est soudé à l'électrode de zinc amalgamé en forme de barre (également de $9\ ^{c}/^{m}$ carrés de surface) de l'élément voisin et que l'on peut descendre ou monter à volonté à travers le bouchon.

Pour généraliser l'emploi de l'élément au chlorure d'argent, il fallait avant tout supprimer le vase de verre ; c'est ce qui a lieu dans

L'élément-Gaiffe, qui se compose d'un petit cylindre de caoutchouc durci, qui porte un couvercle vissé qui se ferme hermétiquement. Les deux électrodes sont fixées au couvercle par des écrous. L'électrode négative se compose d'un petit creuset en cuivre qui contient du chlorure d'argent fondu et enveloppé dans de la toile. Des petits buttoirs de caoutchouc assurent la distance nécessaire de l'électrode de zinc, et un bracelet de caoutchouc les serre toutes deux contre ces buttoirs.

Fig. 60.

Cet élément qui contient du liquide ne peut pas être retourné, puisque lorsque le couvercle èst mouillé il se produit aussitôt une fermeture.

Pour éviter cet inconvénient, Gaiffe, dans un autre élément, remplace le liquide par des couches de 6 à 8 feuilles de papier à filtre trempées dans une dissolution de chlorure de zinc à 5 0/0.

Ces éléments sont très économiques, puisqu'ils ne s'usent que quand ils sont fermés ; il faut faire attention cependant à ce que le couvercle en dehors ne se mouille point, et lorsque le chlorure d'argent est consommé, on recueille de l'argent chimiquement pur. Des expériences faites avec du chlorure de cuivre et du chlorure de plomb, n'ont pas donné de résultats satisfaisants, cependant

L'élément au chlorure de mercure a assez répondu à notre attente. Heraud qui s'est occupé de cette disposition, place le zinc dans une dissolution de sel ammoniac, et le charbon dans un sac de toile, rempli de calomel en poudre, c'est ainsi que le chlorure de mercure est nommé en médecine.

Le choix du sel ammoniac est assez heureux, car il active la dissolution du calomel presque insoluble, en même temps qu'il est un moyen de dissolution de l'hydrate d'oxyde de zinc, insoluble autrement, qui se forme dans l'élément.

La force électromotrice, qui après quelques mois même d'un emploi minime tombe à 1.07, est assez semblable à celle de l'élément au sulfate de mercure; elle est en commençant de 1.45; la force du courant varie, ce qui provient du changement dans le pouvoir de dissolution du liquide par suite des diverses matières qui y prennent naissance. Un des principaux défauts de l'élément, c'est qu'il s'y produit du bichlorure de mercure (sublimé corrosif) qui est un poison excessivement violent.

Liebig qui songeait à construire un élément à très bon marché fournit à Buff l'occasion de produire

L'élément au chlorure de fer, qui comme l'élément-Bunsen, a une électrode de zinc et une de charbon; la première était placée dans un vase poreux contenant de l'acide sulfurique dilué, tandis que l'autre plongeait dans une dissolution épaisse de chlorure de fer neutre. Comme il se produit bientôt une grande faiblesse dans le courant, on ajoute 4 à 5 0/0 de parties en volume d'acide muriatique concentré.

On obtient de meilleurs résultats par rapport à la constance de la force de courant, en employant une dissolution de sel de cuisine saturée, au lieu d'acide sulfurique dilué. Comparé à l'élément normal de Buff (Daniell 1.021), on a pour un élément à acide nitrique d'après Bunsen, une force électromotrice de 1.8167 et pour un élément au chlorure de fer 1.3537; avec un supplément modéré d'acide muriatique et par l'emploi d'une dissolution de sel de cuisine, on peut obtenir 1.3958.

Comme nous l'avons dit plus haut, Liebig choisit le chlorure de fer, parce que l'on peut l'établir à bon compte (oxyde de fer [colcothar] et acide muriatique) et parce qu'il se forme dans l'élément du chlorure de zinc, qui donne de meilleurs résultats, comme désinfectant, que le sulfate de zinc.

En 1866, Duchemin s'est occupé du même élément; il a trouvé que la dépolarisation ne se fait qu'imparfaitement, ce qui provient des dépôts de matière non conductrice qui se forment sur le charbon et sur le zinc et qui explique facilement l'affaiblissement rapide du courant qui se produit dans cet élément, qui aurait sans cela l'avantage d'employer des matières bon marché et d'être sans odeur.

Du Moncel a trouvé pour

$$
\begin{array}{ll}
\text{L'élément-Bunsen et Grove} \ldots & 11.123 \\
\text{Élément au chlorure de fer} \ldots & 9.640 \\
\text{Élément au sulfate de mercure} \ldots & 9.198
\end{array}
$$

Nous terminerons en donnant encore quelques chiffres trouvés par Eccher.

DISSOLUTION de CHLORURE DE FER	RÉSISTANCE de L'ÉLÉMENT-BUNSEN = 1	FORCE ÉLECTROMOTRICE DE L'ÉLÉMENT-GROVE = 1	
		ZINC-PLATINE	ZINC-CHARBON
5	50	0.92300	0.89121
10	20	0.92242	0.89011
15	11.65	0.92239	0.89006
20	4.78	0.92271	0.89001
saturée	41.6	0.92457	0.89010

Un changement dans l'élément au chlorure de fer, que nous appellerons

Élément-Ponci, d'après le nom de son inventeur, consiste à remplacer l'électrode de zinc par une électrode de fer, et la dissolution de sel de cuisine par une au chlorure de fer.

Les deux liquides doivent marquer 35B.

La force électromotrice, mesurée d'après la méthode d'Ohm, est de **11,5** unités Jacobi = 0,9 Daniell, 1 Jacobi = **1/12** unité Daniell.

L'Élément-Scriwanow, que l'inventeur produisit à l'Exposition d'Électricité de Paris, et qui y provoqua une certaine sensation, se compose d'une boîte d'environ $10^c/^m$ de long sur $5^c/^m$ de haut, dont le fond est couvert par une plaque de charbon, sur laquelle est posée la composition que nous donnons plus bas, qui est mélangée avec de l'amiante.

Cette composition est faite de 10 parties de chlorure de mercure ammoniacal, préparé en faisant dissoudre de l'oxyde de mercure dans une dissolution de sel ammoniac, en ajoutant un supplément de chlorure de mercure, plus 3 parties de sel de cuisine et 1/4 de partie de chlorure d'argent.

Ce mélange est fondu ensemble, mis en poudre, puis formé en bouillie par une addition de chlorure de zinc. Comme électrode soluble, on emploie une plaque de zinc, que l'on presse contre le mélange salin, dont il est séparé par de l'amiante.

Comme cet élément ne contient pas de liquide il est

facile à transporter et peut être employé pour toutes sortes d'usage; on peut même le placer dans l'appel d'une sonnerie. A cet effet, la boîte est hermétiquement fermée et le bouton de l'appel sert à presser la plaque de zinc.

Une charge peut durer 4 à 5 semaines, et tenir une sonnerie constamment en activité, ainsi que nous nous en sommes assuré nous-même à l'Exposition.

La force électromotrice atteint 1,5 à 1,6 volts.

Dépolarisation par l'iode et le brome.

D'après Lauric (*La Lumière électrique*, IV, 1881, p. 207), un élément dans lequel le zinc amalgamé et le charbon trempent dans une dissolution d'iodure de zinc, à laquelle on a ajouté de l'iode, peut faire un bon service, si l'on prend en considération la constance du courant. La force électromotrice n'atteint qu'un volt et la résistance doit être considérable.

Si l'élément ne sert point, il faut retirer le zinc du liquide, sans quoi il se produirait une consommation inutile. Dans

L'Élément-Doat, qui lui est très semblable, dont la description a déjà été donnée en 1856 (dans les *Comptes rendus*, vol. XLII), on emploie un vase poreux dans lequel repose la plaque de charbon entourée d'une dissolution d'iodure de potassium, tandis que le vase extérieur contient du mercure, dans lequel trempe un fil de platine. La polarisation est presque entièrement évitée; par contre, la force électromotrice atteint à peine 0,6 de celle d'un élément-Daniell; mais elle peut être augmentée en ajoutant au mercure des morceaux de zinc.

Un avantage de cet élément, c'est que les matières qui s'y forment peuvent facilement être ramenées à leur état primitif.

L'iodure de mercure qui s'est formé se transforme de nouveau facilement en iodure de potassium, par une addition de potasse, et en chauffant simplement l'oxyde de mercure précipité, on le ramène de suite à l'état métallique.

McLeod place une plaque de charbon sur le fond d'un vase de verre, par-dessus laquelle vient une croix de platine amalgamé, comme dans les éléments au sulfate de cuivre sans vase poreux, qui porte une borne en haut. La conductibilité avec le charbon est établie par un fil de platine qui trempe dans un tube rempli de mercure. Le verre contient de l'iodure de zinc. Une cornue retournée remplie de chlorure de mercure monte avec son cou jusqu'au charbon, sur lequel se forme de l'iodure de mercure, qui se dissout petit à petit dans l'iodure de zinc sans former de dépôt sur le charbon. Sitôt qu'il se forme de l'iodure de mercure, celui-ci se décompose en mercure et en iode. La force électromotrice est égale à 0,7 Daniell.

J. Regnault a (*Comptes rendus*, XLIII) remplacé l'iode par du brome et le chlore et l'iodure de potassium par du bromure et du chlorure de potassium et obtenu les résultats suivants, d'où il résulte qu'il est préférable de s'en tenir aux combinaisons du chlore avec les alcalis qui sont meilleur marché, et au chlore, bien que ce dernier ait le désavantage d'être volatil.

Force électromotrice en unités thermo-électriques.

	Iode	Brome	Chlore
Mercure.	102	161	180
Amalgame de zinc	216	280	346
Amalgame de sodium. . .	381	465	506
Amalgame de potassium .	386	471	512

Fr. Exner a fait des recherches sur des éléments composés seulement de métaux et d'iode ou de brome. Il a trouvé par exemple pour le charbon brome-magnésium, la force électromotrice $= 2,36$ Daniell ; malheureusement le magnésium se recouvre d'une couche d'une combinaison de brome qui se forme et qui finit par rendre l'attaque impossible, aussi l'élément devient-il toujours de plus en plus faible. L'élément charbon-magnésium-iode donnait $1,57$ D et une action constante. Malheureusement l'iode et le brome sont si mauvais conducteurs, qu'il n'est guère possible de penser à leur emploi pratique, sans tenir compte du prix élevé de ces matières.

Dépolarisation par le soufre.

Non seulement l'oxygène et le chlore possèdent la faculté de réduire l'hydrogène, mais le soufre produit encore le même résultat, et nous dirons quelques mots de certaines dispositions qui ont en vue ce résultat.

Une amélioration assez importante de l'élément sel-ammoniac-zinc-cuivre peut déjà s'obtenir en badigeonnant la surface de la plaque de cuivre avec du foie de soufre, qui produit une couche de sulfure de cuivre ; naturellement son action ne dure que peu de temps.

De la même manière agit le sulfure de fer qui se trouve dans les électrodes de charbon, lequel, d'après Meidinger, réuni avec le charbon, ne se dissout point dans l'acide sulfurique dilué ; mais sitôt que le courant est fermé, il se produit de l'hydrogène sur le charbon, il se sépare du soufre et il se forme du sulfate de fer, ce qui donne lieu à un dégagement d'hydrogène sulfuré.

Ainsi s'expliquent pourquoi des charbons neufs agissent si énergiquement en commençant et deviennent de plus en plus mauvais.

Meilleur en tous cas par rapport à sa durée est

L'élément-Blanc, dans lequel on emploie du souffre en poudre Un cylindre de zinc trempe comme dans l'élément-Callaud dans une dissolution de sel de cuisine, jusqu'à une certaine profondeur. Au lieu d'électrode de cuivre, une barre de plomb cuivré se trouve au milieu ; la partie inférieure est couverte de soufre en poudre, placé dans le fond du vase, pendant que l'autre partie porte une couverture isolée.

Semblable à cette disposition est

L'élément-Savary (*Comptes rendus* LXVI, 1868), dans lequel on emploie un vase poreux, qui contient une électrode de charbon, autour de laquelle s'enroule un fil de cuivre en quelques spirales.

Le zinc plonge dans de l'eau salée, et le vase poreux contient du soufre. Cet élément doit pouvoir remplacer complètement un élément-Daniell.

Éléments composés de deux liquides et un métal, qui sert de dérivation.

Jusqu'ici nous avons toujours eu à faire avec une production de courant obtenue par l'oxydation d'un métal ou la réduction d'un oxyde.

On comprend de soi-même que l'action chimique de deux liquides l'un sur l'autre doit également donner lieu à un développement d'électricité.

Déjà en 1823 Becquerel avait trouvé des dispositions de ce genre, qui se composaient d'un vase qui, à côté de la bande de dérivation de platine, contenait comme liquide de la potasse caustique et un tube en verre fermé par un bouchon d'argile et rempli d'acide nitrique dans lequel trempait la deuxième bande de dérivation.

Cette pile présente la particularité de développer de l'oxygène au pôle positif, qui est formé par la bande de dérivation, qui trempe dans la solution caustique. Les actions chimiques s'y passent comme suit :

L'acide nitrique se réunit avec la solution de potasse pour former du nitrate de potasse en produisant de l'eau, mais en même temps l'eau est décomposée par le courant, qui oxyde l'hydrogène au moyen de l'acide, pendant que l'oxygène se dégage.

$$KOH + HNO_3 = KNO_3 + H_2O.$$

L'on pourrait être porté à croire au premier moment, que c'est la même action que celle qui se passe dans l'élément-Volta, mais ceci n'est point le cas, puisque l'énergie qui est nécessaire pour la décomposition de l'eau, est de nouveau reproduite par l'oxydation de l'hydrogène par l'acide, et que, par suite, la valeur de sa chaleur n'a pas besoin d'être retirée de celle qui correspond à la combinaison de l'acide avec la base.

Le courant que donne cette pile est énergique et constant.

Nobili a construit une pile semblable en remplissant plusieurs vases alternativement avec de l'acide nitrique et de la potasse caustique et en les réunissant par des tubes en forme d'U retourné qui étaient remplis avec ces liquides. Le premier et le dernier verre étaient seuls remplis d'une dissolution faite avec du salpêtre dans laquelle plongeait la plaque de platine; ils étaient en communication avec les autres vases, par des tubes remplis de la même dissolution.

Éléments composés d'un gaz et d'un liquide.

Grove a fait des expériences avec un appareil dont une électrode se trouvait dans un cylindre rempli d'oxygène, tandis que l'autre trempait dans du sulfate ferrique et il se forma, par la formation du sulfate ferreux, un courant; il en fut de même en employant de l'hydrogène et de l'acide nitrique, ce qui, d'après ce que nous savons, est facile à expliquer.

E. Becquerel employa aussi de l'hydrogène et du chlorure d'or.

Éléments dans lesquels il se produit un courant galvanique par la combinaison de deux gaz.

Déjà dès 1829 Grove a montré qu'il se produit un courant galvanique lorsque deux cloches de verre, en outre des électrodes en platine, contiennent du gaz oxygène et du gaz hydrogène, et lorsque les électrodes plongent dans de l'eau acidulée.

Il employa à cet usage un flacon de **Woolf** à trois tubulures, dont celle du milieu était fermée par un bouchon de verre frotté à l'émeri, tandis que les deux autres renfermaient deux tubes de verre allant jusqu'au milieu du flacon, dans lesquels passaient deux fils de platine sur lesquels étaient soudées deux bandes de même métal. Ces tubes ainsi qu'une partie du vase étaient remplis d'acide sulfurique dilué, de manière à ce que le liquide mouillât aussi les deux électrodes ; les deux gaz étaient introduits par des tubes recourbés.

Grove remplaça aussi l'oxygène et l'hydrogène par d'autres gaz, et il trouva que tous ne sont point propres à produire de l'électricité. Le chlore, l'oxyde de carbone, l'azote et le gaz d'huile, produisirent des courants ; l'azote avec l'oxygène, l'azote avec l'hydrogène ne donnèrent pas de résultat.

Il est clair, que l'on peut également réunir ces éléments en batterie.

Tous ces éléments, surtout ceux qui contiennent de l'oxygène et de l'hydrogène, ont beaucoup de ressemblance avec notre voltamètre, qui fournit un courant lorsqu'il y a eu décomposition d'eau ; nous pouvons également remplir nos deux cloches avec du gaz provenant de la décomposition de l'eau, et nous aurons ainsi un courant comme action secondaire, c'est ce qui fait que l'on appelle aussi ce genre de disposition, éléments secondaires.

ELÉMENTS SECONDAIRES

En parlant de ces éléments, dans lesquels l'hydrogène séparé est réduit par l'oxygène du peroxyde, nous devons nous rappeler une disposition de de la Rive, qui se composait d'une électrode de zinc trempant dans de l'acide sulfurique dilué, et d'un vase poreux dans lequel la bande de dérivation était entourée de peroxyde de plomb.

Nous avons dit que cette disposition fut abandonnée, parce que la dépolarisation ne se faisait qu'imparfaitement. Actuellement ces éléments trouvent cependant un usage répandu, mais on a eu soin d'augmenter la surface de l'électrode négative et d'assurer le contact intime du peroxyde, de façon à ce que l'hydrogène puisse facilement se combiner avec son oxygène.

La différence principale entre les éléments dont nous avons parlé jusqu'ici et ceux que nous allons décrire maintenant, consiste en ceci, c'est que le peroxyde n'est point massé autour de l'électrode négative et fabriqué à part, mais est formé sur celle-ci même, au moyen du courant galvanique.

La manière dont on recouvre les électrodes négatives avec du peroxyde, permet à cet élément de fournir un courant énergique, de sorte qu'il semble sous certains rapports, que l'on a accumulé en lui de l'électricité, comme dans une bouteille de Leyde; on a appelé ces générateurs d'électri-cité, batteries de charge, accumulateurs, quelquefois aussi, éléments secondaires.

Comme nous le verrons plus tard, cette manière de juger les actions qui se passent dans ces éléments est fausse, sous ce rapport, que l'électricité n'y est point accumulée, mais qu'il s'y produit une force chimique, qui se change au même instant en électricité.

La grande ressemblance que ces éléments ont avec le voltamètre, dans lequel de l'eau a été décomposée en ses deux parties, oxygène et hydrogène, par le courant galvanique, leur a fait donner également le nom d'élé-ments de polarisation.

Nous ne voulons point discuter ici quelle est la dési-gnation la plus juste à leur donner, et nous emploierons à l'avenir le nom d'accumulateurs, sous lequel ils sont le plus connus.

Si nous suivions l'historique de ce genre de générateur d'électricité, il faudrait que nous retournions en arrière, jusqu'aux expériences du physicien allemand Ritter et du physicien français Gautherot, qui s'occupaient déjà au commencement de notre siècle de semblables dispo-sitions.

Nous nous contenterons de commencer par l'élément-Planté, et d'indiquer tous les changements et perfection-nements dont ces éléments ont été l'objet progressivement, en les classant en différents groupes.

Nous parlerons d'abord des accumulateurs dont l'énergie repose principalement dans la couche de peroxyde, et nous les partagerons en ceux qui ont deux métaux différents et ceux qui ne contiennent que des plaques de plomb. Nous commençons par les derniers, bien que, d'après la marche de l'apparition de ces éléments, nous dussions commencer par ceux qui contiennent une électrode de zinc.

Nous procédons ainsi, parce que l'élément-Planté a déjà été l'objet d'expériences et de recherches nombreuses concernant les actions chimiques qui s'y passent, et que dans la description des autres éléments, nous nous rapporterons autant que possible à ce que nous aurons déjà dit sur l'élément-Planté.

Accumulateur-Planté. — Bien que Sinstedten ait déjà, en 1854, chargé des plaques de plomb, pour en faire des éléments secondaires, au moyen d'une machine magnéto-électrique, cela ne peut diminuer en rien le mérite de Planté, qui, en 1859, fit voir les qualités particulières de ce métal pour accumuler de l'oxygène et d'autant moins que c'est ce physicien qui donna le premier une forme convenable à cet élément, dont il a fait une étude particulière.

Comme la plaque de zinc et celle de cuivre dans le calorimoteur de Hare, les deux plaques de plomb, d'une épaisseur d'environ 1 à $1^m/^m5$ sont enroulées en forme de spirale *(fig. 61)*, de sorte que presque partout les deux côtés sont utilisés, ce qui donne à l'élément une très grande surface. En préparant les plaques, il est bon d'avoir la précaution d'y découper en même temps la bande de dérivation, car les soudures se détruisent facilement.

Avant d'enrouler les plaques, on les pose l'une sur l'autre de manière à ce qu'une bande polaire se trouve à droite et l'autre à gauche, ce qui fait que le courant entre par l'intérieur du cylindre et sort en en faisant le tour.

Pour maintenir entre les plaques un écartement convenable, on place des bandes de caoutchouc à peu près d'un 1/2 $^{c/m}$ d'épaisseur, en s'arrangeant de façon à ce

Fig. 61.

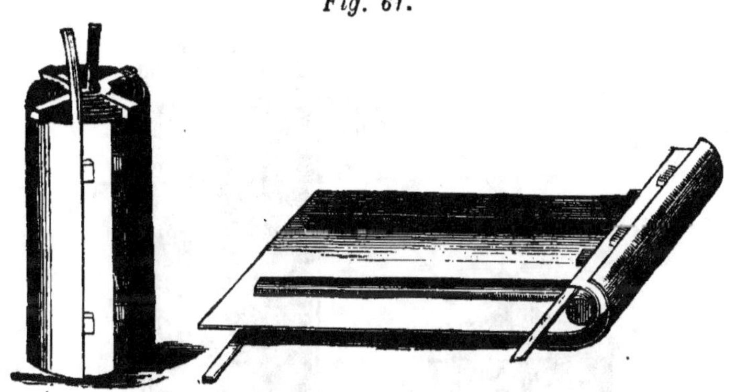

qu'il y ait des passages pour faciliter le dégagement des gaz.

Le cylindre ainsi préparé est introduit dans un vase en verre ou en gutta-percha qui contient de l'acide sulfurique dilué, et le vase est fermé en ne laissant que deux petites ouvertures, qui servent au remplissage et à la sortie des gaz.

Pour le chargement, ou, pour mieux dire, pour former le peroxyde de plomb, deux éléments-Bunsen ou trois éléments-Daniell suffisent, et leur action donne lieu sur la plaque réunie avec le pôle positif à la formation progressive d'un revêtement brun, tandis que l'autre prend une surface grise et grenue correspondant à du plomb pur.

Dès qu'il se produit des bulles de gaz sur l'électrode brune, on peut cesser l'action du courant.

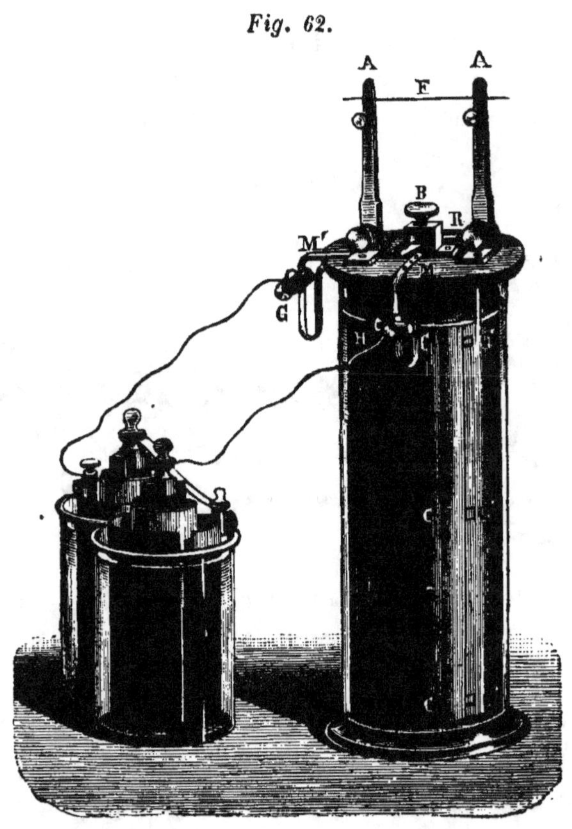

Fig. 62.

Selon la grandeur des plaques, un élément chargé fait rougir un fil de platine plus ou moins épais, ce qui s'explique facilement, puisque la force du courant dépend de la force électromotrice, qui atteint 1 fois 1/2 celle d'un élément-Bunsen et de la résistance qui, par suite du peu

d'écartement entre les électrodes et de leur grande surface, est excessivement petite.

Les plus grands éléments ont une surface de 40 décimètres carrés, les plus petits de 8 décimètres carrés.

Le couvercle qui forme les éléments porte deux bornes
entre lesquelles sont tendus des fils de platine. La bande
de métal M′ conduit d'une des bornes à une plaque de
plomb et les éléments-Bunsen, tandis qu'une deuxième
bande, placée sur l'autre borne, n'entre en communication
avec l'autre électrode, que lorsqu'on fait agir la vis B.
Dans le fil de platine circule alors le courant des éléments-Bunsen et celui de l'élément-Planté, puisque tous
les deux sont réunis en quantité.

Actions chimiques de l'élément-Planté.

Si l'on observe les plaques de plomb d'un élément-Planté, nouvellement monté, plongées dans de l'acide sulfurique dilué et traversées par le courant provenant d'au
moins 3 éléments-Daniell, ou 2 Bunsen, on remarque les
phénomènes suivants.

Charge-t-on un élément qui a déjà souvent été employé,
le courant circule pendant un moment, sans que l'on
remarque rien de particulier en dehors de quelques bulles
de gaz ; mais si l'influence du courant dure quelque temps,
le dégagement de gaz devient abondant. C'est à ce moment
que le chargement doit cesser, car l'expérience nous apprend, et d'après l'explication que nous allons en donner,
cela est facile à comprendre, qu'il serait inutile de continuer.

Mais si l'on prend un élément neuf, n'ayant pas encore servi, il se produit un fort dégagement de gaz presque aussitôt après l'introduction du courant.

Si nous laissons reposer l'élément quelque temps, ou si nous le fermons par un fil, afin que la décharge se produise, et si nous recommençons alors à introduire le courant, nous remarquons que le dégagement de gaz se fait attendre plus longtemps que la première fois. Lorsqu'on a répété cette opération plusieurs fois, et si l'on démonte l'élément avant de le décharger, on trouve que la plaque de plomb qui était en communication avec le pôle positif de la pile, est couverte d'une couche brune, tandis que l'autre montre une surface de métal pur. Si l'élément avait été déchargé, on aurait trouvé les plaques de plomb dans un état assez semblable l'une à l'autre, peut-être même dans l'état opposé. Nous pouvons nous figurer la marche de la formation du peroxyde de plomb de deux manières, ou bien il se forme de suite du peroxyde, ou d'abord du sulfate :

$$Pbx + 2H_2SO_4 + Pby = Pb\,(x - 1) + PbO_2$$
$$+ 2SO_4 + 2H_2 + Pby \qquad .$$
$$2SO_3 + 2H_2O = 2H_2SO_4$$

ou

$$Pbx + 2H_2SO_4 + Pby = Pb(x - 1) + PbSO_4$$
$$+ H_2 + Pby,$$

d'où il résulte :

$$Pb(x - 1) + PbSO_4 + H_2SO_4 + Pby = Pb(x - 1)$$
$$+ PbO_2 + 2SO_3 + H_2 + Pby$$
$$\overline{2SO_3 + 2H_2O} = 2H_2SO_4.$$

On pourrait s'expliquer l'action par une simple décomposition de l'eau, mais il est démontré que deux plaques de plomb ne reçoivent dans de l'eau pure qu'une couche d'oxyde hydraté et non de peroxyde, qui ne se produit que si l'on y ajoute de l'acide sulfurique.

Lorsqu'un élément chargé est abandonné à lui-même, on observe que la couverture brune perd peu à peu de sa couleur, le brun fait place au jaune. Ce changement s'explique, parce que le peroxyde se décompose en partie, et qu'il se forme du sulfate de plomb qui vient se mélanger avec lui.

Le sulfate de plomb qui se forme agit encore utilement, lorsqu'il se change par la réduction qui suit en un plomb spongieux ou finement divisé, action qui se passe réellement, si comme l'indique Planté, on change alternativement la direction des courants lorsqu'on commence à former l'élément.

D'après Planté l'on doit charger et décharger un nouvel élément le premier jour 6 ou 8 fois et faire passer le courant d'abord un quart d'heure, plus tard une heure entière. Le jour suivant on charge en sens contraire pendant 2 heures, après avoir laissé l'élément chargé pendant la nuit et ne l'avoir déchargé que le matin.

L'élément déchargé est alors de nouveau chargé en sens contraire, c'est-à-dire comme la veille, et laissé en repos pendant 8 jours, temps pendant lequel il s'améliore considérablement.

Le sulfate de plomb joue un rôle important dans les éléments secondaires, puisque par suite de son insolubilité, il préserve, pendant les moments de repos, le peroxyde d'une rapide décomposition. (D'après Planté, le peroxyde peut durer 4 semaines.)

Ce délai écoulé, l'élément est de nouveau chargé dans le même sens pendant quelques heures, après quoi on le laisse 15 jours en repos. En continuant de la sorte, il devient toujours meilleur.

C'est aussi le sulfate de plomb qui, par suite de l'oxygène électrolytique, se change en peroxyde, tandis que celui qui se forme sur l'électrode positive donne lieu à la formation de plomb spongieux et même souvent grenu.

L'on pourrait croire que pour former du peroxyde un simple dégagement d'oxygène pourrait suffire, et qu'en faisant passer le courant dans le même sens, suffisamment longtemps, il se formerait à volonté une couche épaisse de peroxyde; mais ce n'est point le cas, car le peroxyde qui se forme couvre la plaque de plomb et oppose une résistance à une action plus étendue de l'oxygène. Ceci nous explique très clairement pourquoi les temps de repos pendant lesquels il se forme du sulfate de plomb sont nécessaires à une bonne formation.

Jusqu'ici nous avons parlé principalement des actions qui ont lieu sur l'électrode négative. Le peroxyde qui s'y forme agit cependant aussi sur l'électrode positive, puisqu'il contribue à la formation de l'oxyde de plomb, et comme les électrodes plongent dans l'acide sulfurique dilué, à la formation de sulfate de plomb,

$$Pb_2O_2 + H_2SO_4 + H_2SO_4 + Pb = PbO + H_2O + H_2SO_4 + PbSO_4,$$

d'où se produit ensuite :

$$PbSO_4 + H_2O + H_2O + PbSO_4.$$

Cette action, malgré la très grande proximité de la plaque de plomb, sur laquelle se trouve le peroxyde, peut également s'expliquer par la couverture protectrice de sulfate de plomb.

Les actions que nous venons d'indiquer peuvent s'ap-

pliquer également dans leur entier à l'électrode négative
et Aron lui attribue la progression qui s'opère à la surface du plomb, car le peroxyde et le plomb forment deux
sulfates de plomb, qui se transforment, à l'opération suivante, en deux peroxydes, etc.

Si le sulfate de plomb n'exerçait point une influence
protectrice, et que tout le peroxyde de plomb se décom-
posât avec le plomb de l'électrode négative, celle-ci serait,
il est facile de le comprendre, rapidement détruite après
quelques charges. Ceci fait voir de nouveau combien a été
heureuse l'idée de Planté de choisir pour ces sortes d'éléments le plomb, qui donne lieu à la formation d'un sel
insoluble, actif et protecteur en même temps.

Nous savons maintenant pourquoi ces éléments deviennent d'autant meilleurs que l'on s'en sert plus souvent, et
pourquoi au commencement de la formation le changement
de courant est favorable. Plus tard, cependant, il ne doit
plus avoir lieu, car il faudrait alors réduire le peroxyde de
plomb qui reste sur une des électrodes, ce qui amènerait
une perte inutile de courant. Ayant ainsi donné, comme
nous l'espérons, une description claire des actions chimiques qui se passent dans l'élément-Planté, nous dirons
quelques mots sur leur déchargement, et nous passerons à
la description des différentes formes qui ont été données à
ces éléments.

Planté a également réuni ses éléments en batteries, qui,
dans beaucoup de circonstances, peuvent rendre de très
bons services. Très pratique est le commutateur ingénieux,
qu'il a inventé pour cet usage. Il se compose d'une barre
de bois, munie à ses extrémités d'axes qui reposent dans
des coussinets ; les bords étroits de cette barre sont cou-

verts de bandes de cuivre, avec lesquelles communiquent
des ressorts auxquels viennent aboutir les fils polaires de
20 éléments. Les fils sont donc arrangés de telle sorte que
toutes les électrodes de même nom communiquent, les
éléments sont réunis en quantité *(fig. 63)*. En outre, la
barre est munie perpendiculairement à la ligne de réunion
de deux bandes métalliques munies de pointes de métal,
qui font qu'aussitôt que le commutateur fait un tour de

Fig. 63.

90°, il s'établit une communication entre deux ressorts
placés en face, ce qui met les éléments en tension.

Si les 20 éléments sont réunis en tension, la pile remplace au commencement de la décharge une batterie d'environ 30 éléments-Bunsen de grande surface; elle porte au
rouge un long et mince fil de platine fixé entre les bornes
T et T' et peut même produire un petit arc voltaïque. Si
les éléments sont disposés en quantité, c'est-à-dire l'un à
côté de l'autre, on obtient un élément de très grande sur-

face qui porte au rouge un fil de platine gros mais court, qui est fixé entre les pinces Q et Q.

Dans cette position, la pile se charge avec deux éléments-Bunsen.

Il va de soi que l'on ne peut pas demander à la pile, lorsqu'elle n'a reçu que la charge de deux éléments-Bunsen, pendant 5 minutes, de fournir, disposée en tension, un courant de 30 éléments-Bunsen pendant le même temps, puisque nous savons que le travail chimique accumulé ne peut être équivalent qu'au courant utilisé et au zinc dissous. Sans tenir compte des autres pertes, la pile ne pourrait donc livrer qu'un courant de 5/15 minutes par élément, comme était le courant du chargement, mais ce résultat n'est même pas obtenu. Ceci est facile à expliquer, si nous nous rappelons les actions chimiques qui se produisent dans les éléments. Des expériences faites avec soin par Planté ont montré que l'on peut obtenir 9/10 du travail employé à la charge et qu'il ne se perd que 1/10.

Pour qu'il n'y ait pas de malentendu, nous ajouterons que la durée de la décharge peut être de 5 minutes et même plus longtemps, si la résistance de la fermeture est plus grande, parce que l'électricité s'écoule plus lentement.

Un élément qui ne peut faire rougir un fil épais de platine que pendant quelques minutes, est capable de tenir au blanc pendant une heure entière un fil de platine qui n'aurait que 2/10 de millimètre de diamètre.

La durée de la décharge est donc directement proportionnelle à l'épaisseur de la couche de peroxyde de plomb, par suite dans une certaine mesure à la durée de la charge et de la grandeur des plaques, enfin à la résistance qu'offre le conducteur qui ferme le circuit.

Nous voulons ici citer l'exemple que Planté a donné lui-même dans son ouvrage. *(Recherches sur l'électricité,* 1879, p. 66.)

Ainsi que d'un large vase, contenant une grande quantité de liquide, sur une petite hauteur, le liquide s'écoulera pendant longtemps sous une pression entièrement uniforme, si l'ouverture d'écoulement est petite, et si l'on ferme la sortie du liquide aussitôt que la surface de l'eau aura atteint le point d'ouverture de l'écoulement, de même un élément secondaire de grande surface, qui est fermé par un fil long et mince, n'accuse une diminution de force, soit par une teinte plus faible dans le ouge incandescent, soit par une déviation de l'aiguille magnétique, que lorsqu'il est entièrement consommé.

Un fil de platine mince reste longtemps à la même in candescence, et dès que la diminution commence, il cesse subitement de rougir.

Avant de passer à l'emploi pratique de l'élément-Planté, nous mentionnerons encore quelques observations particulières que l'on peut faire sur des éléments-Planté déchargés, surtout si la décharge a été rapide.

Ainsi lorsqu'un élément déchargé rapidement est livré à lui-même, en circuit ouvert, pendant quelque temps, il reprend à nouveau la faculté de fournir un courant pour quelque temps, et même ce nouveau courant consommé, on peut encore une fois, faire la même observation.

Planté explique ceci en admettant qu'il se fait une polarisation de l'élément assez forte pour surpasser la force de l'élément affaibli, mais qu'avec un peu de repos, le courant primitif reparaît de nouveau, parce que l'élément s'est dépolarisé.

Après la description que nous venons de donner des actions chimiques qui se passent dans l'élément-Planté, nous pouvons nous expliquer ce phénomène de la manière suivante. Si la décharge est très rapide, il peut arriver qu'il se produise une décomposition de l'eau, et qu'il se dégage par suite de l'oxygène sur la plaque de plomb, de l'hydrogène sur la plaque de peroxyde de plomb, réduisant d'un côté le sulfate de plomb déjà formé et suroxydant, de l'autre l'oxyde de plomb.

Comme lorsque le courant cesse, on doit s'attendre à trouver les deux plaques couvertes de sulfate de plomb et d'oxyde de plomb, il se formera donc sur une plaque du peroxyde de plomb, et sur l'autre du plomb, jusqu'à ce que le courant finisse. Mais les quantités ainsi formées ne peuvent être que minimes et elles n'agissent que par suite de leur présence à la surface extérieure; les temps de repos leur donnent le temps de se transformer de nouveau avec les matières qui se trouvent au-dessous d'elles, ce qui fait que l'élément est de nouveau capable de fournir du courant.

$$Pb OO + H_2SO_4 + H_2SO_4 + H_2O + Pb =$$
$$PbSO_4 + H_2O + H_2SO_4 + PbO_2.$$

Bien que ces éléments ne puissent fournir que des courants de courte durée, ils ont cependant déjà trouvé différentes applications.

Les grands modèles ont d'abord servi à l'enflammation simultanée de cartouches contenant de minces fils de platine ($5\,^m/_m$). Ils sont particulièrement propres pour le service des mines, où le montage de grandes batteries est difficile, long et coûteux, et où on ne se sert d'électricité que quelques moments par jour; ils peuvent être utilisés.

même sur des conduites de 900 mètres de longueur et de 3 $^{m}/_{m}$ de diamètre.

Dans son *Traité élémentaire de la pile électrique*, Niaudet a proposé de l'employer à faire des signaux par exemple sur des navires, en chargeant une grande batterie avec une machine magnéto-électrique, et en la déchargeant après quelques instants, en faisant passer le courant entre des pointes de charbon, formant ainsi un arc voltaïque, de courte durée, mais très puissant.

Cet élément a été utilisé par Trouvé pour éclairer les cavités du corps humain, et il l'a employé également à faire rougir les fers des galvano-cautères.

On en a fait aussi des briquets électriques, sous le nom de « Briquet de Saturne » qui se composent d'un petit élément-Planté chargé au moyen de 3 éléments-Daniell et qui peut allumer une bougie une centaine de fois. Achard s'est servi de 3 éléments-Planté, tenus constamment en charge par 12 éléments-Daniell, pour son frein électrique, et il a obtenu des résultats très satisfaisants.

L'emploi de la pile-Planté est très commode pour les cabinets de physique, qui n'avaient jusqu'alors que les éléments-Bunsen à leur disposition, lesquels, lorsque l'on a besoin d'une action énergique, demandent une installation considérable, dégagent des vapeurs acides et constituent une dépense inutile d'électricité facile à comprendre, par suite de la grande quantité de matières que l'on met en jeu, pour une expérience qui ne dure que quelque temps, tandis qu'avec la pile-Planté, il ne faut que deux éléments-Bunsen, tout en permettant de faire des expériences, pour lesquelles un nombre 20 fois plus fort serait à peine suffisant. Planté lui-même a réuni plus de 800 éléments dans son laboratoire, qui correspondent à 1,200 éléments-Bunsen; il a également par l'emploi d'un condensateur, disposé d'une manière particulière, fait les expériences les plus remarquables (par exemple, rongé le verre par l'étincelle électrique), dont il donne les détails dans son ouvrage : *Recherches sur l'électricité*, Paris 1879.

Modifications de l'élément-Planté.

Nous donnons dans les lignes qui suivent quelques détails sur les perfectionnements, qui ont été apportés à l'élément-Planté, et qui ont tous pour but de produire une surface de plomb aussi grande que possible sous le volume et le poids le plus réduit. Certaines de ces modifications ont déjà donné des résultats importants. N'apporteront-elles aucun préjudice à la durée des éléments ? C'est ce qu'un plus long usage permettra d'apprécier.

L'accumulateur de Méritens (Lumière électrique, 1881, 28 septembre, n° 52, p. 415) est composé de plaques de $5^c/^m$ d'épaisseur, sur $9^c/^m$ de largeur et $10^c/^m$ de hauteur, qui sont arrangées de façon à former deux plaques de plomb d'une épaisseur de $2^m/^m$, en forme d'U, qui constituent une série de casiers horizontaux dont chacun est rempli avec des feuilles de plomb mince $(0^m/^m2)$.

Pour donner de la fermeté à ce châssis, on réunit tous les côtés étroits perpendiculairement, en soudant ensemble les bords des plaques.

A l'Exposition d'Électricité de Paris, on pouvait voir des caisses dans lesquelles plongeaient deux de ces plaques

17

à une distance de $5^{m}/^{m}$, dont chacune pesait 1^{k}. La *figure 64* en donne un aperçu. La Société universelle d'Électricité Tommasi, à Paris, établit le châssis en plomb fondu,

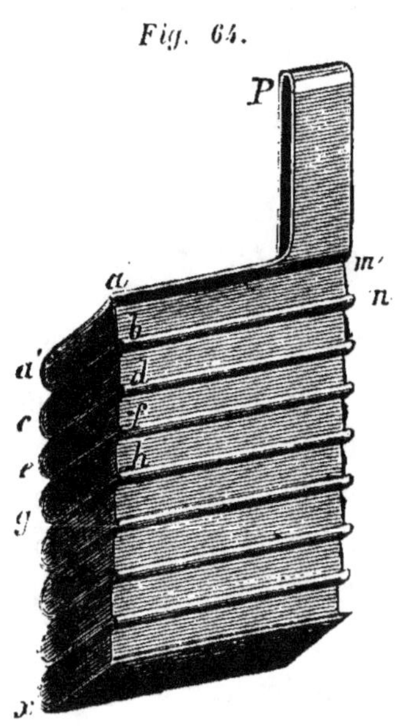

Fig. 64.

et les casiers sont posés en l'air sous un angle d'à peu près 35°, afin que les gaz puissent se dégager plus facilement. La paroi de derrière a $2^{m}/^{m}$ d'épaisseur et la plaque entière, lorsque les feuilles de plomb de $0^{m}/^{m}1$ sont posées dans les casiers, est de $3^{c}/^{m}5$ d'épaisseur; elles sont placées à une distance de $2^{c}/^{m}$, dans une boîte en caoutchouc durci et séparées l'une de l'autre par des blocs de même matière.

Accumulateur-Pezzer. — Pezzer ayant observé que l'on peut emmagasiner plus de travail dans un accumulateur dont l'électrode négative est double plus grande que la positive, construisit sur ces données, avec le concours de Carpentier, une batterie secondaire. (*La Lumière électrique,* 14 décembre 1881, n° 74, p. 379.) Des bandes de plomb de la longueur de 1/2 mètre sur 10 et $15^{c}/^{m}$ de large et $0,25$ et $0^{m}/^{m}5$ d'épaisseur, sont ondulées par le moyen d'une machine à plisser, de façon à ce que les plis se forment sous un angle de 45° dans la direction de la longueur des bandes.

Après avoir disposé convenablement une quantité suffisante de ces bandes, on soude ensemble leurs bouts libres,

et les plaques ainsi formées sont placées des deux côtés
d'un vase poreux, qui contient lui-même une plaque
semblable.

D'après leurs expériences, le vase poreux n'augmente
pas d'une manière sensible la résistance, tout en offrant
l'avantage d'empêcher, mieux que le feutre, l'amiante et
autres genres d'enveloppes, la fermeture en court circuit
des plaques entre elles, par suite des parcelles qui peuvent s'en détacher. Comme on le voit dans la *figure 66,*

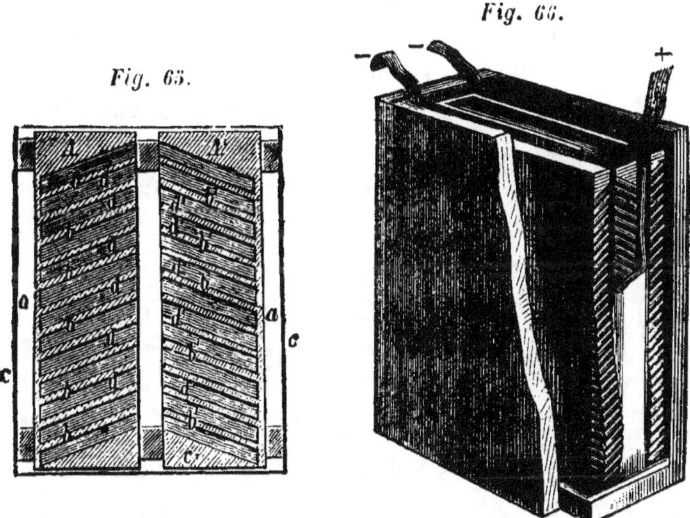

cette disposition prouve par elle-même, que la surface de
l'électrode négative l'emporte de beaucoup.

Sellon et Volckmar (*Scientific American,* 13 mai 1882.
La Lumière électrique, vol. VI, n° 25, p. 585) se servent
de plaques de plomb perforées, ondulées, à peu près de
4^m/^m d'épaisseur, 50^c/^m de longueur et 38^c/^m de largeur.
Les ouvertures ont une largeur de 2^c/^m5 et sont remplies

d'éponge de plomb. Comme les trous ne sont qu'à $2^{m}/^{m}$ de distance l'un de l'autre. la plaque ne forme pour ainsi dire que le support de l'éponge de plomb poreux. Les plaques sont placées dans une caisse en bois, large de $18^{c}/^{m}$, réunies en 12 éléments et séparées par des barres de bois. Un élément semblable pèse environ 180^{k}; il doit donner la force de 5 chevaux ou 200 ampères pendant une heure et 33 sont en mesure de faire marcher pendant 7 heures, 201 lampes à incandescence de Lane Fox (20 bougies). *(Rapport de l'Exposition d'Électricité de Londres.)*

Changy enfin cherche à réduire le poids autant que possible pour une plus grande surface, en plaçant dans un vase de plomb un vase poreux rempli extérieurement et intérieurement de morceaux de plomb, obtenus en versant du plomb à l'état de fusion sur une surface refroidie.

Accumulateur-Kabath (L'Électricien). — Cet élément qui est construit en trois grandeurs paraît être le plus perfectionné.

Le plus petit modèle pèse 6^{k}; le plus grand 26^{k}. Ils se composent de plaques de plomb très minces, droites et ondulées de $0^{m}/^{m}1$, par couches alternatives, qui sont retenues ensemble par une enveloppe plus forte, faite avec une feuille de plomb perforée *(fig. 67)*.

Les plaques ainsi formées, larges de 8 à $9^{c}/^{m}$ contiennent 80 à 100 feuilles de plomb mince; on les met aussi bien couchées que debout dans des caisses en ébonite qui contiennent *(fig. 67)* 12 plaques longues de $40^{c}/^{m}$; larges de $8^{c}/^{m}5$ et épaisses de $1^{c}/^{m}$, elles pèsent avec le liquide 35^{kg}. Les petites piles de laboratoire sont mises dans des vases de verre et se composent de six plaques étroites. La forme basse contient dix plaques et ne pèse que 25^{kg}. Les plaques sont retenues à leurs extrémités par des isolateurs.

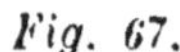

Fig. 67.

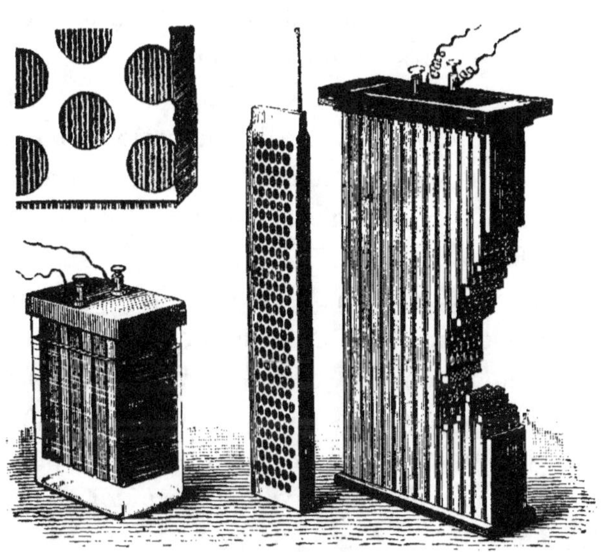

Élément-Faure. — C'est à Camille Faure que revient le mérite d'avoir donné la première impulsion à un perfectionnement sérieux de l'élément-Planté, et lui avoir ainsi ouvert le chemin des applications pratiques. Il n'y a que trois années que la nouvelle d'un élément secondaire perfectionné a pénétré dans le public, et nous avons déjà une série précieuse de perfectionnements les plus divers de l'élément-Planté.

L'élément secondaire trouve aujourd'hui des emplois dont on ne se doutait pas autrefois, et s'il n'est pas encore possible, comme quelques enthousiastes le pensaient dans leur première expansion de joie et en répandaient la nouvelle dans les journaux, d'acheter l'électricité dans des boîtes, comme on achète de la pommade, et de s'en servir pour éclairer sa maison pendant une semaine, les accumulateurs ont cependant, malgré leur poids, conquis déjà pas mal de terrain; nous apprendrons plus tard à connaître quelques-uns de leurs emplois principaux.

Autant il est absurde de glorifier outre mesure une invention nouvelle, autant il est peu raisonnable, comme le font plusieurs désillusionnés, de parler de fraude, et de dire que l'élément-Faure n'est après tout qu'un élément-Planté bien formé.

Il n'est encore nullement prouvé, qu'un élément-Planté ordinaire puisse être rendu aussi actif qu'un élément-Faure, et le seul élément dont la bonne formation dépassait les autres, ainsi que l'avoue Planté lui-même, a dû être mis de côté, parce qu'il n'était pas possible de l'employer plus longtemps — et combien avait dû coûter à former un pareil élément?

Après cette courte digression nous reviendrons à la description de l'élément même.

Dans le perfectionnement de l'élément-Planté, Faure avait en vue autant d'augmenter l'épaisseur de la couche de peroxyde de plomb, que de diminuer la durée du temps nécessaire à la formation, dans les conditions ordinaires.

Il atteignit ce but en couvrant les plaques de plomb d'une matière contenant déjà de l'oxygène et eut la main heureuse en choisissant le minium qui est considéré comme une combinaison de peroxyde $Pb . O_2$ et d'oxyde de plomb PbO et qui a pour formule $Pb_2 O_3$.

Avant de décrire les actions chimiques, nous parlerons

de la manière dont on fabrique de telles plaques, qui comme chez Planté, doivent être enroulées ou placées l'une contre l'autre, et dont une doit, dans le premier cas, avoir une longueur supérieure à l'autre, si l'on ne veut pas employer inutilement une assez grande quantité de plomb.

On emploie celle qui a la plus grande surface comme électrode négative ; elles sont également plus fortes, $1^{m}/^{m}$ contre $1^{m}/^{m}5$.

Lorsque les bandes sont coupées à peu près de la longueur de 40 à 60 $^{c}/^{m}$ avec une hauteur de $20^{c}/^{m}$ et comme nous l'avons expliqué pour l'élément-Planté, de façon à laisser une bande de dérivation, l'on commence par appliquer dessus du minium délayé dans de l'acide sulfurique dilué. On en met 800^{gr} sur une plaque et 700^{gr} sur l'autre.

Nous verrons que, d'après de nouvelles expériences, il est préférable d'en mettre même le double sur une des plaques. Lorsque le minium est appliqué, on le couvre avec une feuille de papier parchemin et on enveloppe le tout dans du feutre ; après quoi on applique la deuxième plaque et les deux sont enroulées ensembles, mais de sorte qu'il reste un espace suffisant entre elles pour que les gaz puissent s'échapper.

On peut également supprimer complètement le papier parchemin et couvrir de minium le plomb ainsi que le feutre ou la flanelle du côté où on l'applique sur le plomb.

Le cylindre ainsi construit est placé dans un vase en plomb, qui peut également être employé comme électrode, ou dans un vase en grès ; les vases en faïence vernissée doivent être évités, car le vernis est bientôt détruit, et le vase laisse passer l'acide.

E. Reynier, qui s'est occupé de la construction de ces

éléments, emploie des vases de verre comme le montre la
figure 68 ; il a également supprimé l'emploi du feutre qui est
bientôt détruit, et il se sert d'un tissu de laine pour enve-
lopper les plaques de plomb.

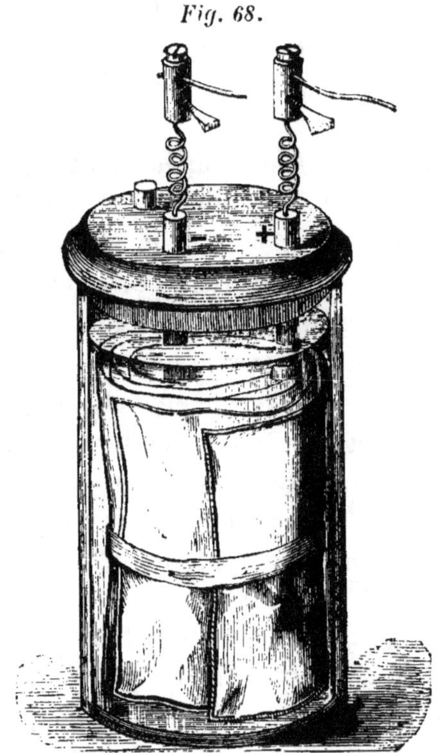

Fig. 68.

L'emploi de vases transparents offre l'avantage de pouvoir surveiller la situation de l'élément et de voir s'il se
maintient en bon état.

Si, par exemple, une communication métallique s'établit
entre les deux plaques par suite de la chute de parcelles
de plomb, elle se reconnaît au dégagement abondant de
bulles de gaz, qui montent à la surface, lorsqu'après avoir

chargé l'élément on l'abandonne au repos; pendant le chargement, le dégagement des bulles de gaz oxygène à l'électrode négative montre également que l'on doit arrêter le courant.

Actions chimiques de l'élément-Faure.

Dès que les plaques couvertes de minium sont trempées dans l'acide sulfurique dilué, l'action suivante se produit :

$$Pb_3 O_4 + 2H_2 SO_4 = Pb O_2 + 2Pb SO_4 + 2H_2O.$$

Cette action ne peut cependant pas s'étendre en profondeur, puisque ces matières sont insolubles.

S'il ne fallait former que du peroxyde, 2 molécules d'acide sulfurique suffiraient comme nous le montre l'équation plus haut. Mais une réduction doit également avoir lieu et celle-ci n'a que 4 hydrogène à sa disposition. Si nous admettons 2 sulfate de plomb, qui proviennent de 1 minium, nous avons alors :

$$2Pb SO_4 + 2H_2 O + 2H_2 O = 2Pb O_2 + 2H_2 SO_4 + H_4.$$

Mais un minium sur l'autre plaque exige en même temps 8 hydrogène, on voit donc qu'il y a lieu de garnir une des plaques avec une quantité double de minium, pour ne point avoir de pertes. On a également remarqué que la force du courant exerce une grande influence sur la quantité d'oxygène emmagasiné, sur le temps passé pour accomplir ce travail, et sur la perte qui se produit.

Une force moyenne de courant donne le meilleur résultat, c'est-à-dire la moindre perte. Il y aurait désavantage à continuer l'introduction du courant lorsque l'oxygène commence à se dégager, puisque la présence d'une certaine quantité de sulfate de plomb est utile, ainsi que nous le savons, malgré la résistance qu'elle apporte pour empêcher les actions locales. D'un autre côté, il est nécessaire que la réduction du minium se fasse complètement, aussi serait-il peut-être bon de ne pas en mettre trop. Tribe et Gladstone ont obtenu des résultats satisfaisants avec une proportion de $1 : 2$, mais il reste à se demander si cette disposition est également bonne pour la charge et pour la décharge.

Accumulateur-Schulze. — A l'Exposition d'Électricité de Munich, qui malheureusement avait été traitée en marâtre par les inventeurs d'accumulateurs, O. Schulze, ci-devant contrôleur des télégraphes à Strasbourg, attirait l'attention générale des visiteurs, par l'accumulateur qu'il présentait.

Schulze produit sur la surface du plomb les matières nécessaires, en utilisant la décomposition de la combinaison du soufre et du plomb. A cet effet, il chauffe des plaques de plomb de $0^m/^m5$ d'épaisseur, après les avoir saupoudrées de soufre et il les place à une petite distance l'une de l'autre dans de l'acide sulfurique dilué. Sitôt que le courant est introduit, il s'échappe du côté où l'hydrogène se dégage de l'hydrogène sulfuré, tandis qu'il se forme de l'autre du sulfate de plomb, qui se transforme ensuite en peroxyde.

Naturellement cette action ne se passe point d'une manière aussi nette que nous l'indiquons, et aussi longtemps qu'il reste du sulfure de plomb, le peroxyde agit sur lui, ce qui explique pourquoi cet élément, lorsqu'il n'est pas complètement formé perd 8 0/0 du chargement.

Sitôt qu'il est livré une nuit à lui-même, il ne rend

même souvent que la moitié de la charge qu'il a reçue ; 30 plaques sont réunies en un élément et sont maintenues séparées l'une de l'autre à une petite distance par des cadres en caoutchouc durci munis d'entailles.

Les plaques ont 23 $^c/_m$ de long sur 12 $^c/_m$ de large et sont placées assez près l'une de l'autre pour que la section transversale ne forme qu'un carré de 12 $^c/_m$ de côté ; un élément pèse 8^k, sans compter 1^k,5 de liquide.

Il faut 60 heures de charge avec un courant de 4 ampères sur 40 volts, ce qui correspond à un travail de 40,000 S.K.M. On en retire 15 à 20,000 S.K.M. La résistance d'un élément chargé ne dépasse pas 0,005 ohm pour atteindre au déchargement 0,015. Cette faible résistance s'explique facilement si l'on songe que la surface de l'élément est de 1^{m2},2 et que les distances entre les plaques sont très petites. Ainsi que nous l'avons vu, un fil de cuivre de 4 $^m/_m$ de diamètre fond facilement sur la fermeture en court circuit d'un élément.

Accumulateurs avec une plaque de plomb.

Depuis que l'attention des électriciens s'est dirigée sur l'élément secondaire, et que l'opinion s'est accréditée, que les accumulateurs en plomb, par suite de leur fort poids, trouveraient difficilement des applications étendues, on s'est efforcé de remplacer le plomb par d'autres matières, poussé encore dans cette voie par l'idée d'échapper aux brevets pris par Faure pour ses perfectionnements de l'élément-Planté.

Une courte réflexion montre que presque tous les éléments galvaniques sont, bien qu'à un moindre degré, capables de servir d'accumulateurs, lorsqu'on peut reconstituer par un courant électrique les matières qui servaient primitivement à les composer. Si nous nous figurons en effet un élément-Smée consommé, ne contenant plus que du zinc, du sulfate de zinc et la plaque de platine, on peut, au moyen du courant, décomposer le sulfate de zinc, déposer du zinc métallique, et remettre l'acide sulfurique en liberté ; il en serait de même pour l'élément zinc-charbon. Malheureusement ces éléments ne sont pas assez constants pour songer à les utiliser ainsi, sans compter qu'il y aurait chaque fois une perte très sensible, puisque pour dégager l'oxygène sur l'électrode négative (platine ou charbon), il faudrait 3 D, tandis qu'on n'en retirerait que 0,7. On ne pourrait donc essayer cette opération qu'avec ces électrodes entourées de matières en état de fixer l'oxygène et de le rendre de nouveau facilement. Si nous commençons en suivant la série, que nous avons prise pour les éléments galvaniques, l'élément-Leclanché vient en première ligne avec d'Arsonval et Maiche qui ont fait des expériences dans cette voie ; le dernier serait arrivé à des résultats satisfaisants, en employant des plaques agglomérées et de l'acide sulfurique dilué. Trente-cinq éléments chargés par une petite machine Gramme, et réunis en tension ont pu pendant quelque temps produire un arc voltaïque. D'Arsonval est arrivé à la persuasion que l'emploi du plomb fournit un meilleur résultat.

L'accumulateur-d'Arsonval est composé d'une électrode de charbon qui est entourée de menu charbon mélangé de grains de plomb (plomb de chasse) et d'une électrode en zinc.

Un élément contenant 1^{kg} de grains de plomb a pu actionner un moteur Deprez pendant 4 heures. La force électromotrice est de $2^{volts}1$ et l'amalgamation préserve l'électrode-zinc des pertes de charge pendant le repos. D'après d'Arsonval le plomb pourrait être remplacé par de l'argent ou du cuivre dans des liquides convenables.

Semblable à cette disposition est

L'accumulateur-Böttcher, que l'on pouvait voir à l'Exposition d'Électricité de Munich ; il se compose de fortes plaques de zinc de $0^m/^m4$, en face desquelles se trouvaient des feuilles de plomb ondulées et grainées.

Böttcher donne une valeur particulière au peu de poids de son accumulateur et assure qu'il fournit encore du courant, même après avoir servi. 24 éléments partagés en deux boîtes avaient un poids de 24^{kg}. L'avantage que nous venons d'indiquer, n'a que peu de valeur, car ces sortes d'éléments se polarisent très rapidement, par contre l'emploi du zinc augmente la force électromotrice, ce qui n'est point à dédaigner.

Chaque élément contient 300 grammes de sulfate de zinc, qui se dépose à l'état grenu, sur l'électrode positive. L'action chimique peut s'écrire comme suit :

$$Zn + ZnSO = Pb = Zn_2 + PbSO_4 \ 2Zn + ZnSO_4 + H_2O$$
$$+ PbSO_4 = 3Zn + 2H_2 SO_4 + Pb O_2 + H_2O$$

Finalement il se forme de l'acide sulfurique dilué et du peroxyde de plomb, d'où il est visible, que les éléments doivent être employés bientôt après la charge, sans quoi le zinc se dissoudrait de nouveau. Pour remédier à cet inconvénient, les éléments sont disposés de façon à pouvoir être enlevés hors du liquide. Les électrodes négatives se com-

posent de minces plaques de plomb, pliées dans la longueur
à peu près comme dans l'élément-Smée, qui sont couvertes
de litharge, et entourées de papier parchemin; elles sont
préservées du contact avec les plaques de zinc, par des
bandes de caoutchouc.

Comme nous l'avons dit plus haut, 12 éléments ne pèsent
que 23 à 24^{kg}, et correspondent à une quantité trois fois
plus grande que l'élément-Faure. On remarquait leur peu
de solidité, mais c'est un défaut auquel il serait facile de
remédier.

La résistance intérieure ne peut changer beaucoup pendant la décharge, puisqu'il y a dans l'élément, pour
commencer, de l'acide sulfurique dilué, et pour finir du
sulfate de zinc.

Accumulateur-Sutton. — En partant de l'affirmation
qu'une amalgamation de la plaque de plomb en facilite
l'oxydation, et comme le cuivre n'est point attaqué par l'acide
sulfurique dilué, Sutton a disposé un élément qui consiste
en plaques de plomb et de cuivre séparées par des bandes
de caoutchouc, et qui trempent dans une dissolution de
sulfate de cuivre. Aron confirme le premier point de vue,
et assure que l'acide sulfurique qui se sépare du sulfate
de cuivre agit plus énergiquement que l'acide ordinaire.

Pendant la charge, où l'on peut entendre un bruit particulier, qui pourrait provenir d'un changement dans la
nature des électrodes, il se forme du peroxyde et il se
dépose du cuivre.

Un élément, dont l'électrode a 10^{c}/^{m} de large sur 10^{c}/^{m}
de hauteur et qui contient un demi-litre de sulfate de
cuivre maintient au rouge pendant deux heures un fil de

platine de $0^m/^m52$ de diamètre et $10^c/^m$ de longueur. Sutton donne à ses accumulateurs la forme de la batterie Cruikshanks; elle contient **25** plaques de **1** déc. carré de surface; **2** de ces batteries chargées par **30** éléments-Bunsen, fournissent pendant longtemps un courant énergique.

L'inconvénient que le sulfate de cuivre conduit assez mal et donne facilement occasion par la séparation de cuivre, à la réunion des deux plaques, donne toutefois à réfléchir.

Le vase ne doit point contenir des cristaux de sulfate de cuivre, qui n'auraient qu'une action nuisible. — Pour éviter ces défauts différents, Swan a proposé d'employer seulement des plaques de plomb cuivrées. Sutton a également essayé de remplacer le cuivre par le zinc ou le fer, mais il a trouvé que le cuivre donnait les meilleurs résultats.

Accumulateurs sans plaques de plomb.

Houston et Thomson ont enfin voulu employer l'élément-Daniell comme accumulateur, en lui donnant une forme semblable à l'élément-Callaud ou Thomson.

Il est facile de comprendre que cet accumulateur possède les défauts de ses similaires et qu'il doit avoir une très grande surface pour n'offrir que peu de résistance; en outre, les liquides se mélangent lorsqu'il reste en repos, ce qui est un grave inconvénient, qui a été diminué dans l'élément-E. Reynier, que nous avons décrit plus haut. Malheureusement il n'est pas entièrement évité, car il se dépose du cuivre sur le papier parchemin.

Élément-d'Arsonval. — Pour arriver aux avantages de

l'élément-Reynier, d'Arsonval a construit divers éléments, dont nous prenons la description dans les expériences très instructives qu'il a publiées, sous le titre : Recherches sur les piles dans *la Lumière Électrique*, 1881. IIIe et IVe volumes.

Il plaça une électrode positive de zinc dans une dissolution de la combinaison du chlore avec ce métal et une électrode d'argent dans du nitrate d'argent, ce qui donne lieu à la formation de chlorure d'argent qui conduit assez bien, mais qui malheureusement augmente aussi la résistance et remplit les pores du vase poreux, fait qui ne se produit toutefois pas aussi longtemps que l'hydrogène se dégage par suite de l'attaque du zinc. La force électromotrice de cet élément atteint 1,5 volts. L'élément est très constant et offre l'avantage d'une facile formation en profondeur, ce qui, comme nous le savons, n'a pas lieu avec le plomb ; naturellement l'électrode est par contre rapidement détruite, si elle n'est pas faite plus forte qu'il n'est absolument nécessaire.

Très semblable à cette combinaison est celle qui se forme, si le chlorure de l'électrode soluble est remplacé par son sulfate, l'argent par le plomb, et le liquide qui l'entoure par le nitrate de ce métal.

Il se forme alors également comme plus haut un sel insoluble sur les parois du vase poreux (sulfate de plomb), mais la force électromotrice tombe à la moitié de la valeur première, à 0,75 volts.

H. Aron, qui s'est également occupé de ce sujet, a fait un élément avec du zinc dans du sulfate de zinc ou de l'acide sulfurique dilué, et du plomb dans du sucrate de plomb ; mais cet élément a le même défaut et sa résistance intérieure est très grande. La réduction se fait facilement et pendant le repos, il ne consomme réellement rien, ce qui le rend très propre à certains emplois (usages télégraphiques).

Nous pourrions encore citer les expériences de Varley, qui a employé des électrodes de charbon, de l'amalgame de zinc, de l'acide sulfurique dilué, ou de Somzee, qui s'est servi de zinc, de charbon et de sulfate de mercure, ainsi que quelques autres dispositions; malheureusement l'espace nous est trop limité pour que nous entrions dans de plus longs détails à ce sujet.

Nous terminerons cependant en citant les expériences de du Moncel, qui n'a obtenu, il est vrai, que des courants de très courte durée, en décomposant électrolytiquement du chlorure d'ammonium ou du chlorure de sodium sur du mercure, ce qui forme un amalgame d'ammonium ou de sodium. Si l'on emploie le mercure comme électrode positive il se forme aussi de l'oxyde de mercure; mais le courant est alors d'une durée encore plus courte.

On a également proposé le palladium comme électrode positive, qui a la faculté de retenir beaucoup d'hydrogène, malheureusement cette matière est d'un prix trop élevé. Enfin nous pourrions parler des éléments avec des gaz, ou des dispositions semblables à celle que Zenger de Prague avait exposée à Munich, dans laquelle des électrodes de platine étaient enveloppées d'un côté avec de l'hydrogène, de l'autre avec du brome, et qui donnait un courant de $1^{volt}8$; mais ces éléments ne sauraient être employés dans la pratique, aussi nous nous abstiendrons d'en parler dans ce volume.

Le chargement des accumulateurs.

Nous avons déjà appris à connaître quelques piles qui sont très propres à charger les éléments secondaires, manière qui n'est point comme on pourrait le croire au premier moment inutile, mauvaise ou dispendieuse, mais qui est juste le contraire de tout ceci.

Avec l'accumulateur nous avons l'électricité sous une autre forme, mise à notre disposition en tout temps, sans avoir à monter des éléments ou à craindre une consommation de zinc inutile. Si nous voulons faire tous les jours de la lumière avec une batterie, il faut la démonter et la remonter tous les jours; mais si nous employons en même temps des accumulateurs, nous n'avons pas à craindre une consommation inutile, car le jour elle charge l'élément secondaire, et le soir elle est employée à l'éclairage. Naturellement l'emploi opposé est également possible, chargement la nuit, emploi pendant le jour, pour mettre en activité de petites machines. Nous ne discutons point ici la question de la dépense, ni celle de savoir s'il est en général avantageux d'employer des piles, mais nous dirons simplement, que si l'on se sert de piles, il est préférable de les combiner avec une batterie d'accumulateurs.

Nous apprendrons encore plus loin à connaître une autre source d'électricité, la pile thermo-électrique, qui, bien que ne pouvant en général aujourd'hui fournir que de faibles courants, peut toutefois également servir à charger des accumulateurs. Enfin, et c'est là le point important, il se trouve par moment sans emploi des forces naturelles ou mécaniques que l'on peut avoir à bon compte, et dont l'énergie employée à la production d'électricité peut être conservée dans les accumulateurs jusqu'au moment d'une utilisation propice.

Il est compréhensible que pour la charge on ne peut employer que des éléments qui livrent un courant constant et ayant une certaine force, pour que l'on n'ait pas à employer une pile trop volumineuse. Il va également de soi que la force électromotrice de la batterie de chargement doit être au moins égale à celle des accumulateurs, et doit même la surpasser, si l'on veut charger l'élément secondaire à son maximum.

Si nous estimons à 2 volts l'élément secondaire et si nous en avons intercalé 8 en tension, ce qui donne 16 volts. il faut que la pile de charge possède un courant d'au moins 20 volts et mieux de 25.

Si nous ne disposions par exemple que d'une batterie de 6 volts, il faudrait réunir les accumulateurs en quantité, de façon à ce que leur tension composée, ne dépasse pas 4 volts, 2 en tension et 4 en quantité; naturellement la durée du chargement se trouverait prolongée, car elle dépend de la capacité des éléments secondaires et de la force du courant de charge.

Pendant le chargement, il faut faire particulièrement attention à ce qu'il ne se produise point de cause qui pourrait amener un affaiblissement dans le courant. parce qu'alors les accumulateurs se déchargeraient en partie, car les deux batteries en opposition se comportent exactement comme les liquides de deux vases communiquants.

Pour éviter de semblables accidents, il est bon de faire

usage d'un commutateur électro-magnétique, dont il existe déjà plusieurs modèles que nous allons décrire.

Le chargement avec des machines magnéto-électriques ne présente pas de difficulté, si l'on a soin de conserver à l'anneau une vitesse uniforme. Quant à la disposition que l'on doit donner aux éléments secondaires, nous ne pouvons que dire, que l'on doit la régler d'après le mode d'enroulement de l'anneau.

Si la machine a été construite pour des usages galvanoplastiques, elle est enroulée avec du gros fil, et elle n'a qu'une faible résistance; il faut alors, pour utiliser le courant le mieux possible, ainsi que nous l'avons appris, diminuer également la résistance extérieure, et réunir les éléments en quantité, en les partageant par petits groupes d'éléments réunis en tension, de façon à ce que la résistance générale dépasse celle des machines de deux ou trois fois. Si l'on veut charger vite, il faut diminuer la résistance de la batterie. Nous ne manquerons cependant point de déclarer que le chargement opéré lentement donne un meilleur résultat, ainsi que nous l'avons déjà indiqué en traitant des actions chimiques qui se passent dans les éléments-Planté et Faure, où il est dit que les forces moyennes de courant sont les plus favorables. Si l'anneau est enroulé avec du fil fin, ce qui donne à la machine une plus grande résistance intérieure mais par contre une plus grande force électromotrice, on dispose alors les éléments en tension.

Il va de soi que la pile doit être sortie du courant avant d'arrêter la machine, sans quoi il se ferait une décharge des éléments qui, dans certaines circonstances, pourrait présenter de graves inconvénients.

La situation est bien plus difficile lorsque c'est une machine dynamo-électrique qui fournit le courant, et que les accumulateurs ont reçu une certaine charge.

Si l'on dispose d'une deuxième petite machine, on peut l'employer à maintenir l'électro-aimant *(fig. 69)* et les

Fig. 69.

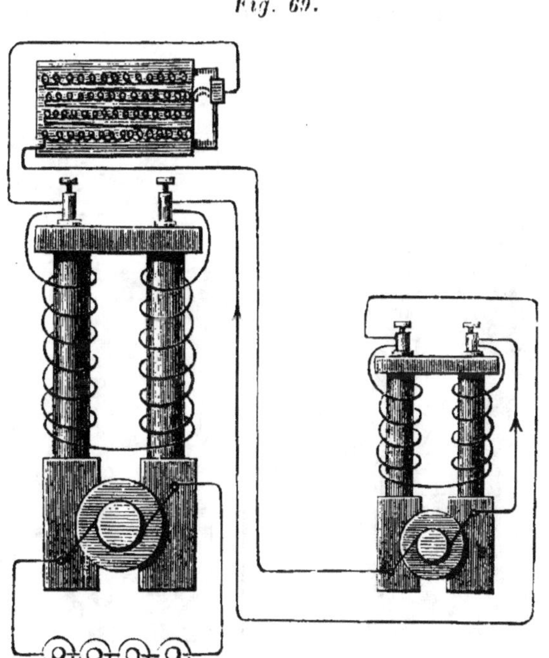

courants deviennent alors semblables à ceux livrés par une machine magnéto-électrique. Entre les deux machines on intercale une résistance dans le circuit, pour que l'électro aimant ne devienne point trop puissant. Mais si l'on n'a qu'une machine dynamo il faut disposer les éléments en dérivation.

On obtient cette disposition en réunissant les fils d'un

rhéostat avec les bornes polaires de la machine, pour pouvoir régler la force du courant nécessaire à maintenir l'aimantation de l'électro-aimant, et l'on prend sur les balais le courant de charge pour les accumulateurs.

Le courant se partage alors aux balais et va d'un côté à la batterie secondaire, de l'autre dans l'électro-aimant, selon que l'on intercale des résistances au moyen du rhéostat.

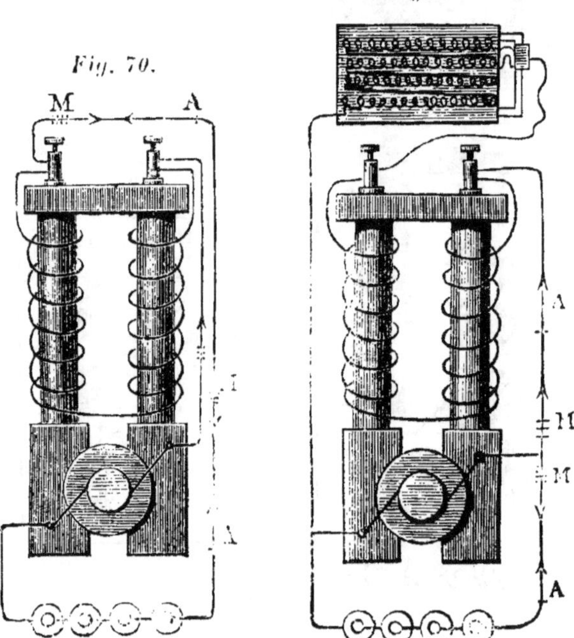

Si l'on n'intercalait point de résistances ou une trop faible, la machine se fermerait en court circuit, et l'isolant de l'armature serait exposé à brûler.

Nous avons déjà fait remarquer qu'une machine qui sert à charger des accumulateurs doit avoir une vitesse de rotation uniforme. Ceci est nécessaire, car il peut arriver que lorsque la batterie secondaire est chargée, elle vienne à se vider en partie dans la machine, si la vitesse de rotation diminue par suite d'un glissement de la courroie, produisant ainsi une diminution dans le courant.

Comme il n'est guère possible d'exercer une surveillance continuelle, et qu'il est même parfois commode d'employer pour le chargement de la batterie une source de force agissant irrégulièrement, on a inventé à cet effet des commutateurs automatiques qui interrompent la réunion de la source du courant avec les batteriessecondaires, sitôt que la force du courant de la première descend au-dessous d'une certaine limite.

La *figure 72* nous montre un de ces appareils inventé par Hospitalier, dont nous tirons la description des rapports des séances de la Société de physique de Paris.

Une pièce de fer NN¹ est suspendue entre un aimant et un électro-aimant avec deux enroulements de fil différent et sa marche est limitée par deux bornes VV¹, ce qui est nécessaire pour obtenir aussi bien un bon fonctionnement des contacts 1 et 2, que pour régler comme il convient les forces d'attraction des deux aimants.

Avant que le courant de la machine entre par M, l'armature NN¹ est attirée par l'aimant permanent SS¹ et le courant trouve un passage par le fil fin par-dessus le contact 2, mais par suite l'électro-aimant devient si énergique, qu'il attire l'armature à lui. Sitôt que ceci est arrivé, le circuit de courant du fil fin se trouve interrompu, mais par contre celui du fil fort, qui conduit par le contact 1 aux batteries secondaires vers la borne M¹ se ferme. Si la force électro motrice du générateur de courant vient à baisser par suite d'un ralentissement de marche, ou s'il y

a polarisation des batteries (ou si la batterie secondaire est
devenue assez forte pour affaiblir le contre-courant de

Fig. 72.

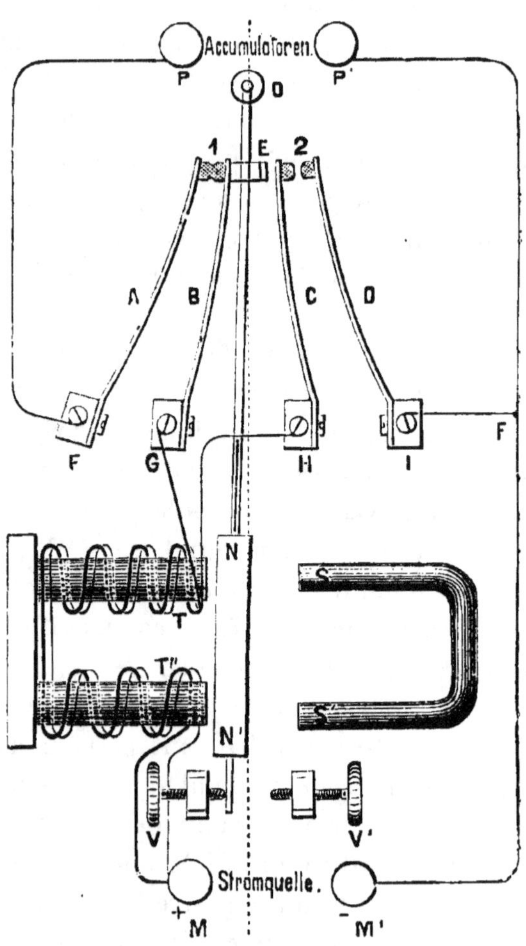

l'électro-aimant de la machine, ce qui peut être cependant
évité par la disposition convenable des accumulateurs
entre eux et de la machine), l'armature se trouve attirée et

la batterie secondaire reste en dehors du courant jusqu'à ce que la situation primitive soit de nouveau rétablie. Une sonnerie, qui marche aussi longtemps que les batteries secondaires sont intercalées ou bien lorsque le courant passe par le fil fin, lorsqu'elles sont décalées, et sonne jusqu'à ce qu'elles soient soumises de nouveau à l'action du courant, avertit de ce qui se passe.

Cet appareil est surtout indispensable, lorsque pour actionner une machine dynamo-électrique on se sert de forces naturelles comme celles du vent, ou si l'on charge des accumulateurs en se servant de l'essieu des roues d'une voiture de chemin de fer pour faire agir la machine.

L'appareil dont se sert Kabath pour un usage semblable est tout différent, comme nous le voyons dans une brochure publiée sur ces accumulateurs. La *figure 73* nous montre à gauche une espèce de petite balance, munie d'un disque de fer, au-dessus duquel se trouve une barre de fer autour de laquelle s'enroule le fil conducteur venant de la machine. Aussi longtemps que l'électro-aimant tient attiré le disque de l'armature, les godets à mercure sont réunis 2 avec 3, de sorte que le courant passe par l'électro-aimant d'après 2 et 3, traverse le galvanomètre, passe dans le commutateur à mercure et de là aux batteries secondaires. Si le courant vient à faiblir, la balance revient en arrière, une pointe sort du godet de mercure 3, pendant que l'autre s'enfonce dans 1, et les accumulateurs font marcher la sonnerie qui se trouve à droite.

Avec cette disposition, il faut pour remettre en marche approcher le disque de l'électro-aimant avec la main; dans un autre endroit de cette brochure il est dit que, par l'emploi d'un deuxième fil, enroulé autour de la barre de fer,

le réamorçage des batteries peut se faire automatiquement
lorsque le courant a repris de nouveau sa force primitive.

E. Böttcher emploie pour les accumulateurs destinés à
l'éclairage des voitures de chemin de fer ou des navires, une
disposition au moyen de laquelle un ressort retire l'arma-

Fig. 73.

ture; la machine se ferme alors en court circuit et les
accumulateurs ne communiquent plus qu'avec les lampes,
tandis qu'avant, la machine mise en mouvement par l'essieu
de la voiture, coopérait à leur alimentation; s'il ne s'agit que
du chargement, il n'y a que la communication de la machine
avec les accumulateurs qui soit interrompue. C'est également

par la communication de deux commutateurs placés l'un derrière l'autre que Böttcher cherche à obtenir un réglage automatique et convenable de la force du courant de charge, en intercalant des résistances. Nous ne nous étendrons pas davantage sur ce sujet à cause du manque de place.

Comme explication du commutateur à mercure de Kabath, représenté dans la *figure 73*, nous ferons seulement remarquer que dans les bornes 1 à 10, ce sont toujours deux fils conducteurs des séries d'accumulateurs qui sont fixés

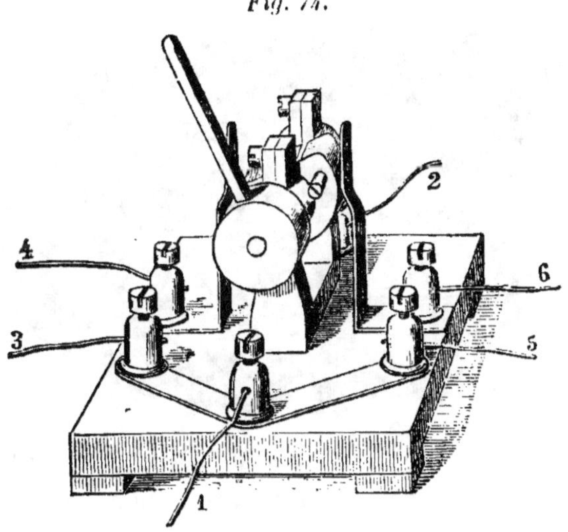

Fig. 74.

l'un à côté de l'autre ; les courants de charge A, B, C vont de gauche à droite, et on décharge DEF en plaçant, comme on le voit dans le dessin *(fig. 74)*, de petits ponts en cuivre dans les godets à mercure ; c'est un procédé qui offre l'avantage de pouvoir se rendre compte au premier coup d'œil de la manière dont les communications sont faites ; on emploie, en outre, lorsqu'il s'agit de faire une commutation ou une interruption, des commutateurs comme on peut en voir un dans la *figure 73* au-dessous de la sonnerie, ou bien si l'on ne veut produire aucune interruption dans le courant, mais, par exemple, introduire une autre série d'accumulateurs dans les lampes, on se sert d'un commutateur semblable à celui de la *figure 74* qui a été imaginé par Reynier.

Les fils 1 et 2 viennent des lampes, 3 et 4 de la source du courant, 5 et 6 de celle qui doit être intercalée plus tard ; comme on peut s'en rendre compte par le dessin, en tour-

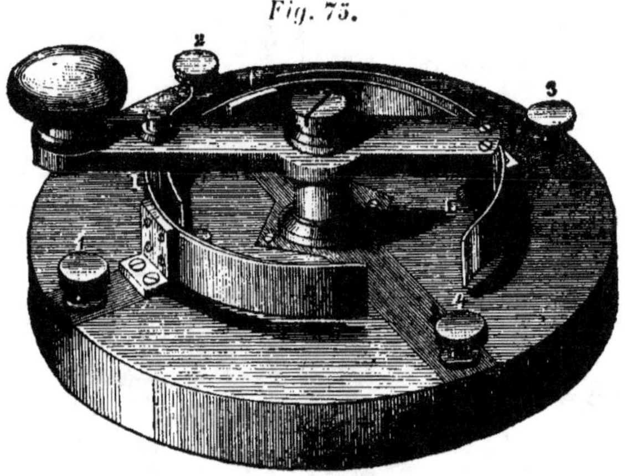

Fig. 75.

nant dans le sens de la marche des aiguilles d'une montre, 5 et 6 sortent de la communication pendant que 3 et 4 viennent s'intercaler.

Quelquefois il s'agit, surtout lorsqu'on charge, de retourner la direction du courant ; pour éviter, dans ces cas, la formation d'étincelles et obtenir un contact très complet, Judet a inventé (*la Lumière électrique*, VI, 1882, p. 66) un gyrotrope, que nous représentons dans la *figure 75*. Le dessin est assez complet, pour que nous n'ayons pas besoin de donner d'autres explications.

Degré d'activité des accumulateurs.

Avant de passer à l'emploi pratique des accumulateurs, nous allons indiquer comment on peut calculer leur degré d'activité, c'est-à-dire le rapport entre le travail employé et celui utilisable. Supposons que les éléments servent à produire de la lumière par incandescence, nous avons, lorsque

E_p = la force électromotrice de la source du courant primaire.

E_s =   id.   id.   secondaire.

W_p = la résistance de la source du courant primaire.

W_s =   id.   id.   secondaire.

E_l = la différence de potentiel aux bornes de la lampe.

W_l = la résistance de la lampe.

t = la durée du temps de charge.

t_1 = la durée du temps de la décharge.

A_v = le travail consommé.

A_n = le travail utile dans la lampe est :

$$A_v = E_p \; \frac{E_p - E_s}{W_p + W_s} \; t,$$

$$A_n = \frac{E_l{}^2}{W_s + W_l} \; t_1;$$

puisque maintenant les quantités d'électricité qui sont mises en mouvement à la charge et à la décharge sont de semblable grandeur (ce qui toutefois au point de vue pratique exige une confirmation expérimentale) et que les produits des intensités de courant dans les mêmes temps sont proportionnels, nous avons, en supposant que $A_v = A_n$

$$\frac{E_p - E_s}{W_p + W_s}\, l = \frac{E_l}{W_s + W_i}\, t_1$$

et de là

$$t_1 \frac{\dfrac{E_p - E_s}{W_p + W_s}\, t}{\dfrac{E_l}{W_s + W_l}},$$

ce qui transformé en formule pour A_n donne

$$A_n = \frac{E_p}{W_p} + \frac{E_s}{W_s}\, l \text{ et de là } A_w = \frac{A_v}{A_n} = \frac{E_l}{E_p};$$

en d'autres termes, ceci veut dire :

On obtient la grandeur du degré d'activité, en divisant la différence du potentiel qui existe aux bornes des lampes par la force électromotrice de la source du courant de charge; cette grandeur est indépendante aussi bien des résistances que de la durée du temps de la charge et de la décharge.

Le petit modèle des accumulateurs-Reynier est :

$$E_s = 2,15 \text{ volts,}$$
$$W_s = 0,006 \text{ ohm,}$$

choisit-on maintenant :

$$E_p = 2,36 \text{ volts} = E_s \times 1,1$$
$$W_p = 0,006 \text{ ohm };$$
$$E_l = 1,93 \text{ volts} = E_s \times 0,9$$
$$W_e = 0,054 \text{ ohm,}$$

nous avons, comme travail absorbé, en secondes kilogram-mètres :

$$A_v = E_p\, \frac{E_p - E_s}{9,81\,(W_p + W} = 4,21$$

comme travail utile :

$$A_n = \frac{E_l^2}{9,81\,(W_s + W_l)} = 6,3$$

et comme degré d'activité :

$$A_n = \frac{A_v}{A_n} = \frac{E_l}{E_p} = \frac{E_s + 0.9}{E_s + 1.1} = 81\ 8\ 0/0.$$

Emploi des accumulateurs.

Un des emplois les plus fréquents que trouvent les accumulateurs est celui pour l'éclairage par lumière à incandescence ; nous donnerons donc brièvement comment leur groupement peut être déterminé pour une certaine quantité de lampes.

Nous avons pour la batterie secondaire $J_s = \dfrac{E_s}{W_s}$.

Si k indique le nombre d'accumulateurs qui sont réunis en tension, o ceux qui le sont en quantité, nous avons alors pour le nombre total n :

$$n = ko.$$

Lorsque les lampes x sont montées en quantité, ce qui est presque toujours le cas, elles demandent une force de courant $J = x J_l$, si J_l est la force de courant que chacune des lampes réclame.

L'équation suivante nous donne la force du travail nécessaire pour mettre les lampes en fonctionnement : $o \cdot J_s = x J_l$, c'est-à-dire, l'intensité que doivent produire les accumulateurs réunis en surface doit être égale à celle demandée par les lampes x, d'où il résulte :

$$o = \frac{J_l\, x}{J_s} = \frac{J}{J_s}$$

D'après la loi d'Ohms l'intensité de k pour les éléments

réunis en tension $= \dfrac{k\mathrm{E}}{k\mathrm{W}_i + \mathrm{W}_a}$ de o pour les éléments réunis en surface.

$$\dfrac{\mathrm{E}}{\dfrac{\mathrm{W}_i + \mathrm{W}_a}{o}}$$

d'où il résulte pour notre cas,

$$\mathrm{J} = \dfrac{k\mathrm{E}l}{\dfrac{k\mathrm{W}_s}{o} + \dfrac{\mathrm{W}_s}{x} + \mathrm{W}}$$

où W désigne la résistance du circuit, que nous considérons momentanément comme zéro.

D'où il résulte que $k = \dfrac{o\mathrm{E}_l}{o\mathrm{E}_s - \mathrm{W}\mathrm{J}_s}$

Les accumulateurs que Reynier fabrique ont les constantes suivantes :

Acc. de 8 kilogr. chargé.		Pendant la décharge sur une résistance 9 fois plus forte		J_s	Secondes
Volts	Ohms	Volts	Ohms	Ampères	kilogramm.
2,2	0,006	2	0,015	21	4,4

Accumulateurs de $3^{kg}5$,

2,2	0,024	2	0,045	7	1,46

Si maintenant $\mathrm{E}_l = 45$ volts $=$, $\mathrm{W}_e = 30$ Ohms (à chaud) chaque lampe demande 1,5 ampères, il faudra donc pour 40 lampe

$$\mathrm{J} = x\mathrm{J}_l = 40 + 1,5 = 60 \text{ ampères,}$$

$$o = \dfrac{\mathrm{J}}{\mathrm{J}_s} = \dfrac{60}{20} = 3.$$

$$k = \dfrac{3\mathrm{E}_l}{3\mathrm{E}_s - \mathrm{W}_s} \cdot \mathrm{J} = \dfrac{3 \times 45}{3 + 2 - 0,015 \times 60}$$

$$= \dfrac{135}{6 - 0,90} = 26,5.$$

Ainsi, comme dans ce cas on prend plutôt plus que moins, $k = 27$ accumulateurs réunis en batterie et comme 3 de ces batteries sont réunies en quantité, il faut en tout 81 accumulateurs; ceux-ci travaillent contre une résistance de 0,75 ohms, si les lampes sont montées en quantité et ont une résistance de $0,008 \times \dfrac{27}{3} = 0,072$; ils travaillent donc, comme il est demandé, sur une résistance neuf fois plus forte. On comprend facilement que plus on mettrait d'accumulateurs en tension, plus grand serait El, et qu'il serait désavantageux de les laisser travailler à égale résistance, parce qu'alors la moitié du dégagement de chaleur retournerait dans les accumulateurs eux-mêmes; ils se déchargeraient et ne fourniraient qu'un courant très inégal. Plus l'accumulateur est grand, ou plus il y en a de réunis en quantité, plus grande est par suite la provision d'énergie utilisable.

Nous admettons qu'un accumulateur-Faure qui pèse 18 kilogrammes peut contenir 160,000 coulombs; nous ne pouvons cependant en utiliser qu'à peu près 150,000, car si nous allons plus loin, le courant devient très inégal.

Nous avons par seconde un courant de 20 ampères et pour la durée de la décharge $\dfrac{150000}{20} = 7500$ secondes $=$ 2 heures; cette durée est presque dans tous les cas trop faible: pour la prolonger, il existe deux moyens; ou bien nous demanderons moins de courant par seconde, en faisant travailler les éléments sur une résistance encore supérieure à neuf fois plus, c'est-à-dire nous disposerons une partie des lampes en tension, ce qui aura pour suite un accroissement dans le nombre des accumulateurs, autant de ceux qui sont disposés en surface que de ceux qui sont en tension; ou nous doublons simplement le nombre des séries.

Le plus souvent on procède en intercalant petit à petit des accumulateurs dans le circuit. Cet exemple montre clairement pourquoi on construit les accumulateurs à très grandes plaques. Un élément de 35 kilogr. contient par exemple 500000 coulombs, ce qui, employé de la manière précisée $\dfrac{500000}{20} = 25000$, donne près de 7 heures de marche.

Nous donnerons aussi un exemple de l'emploi des accumulateurs-Faure pour montrer que ceux-ci peuvent déjà être avantageusement employés à des applications pratiques d'électricité.

Le mérite d'en avoir, le premier, non seulement dressé le plan, mais de les avoir utilisés virtuellement, revient à Clovis Dupuy, directeur technique de la grande blanchisserie de M. Duchesne-Fournet à Breuil-en-Auge (Calvados).

On se servait déjà, dans cette fabrique, de machines électriques qui servaient à alimenter des lampes à incandescence du système Reynier.

Pour utiliser également ces machines pendant le jour, cet ingénieur eut l'idée de les faire servir au ramassage des pièces de toile, qui sont étendues sur les prairies de blanchiment d'une surface d'à peu près 15 hectares. A cet effet, il entoura le pré d'un chemin de fer à petite voie de la longueur de 500 mètres, auquel se rattachent 21 embranchements, ce qui fait une longueur totale d'à peu près 2040 mètres. Par suite de la mauvaise nature du terrain (humidité et autres circonstances) il n'était pas possible d'employer les rails comme conducteurs de courant;

aussi employa-t-il des accumulateurs-Faure construits par Reynier.

Soixante de ces éléments sont emballés dans des paniers, comme nous le montre la figure du titre *(fig. 76-77)* et placés dans un wagon, qui est attaché à la locomotive. Celle-ci se compose d'une voiture, dans laquelle se trouve un moteur Siemens qui peut produire 120 kgr. mètres, et dont le mouvement se fait au moyen d'une chaine de Gall, qui transmet le mouvement aux roues, dans une proportion de vitesse de 1 : 9.

Figures 76-77 (voir le titre).

Un levier que l'on voit du côté gauche, dans la gravure du titre, sert à conduire la machine. Lorsqu'il est placé perpendiculairement, comme dans le dessin, le courant est interrompu. En le baissant, on ferme le courant, et les maillons d'une chaîne de résistance imaginée par Reynier se serrent de plus en plus près l'un de l'autre, à mesure que la chaîne se tend davantage, ce qui diminue la résistance, augmente le courant et fait que la vitesse devient plus grande. Un deuxième levier, visible plus loin à gauche de la machine, sert au changement de marche du moteur en agissant sur les balais. Enfin un troisième levier assure ou interrompt la communication avec les roues de la voiture, ou avec une disposition spéciale destinée à ramasser dans les voitures les pièces de toile qui ont 100 mètres de longueur, au moyen de rouleaux et de cylindres, comme nous le montre la *fig. 78*.

Après avoir donné une idée de ces dispositions, nous citerons les chiffres, autant que nous avons pu nous les procurer. La locomotive pèse 935^{kg}; la voiture avec les accumulateurs 700^{kg} (accumulateurs 500^{kg}), chaque voiture chargée de toile 800^{kg}: d'où il résulte qu'un train, les ouvriers et six passagers compris, pèse 6,400^{kg}. Les accumulateurs sont chargés pendant 5 à 8 heures par une machine Gramme, qui consomme pour cet usage 3 chevaux-

Fig. 78.

vapeur. La vitesse du train ne dépasse pas **12 kilom.** à l'heure, mais on n'attacherait aucune valeur à une vitese plus grande. Le temps du travail dure **3 heures** et dépend naturellement du chargement des accumulateurs. Ceux-ci sont seulement intercalés petit à petit par un commutateur qui est fixé au plancher de la voiture; on commence avec **24** et on monte petit à petit jusqu'à employer **60 éléments.**

Les accumulateurs ont été également utilisés, pour l'éclairage électrique.

Ici on les emploie comme régulateurs de courant, ou pour produire la lumière à incandescence. Ils rendent également de très bons services lorsque la force dont on dispose est trop petite pour produire directement une lumière suffisante, en les chargeant pendant la journée et en se servant le soir de leur courant.

Diverses forces naturelles qui se perdent pourraient être utilisées de cette manière, et c'est là une question dont la solution est aujourd'hui le sujet d'efforts de toute nature.

L'éclairage des trains de chemins de fer a été également l'objet de différentes expériences, qui n'ont toutefois pas donné de résultats très favorables; nous en dirons cependant quelques mots.

Quatre voitures Pullmann entre Brighton et Londres, ont été ainsi éclairées par 25 lampes à incandescence, au moyen de deux batteries composées chacune de 32 accumulateurs-Faure ayant un poids de 600 ^{kg}. Les éléments étaient mis dans le circuit à mesure que le courant faiblissait. Le chargement était fait à la station par deux machines Gramme, actionnées par une machine à gaz de 6 chevaux pendant 10 heures. On a également essayé de transmettre le mouvement des essieux des voitures à un moteur, placé dans train, qui alimentait partiellement les lampes et les accumulateurs, ceux-ci n'entrant en fonctionnement, que lorsque le train s'arrêtait.

Lorsque le courant de la machine dynamo-électrique devient plus faible que celui fourni par les accumulateurs, un commutateur automatique interrompt la communication et les accumulateurs assurent seuls l'éclairage. Enfin 24 accumulateurs, dont chacun pèse 60^{kg}, éclairent une boutique de bijoutier du Palais-Royal à Paris pendant 8 heures en alimentant 24 lampes à incandescence, et au théâtre des Variétés, on a alimenté 83 lampes-Swan, avec 83 accumulateurs.

La place dont nous disposons ne nous permet pas de nous étendre plus longtemps sur ce sujet, et nous renvoyons le lecteur au volume de la Bibliothèque des actualités industrielles, qui traite de l'Éclairage électrique.

PILES THERMO-ÉLECTRIQUES

Dans toutes les piles dont nous avons parlé jusqu'ici, il s'opère un changement dans l'état chimique des matières employées, et surtout une dissolution d'un métal.

Mais comme nous allons le voir plus loin, un changement dans le degré de chaleur peut également produire un courant électrique.

Si nous réunissons un fil de métal quelconque avec un galvanomètre très sensible, et si nous chauffons ce fil à certains endroits, en préservant les autres parties de l'échauffement, ou mieux en les refroidissant, la déviation de l'aiguille du galvanomètre nous annonce la naissance d'un courant. La déviation est encore plus forte, si en frappant une partie du fil avec un marteau, ou en le retournant et le courbant plusieurs fois, nous avons changé sa constitution moléculaire. Enfin si nous prenons deux sortes de métaux, et si nous chauffons leur point de contact, la déviation de l'aiguille deviendra plus énergique ; et nous aurons ce que l'on appelle un élément thermo-électrique.

Il n'est point indifférent de mettre en contact n'importe quels métaux, ni d'échauffer plus ou moins leur point de réunion. Après une nombreuse série d'expériences, on a dis-

posé ce que l'on nomme une échelle de tension thermo-
électrique, semblable à celle que nous avons appris à connaître pour les éléments galvaniques ou éléments hydro-
électriques. Cette série n'a toutefois de valeur qu'entre
certaines limites de température, car la position des métaux
change sitôt que ces limites sont dépassées. Voici avec une
différence de température de 100°, — et il faut particulièrement faire attention à la différence de température, — quel
est l'ordre dans lequel les métaux se suivent :
+ Antimoine, fer, acier, zinc, argent, or, cuivre, étain,
plomb, mercure, laiton, platine, argentan, bismuth —.

Mais cette série ne peut pas plus être admise comme générale, que celle donnée pour les éléments-Volta, qui n'a
de valeur que pour l'acide sulfurique dilué, car nous
avons vu que des changements dans la disposition et dans
la composition des mélanges assignent à ses membres des
places tout à fait différentes.

Dans certaines dispositions, une élévation de température dans certaines limites, ou pour mieux dire une élévation dans la différence de température, produit une force
électromotrice élevée. L'élément connu Antimoine-Bismuth,
par exemple, ne montre d'accroissement proportionnel
qu'entre 15 et 35°; d'autres, comme le Bismuth-Cuivre et
le Cuivre-Argent, accusent une augmentation absolument
conforme au degré de chaleur.

Il y a même des éléments dans lesquels une augmentation de différence de température peut occasionner un retour
subit de polarité, et nous appellerons l'attention sur ce fait,
sans nous y étendre davantage, pour montrer combien les
travaux sont difficiles dans cette branche de production
d'électricité.

Comme nous devons dans ce livre ne nous occuper que des choses pratiques, nous passerons brièvement sur les piles qui ne servent qu'à des usages scientifiques, ou à des recherches sur la chaleur rayonnante, etc., en nous étendant un peu plus longuement sur les dispositions qui ont dépassé le cadre des cabinets de physique.

C'est Bunsen qui a été un des premiers à disposer une pile thermo-électrique plus énergique que celle d'antimoine et de bismuth dont on se servait jusque-là. Il remplaça ces métaux par du cuivre pyriteux naturel, qu'il scia en petits bâtons de 7 $^m/_m$ de long, sur 4 $^m/_m$ de large et 7 $^m/_m$ d'épaisseur, aux deux bouts desquels il soudait des fils de cuivre platinés ; en échauffant l'un et en refroidissant l'autre, il arriva à une force électromotrice de 1/97 par élément.

Bien que la partie échauffée atteignît une température dépassant celle nécessaire pour fondre l'étain, l'eau de refroidissement ne dépassait pas 60°, et l'on ne remarqua aucun changement dans la pyrite.

Malheureusement ces éléments sont difficiles à construire, et par suite de la différence de tension de ces matières à la chaleur, il est presque impossible de conserver de bons contacts.

Bien que ce minerai se laisse fondre et couler sans qu'on aperçoive aucun changement chimique, il ne donne dans cet état qu'une force électromotrice beaucoup plus faible, signe que dans les éléments thermo-électriques tout dépend de la structure.

Stefan, qui s'est occupé très minutieusement de ce sujet et a fait beaucoup de recherches, a trouvé qu'un élément de pyrite de cuivre, ou de pyrite de fer, peut même remplacer 1/6 Daniell, par rapport à la force électromotrice, et qu'il y a une différence assez considérable, en employant de la pyrite de cuivre pailletée ou compacte.

Marcus dirigea son attention sur l'emploi d'alliages aussi rapprochés que possible l'un de l'autre, dans la série de tension thermo-électrique, et pouvant en même temps supporter des températures élevées.

Il arriva en 1864-1865 à un résultat proportionnellement favorable, et reçut un prix de l'Académie de Vienne, pour la publication des alliages qu'il employait. Ils sont composés pour le métal négatif, de 10 parties de cuivre, 6 parties de zinc et 6 parties de nickel, un alliage qui a beaucoup de ressemblance avec l'argentan, que l'inventeur employa aussi plus tard et perfectionna encore par une addition de cobalt. Le métal positif est composé d'un alliage de 12 parties d'antimoine, 5 parties de zinc et 1 partie de bismuth; il est fondu en barres de 16 c/m de longueur et vissé au métal négatif, laminé en feuilles. Ce métal forme, avec l'aide d'une barre de fer, à laquelle les bandes sont vissées et isolées, un échafaudage en forme de toit. Tant que la barre de fer est échauffée convenablement, que les bouts opposés des bandes d'argentan trempent dans des caisses pleines d'eau et restent froides, on obtient avec 130 éléments, 25 c_3 de gaz détonant par minute, ou on peut faire rougir un fil de $0^m/^m5$ d'épaisseur. La force électromotrice d'un élément est de 1/20 Daniell. En disposant un grand nombre de ces éléments, et en consommant 120 ^{kg} de charbon, Marcus arriva à produire un courant égal à celui de 30 éléments-Bunsen. Malheureusement ces éléments sont très fragiles, car l'alliage quoique presque aussi dur que l'acier est très cassant, sans compter que les points où les deux métaux se touchent s'oxydent facilecement, ce qui avec le temps augmente considérablement la résistance.

Fr. Noé, mort malheureusement trop tôt, a cherché à éviter ce défaut, en réunissant par la fonte les deux métaux,

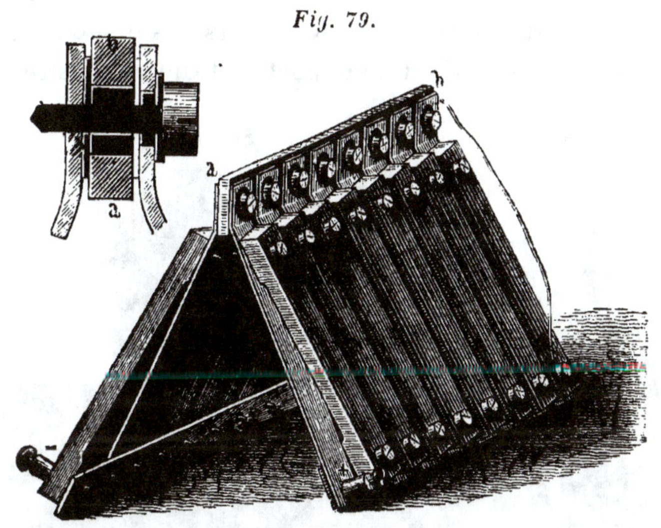

Fig. 79.

car une soudure ne peut résister à la chaleur qu'il faut atteindre dans la pratique.

La *fig. 80* montre un élément de ce genre, qui est construit en plaçant dans un moule convenable une capsule de métal munie d'une pointe de fer, dans laquelle on introduit, par des ouvertures qui s'y trouvent, plusieurs fils d'argentan, qui forment le métal électro-négatif, après quoi l'on y verse l'alliage qui ressemble à celui de Marcus, mais dont la composition est demeurée secrète.

La pointe de fer, et ceci est également une des particularités de la pile thermo-électrique de Noé, sert à conduire la chaleur, ce qui évite de soumettre le métal directement à la flamme, qui détériore toujours l'élément. Les éléments sont réunis en une pile, comme nous le montre la *fig 81*, en les soudant à des bandes de cuivre, qui sont vissées à une bague de papier. La plaque de mica, qui repose sur les pointes de chauffage, sert à répandre la flamme. Les bandes de cuivre auxquelles les bouts des fils d'argentan sont soudés, servent de supports et de disposition de

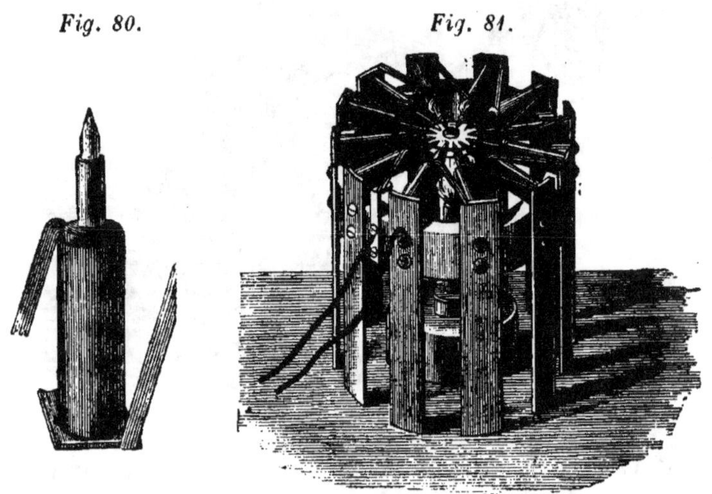

Fig. 80.　　　　　　　　　Fig. 81.

refroidissement. Si les pointes de chauffage sur lesquelles sont posées de petites capsules de cuivre ne sont chauffées que modérément, et si le courant est fermé, le refroidissement par l'air suffit ; dans d'autres cas, si l'on chauffe jusqu'au rouge ardent, on pose la pile dans un vase rempli d'eau froide. Ces piles montrent d'une manière frappante que la chaleur se transforme en électricité. Si l'on chauffe même très fort, pendant que le courant fonctionne, les bandes de cuivre ne s'échauffent guère au-dessus de 30 à 40°, mais si l'on ouvre le circuit en continuant à chauffer, il peut arriver que les éléments se désoudent, parce qu'alors la chaleur va jusqu'aux points de soudure.

Noé a construit des éléments de différentes grandeurs, et imaginé divers modes pour les réunir en batterie. Il a donné également différentes formes à ses bandes de refroidissement, soit en les augmentant en forme d'ailes, soit en les enroulant.

Les grandes batteries se composent de deux rangées d'éléments placés en ligne droite en face l'un de l'autre, tournant leurs pointes de chauffage l'une vers l'autre, et chauffés au moyen d'une lampe ayant une quantité correspondante de petits brûleurs-Bunsen.

A. de Waltenhofen, qui a étudié cette pile dès son origine, en dit ce qui suit :

Que l'on se figure une pile de 128 éléments distribués en 4 groupes de 32. Chaque groupe représente (par le chauffage modéré de la nouvelle organisation) la force électromotrice d'à peu près deux éléments-Daniell et a (comme la résistance d'un élément atteint 1/50 d'une unité-Siemens) une résistance de 0,8. Si l'on réunit en tension les quatre groupes, on obtient l'énergie de 8 éléments-Daniell avec 3,2 unités de résistance générale. Si les groupes sont réunis par deux en surface, puis en tension, la pile remplace 4 éléments-Daniell d'une résistance commune quatre fois moindre qui n'est que de 0,8 unités. Si enfin les quatre groupes sont réunis en quantité, la pile égale 2 éléments-Daniell de 0,2 unités de résistance. Ce physicien est arrivé à produire de la lumière électrique en réunissant une quantité suffisante de ces éléments.

L'auteur de ce livre s'est occupé très minutieusement

de la pile thermo-électrique de Noé, et il est arrivé à quelques changements, qui visent autant à obtenir une meilleure utilisation du chauffage qu'à prévenir la destruction qui est la suite d'un chauffage trop violent. En

Fig. 82.

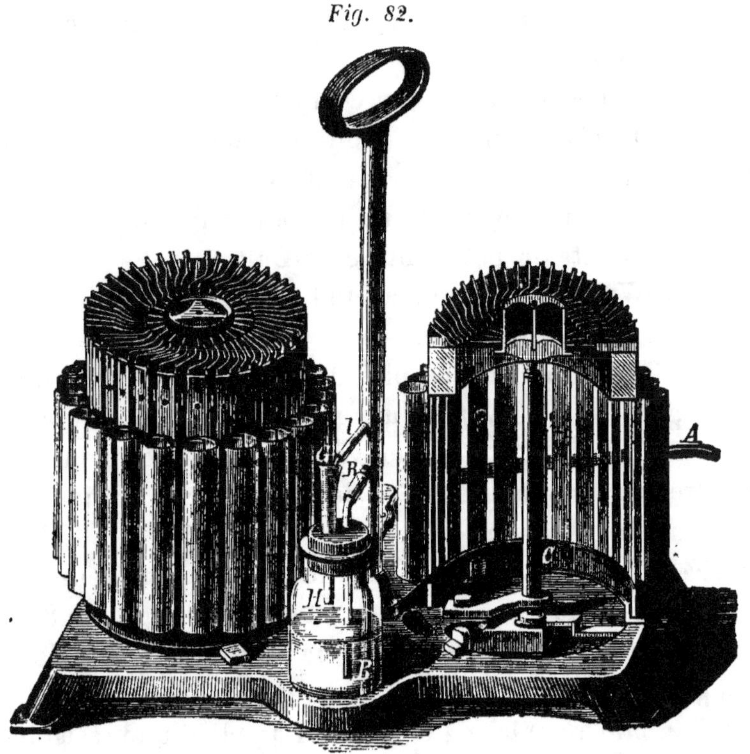

perfectionnant les alliages, en donnant aux éléments une forme propre à augmenter leur force électromotrice, et en diminuant leur résistance, il est arrivé à faire rougir un fil de platine de la longueur de 3 $^{c}/^{m}$ avec 30 éléments seulement. Mais comme ces travaux ne sont pas complètement terminés, nous ne pouvons en dire plus long à ce sujet; nous nous bornerons à représenter dans la *fig. 82* une disposition qui est surtout très convenable pour les expériences scolaires et l'électrolyse des métaux pour des travaux analytiques, et qui est assez répandue aussi bien en Autriche et en Allemagne qu'en France.

La fig. 82 représente un tréteau en fer muni de deux brûleurs-Bunsen et d'un régulateur à gaz (des tréteaux semblables se font aussi pour trois modèles plus grands). Les éléments ont la forme de pyramides tronquées à quatre côtés munies de souliers en fer fondu qui servent à les chauffer. Le métal électro-négatif est employé sous forme de bandes étroites, qui ont une courbure particulière, afin d'éviter une détérioration de l'élément par suite des dilatations irrégulières qui se produisent; elles sont coulées de façon à partir de la pointe d'un élément pour aller au bout du pied de celui le plus voisin, ce qui évite la soudure autrefois nécessaire; on coule en même temps la plaque de refroidissement.

Un cylindre de mica préserve le métal électro-négatif de l'attaque directe de la flamme et l'empêche de se détériorer de ce fait, tandis qu'un disque sert à son extension, si le brûleur ne possède point de disposition à cet effet.

La force électromotrice d'un élément est égale à celle de 1/10 Daniell, et la résistance atteint 1/50 U. S.

Clamond, qui s'était occupé avec Mure d'une disposition de pile thermo-électrique au sulfure de plomb, fut, par suite de causes que nous ne voulons point citer ici, peu satisfait des résultats obtenus et tourna son attention sur l'alliage de zinc et d'antimoine. Il utilisa également dans ses éléments l'argentan, mais il dit avoir fait l'expérience que ce métal n'est point convenable, parce qu'il se laisse trop facilement détériorer, et il s'est décidé à employer le fer-blanc.

La *fig. 83* nous montre une couronne de ces éléments qui sont fondus de façon à former une pile, soit directement soit par une simple soudure des bandes de métal. Plusieurs de ces piles sont placées l'une sur l'autre, en ayant soin d'observer une isolation soignée. On se sert à cet effet d'un ciment fait avec de l'amiante et du silicate de soude. Les bandes de métal qui dépassent sous forme d'ailes servent de surfaces de refroidissement; la partie intérieure, en forme de tuyau, est chauffée par une lampe de construction particulière *(fig. 84)*. Les petites flammes qui sortent du brûleur touchent un tube de fer qui est isolé de l'élément. Cette pile a le désavantage, par rapport à celle de Noé, autant d'avoir une force électromotrice inférieure que d'être sujette à une détérioration plus facile aux points de soudure; enfin on ne peut la réparer que difficilement, car il faut pour cela la démonter complètement.

Une pile de 100 éléments, qui use par heure 230 litres de gaz, possède une résistance d'une unité-Siemens avec une force électromotrice de 23 unités (Jacobi-Siemen), et 4 piles, chacune de 400 éléments, consommant $3^{m3}2$ de gaz par heure, remplacent 50 éléments-Bunsen.

Le 5 mai 1879, Th. du Monrel fit à l'Académie des Sciences une communication sur un perfectionnement de la pile thermo-électrique de Clamond, comportant 3 parties principales : 1° un collecteur, c'est-à-dire la construction en fonte des plaques chauffées; 2° une réduction importante dans le volume des éléments thermo-électriques;

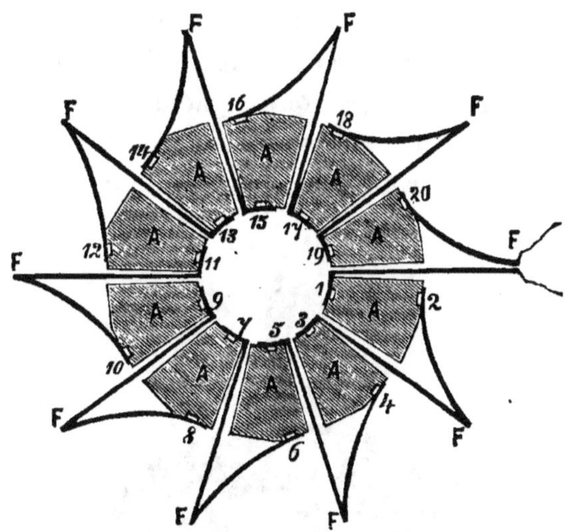

Fig. 83.

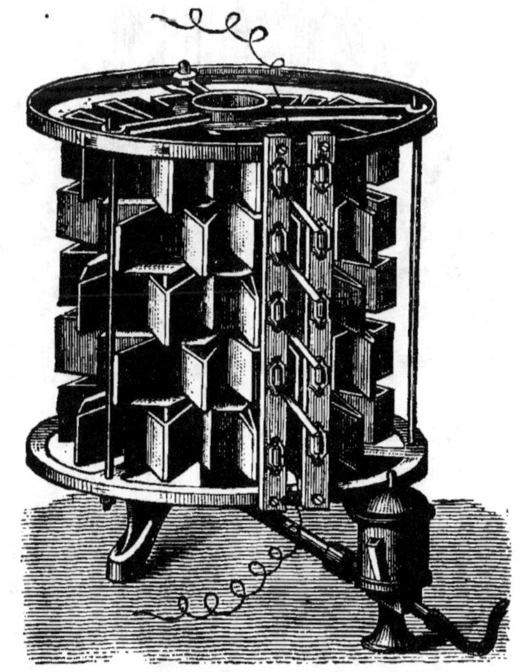

Fig. 84.

20

3° un diffuseur ou disposition de refroidissement à **sur-**
faces métalliques placées isolément, comme on peut le
voir facilement par la *fig. 85* que nous avons empruntée à
l'ouvrage de Cazin.

Clamond est parvenu à produire de la lumière électrique

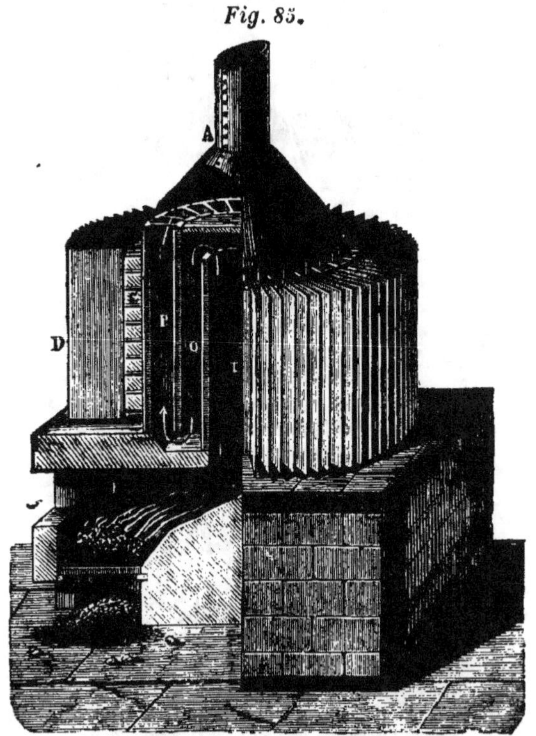

Fig. 85.

avec cette pile. En 1879, Cabanellas a fait deux mois
d'expériences avec une pile qui avait 29^{m2} de surface de
chauffe sur 1^m de diamètre, et servait à actionner deux
lampes-Serrin, donnant chacune 30 à 50 becs Carcel;
la résistance de la moitié de la pile était de 15,5 ohm et
la force électromotrice de 109 volts. Pour la pile entière,

cette situation donne un courant qui égale celui de 121 éléments-Bunsen fraîchement montés; elle consommait 9^k de coke à l'heure.

Remarques sur la table de la page suivante.

La table suivante donne les constantes des principaux éléments en usage. Comme l'on peut le voir, l'accord n'est pas parfait sur leur force électromotrice, ce qui ne peut nous étonner, puisque nous savons qu'elle dépend presque toujours du degré de saturation des matières employées, et d'une décomposition plus ou moins complète de l'eau. Les chiffres qui indiquent les résistances accusent encore de plus grandes différences; nous les donnons toutefois, pour que nos lecteurs en aient au moins une idée approximative.

Force électromotrice

Résistances et effets atteints de différents éléments

NOMS des INVENTEURS	ÉLECTRODES DE SOLUTIONS	AMALGAMÉE	NON AMALGAMÉE	LIQUIDE EXCITATEUR	EAU	MATIÈRE DÉPOLARISANTE	EAU	ÉLECTRODES DE DÉRIVATION	VOLTS	OHMS	QUANTITÉ	HAUSEAU		SECONDE KILOGRAMMÈTRE	GRAMMES CALORIES
Smee	Zinc	»	—	Acide sulfurique.	8	—	—	Platine d'argent.	0.7-1.2	0.5	—	—	—	—	—
Walther	»	»	—	»	7	—	—	Platine charbon.	0.9	—	—	—	—	—	—
Leclanché	Zinc	»	—	Chlor-Ammoniome.	10	Mangan. hyperoxyde	—	Charbon.	1.481	—	—	—	Clark et Sabine. Planté.	—	—
Planté	Plomb	—	—	Soufre.	10	Hyperoxyde de plomb.	—	Plomb.	2.5	—	—	—		—	—
Faure	»	»	—	»	10	»	—	»	2.2 / 2—	0.008 / 0.015	8 kilogr.	24	Reynier en 9e parties de résistance.	4.4	—
Grove	Zinc	»	—	»	4	Nitriques fumantes.	—	Platine.	1.956	—	—	—	—	—	—
»	»	»	—	»	12	D = 1,33	—	»	1.810	0.7	—	—	—	—	—
»	»	»	—	Sulfate de zinc	2	»	—	»	1.672	—	—	—	—	—	—
»	»	»	—	Eau de sel	2	»	—	»	1.904	—	—	—	—	—	—
Bunsen	»	»	—	Soufre.	2	Nitrique.	—	Charbon.	1.734	—	—	—	Buff. Reynier.	—	—
»	»	»	—	»	2	»	—	»	1.80	0.26	Rond. Ovale. Ruhmkorff.	20	»	0.344	0.796
»	—	»	—	—	—	»	·	»	1.80	0.06		20		1.378	3.189
Callan	Zinc	»	—	Soufre.	2	Nitrique.	—	Fonte.	1.70	—	—	—	Buff.	—	—
Poggendorf	»	»	—	»	2	Mélange de sel chromate.	—	Charbon.	1.796	—	—	—	»	—	—
»	»	»	—	—	—	42 Bichrome.	100	»	2.028	—	—	—	Clark et Sabine.	—	—
»	»	—	—	—	—	25 soufre mélange de	—	»	1.70	11.5	—	—	—	—	—
Chuteaux															

Daniell	Zinc	»	—	Soufre.	4	Sulfate de cuivre.	ras-sasié	Cuivre.	1.079	—	—	—	Clark et Sabine.	—	—
»	»	—	—	»	10 12	»	»	»	0.954 0.978	—	—	—	Regnauld.	—	—
»	»	—	»	»	?	»	»	—	1.06	2.80	Rond.	20	Reynier.	0.010	0.023
»	»	»	—	»	?	Nitrate de cuiv.	»	—	0.909 1.001	—	—	—	—	—	—
»	»	»	—	Chlor-natriome. Sulfate de zinc	4	Sulfate de cuiv.	»	—	1.061	—	—	—	—	—	—
»	»	—	»	»	—	»	»	—	0.901	—	—	—	—	—	—
W. Thomson	»	—	—	Epaisseur 1.10.	—	—	—	—	1.06	—	12 □ dm.	—	Reynier.	0.143	0.331
Carré	»	—	—	Soufre.	—	—	—	—	1.06	0.12	Rond pour la cellule de par-chemin.	60	»	0.238	0.551
Callaud	»	—	—	Sulfate de zinc	—	—	—	—	—	31.4-5.5	—	—	—	—	—
Meidinger	»	—	—	Sulfate de magnésium	—	—	—	—	—	4-9	—	—	—	—	—
Reynier	»	—	—	Lessive de na-triome avec sup-plément.	—	Sulfate de cui-vre avec supplé-ment.	—	—	1.35	0.75	Parchemin rec-tangulaire	20	Reynier.	0.619	1.440
Marie-Davy	Zinc	—	—	Soufre.	12	Mercure, bouillie de sul-fate.	—	Charbon.	1.527 1.20	—	—	—	Regnauld.	—	—
Clark	»	—	—	Sulfate de zinc	—	»	—	Mercure.	1.457	—	—	—	Clark et Sab. Etalon-El.	—	—
Becquercl	»	—	—	»	—	Sulfate de plomb	—	Plomb.	0.55	—	—	—	—	—	—
De la Rue	»	—	—	Chlor-Am-moniome.	ras-sasié	Chlor-argent.	—	Argent.	1.059	—	—	—	Dumoncel.	—	—
Duchemin	»	—	—	Chlor-natriome.	—	Chloride de fer.	ras-sasié	Charbon.	1.54	7.00	—	—	Eccher.	—	—
Niaudet	»	—	»	»	4	Choux.	—	»	1.65	—	—	—	Niaudet.	—	—
Leroux	»	—	—	—	—	Magnésie et acide muriatique.	—	»	1.70	—	—	—	Nacari.	—	—

MOT DE LA FIN

L'étude de l'électricité appliquée, bien qu'une des branches les plus nouvelles de notre physique, comporte déjà cependant une vie riche en activité, et chaque jour amène une si grande quantité d'expériences, que l'écrivain n'a guère le temps de les enregistrer en leur temps.

Il en a été ainsi pour l'auteur de cet ouvrage, bien qu'il ne se fût proposé que de toucher à l'un des plus petits domaines de l'étude de l'électricité. Son intention était de parcourir avec le lecteur les points remarquables de cette branche et d'en donner le passé en parlant de son avenir. Malheureusement il a fallu passer d'un pas rapide sur bien des points, et même en supprimer quelques-uns.

Il ne nous reste donc, notre voyage terminé, qu'à jeter un regard sur les points oubliés, en considérant l'ensemble d'un coup d'œil.

Lorsque nous revenons chez nous après un long voyage, les contrées que nous avons traversées ne se présentent pas isolées à notre mémoire, mais il nous reste une impression générale qui ne s'oublie jamais et qui demeure toujours vivante.

Ce livre ne doit pas être simplement un livre à consulter; il ne suffit pas que le lecteur connaisse les éléments qui ont été inventés jusqu'à aujourd'hui, et quels sont ceux qui sont employés avec avantage, mais l'auteur désire qu'après avoir feuilleté ce livre, le lecteur éprouve une impression générale, qui l'entraîne à songer aux perfectionnements des sources d'électricité hydro et thermo-électriques que nous possédons déjà. La plupart de celles dont nous avons parlé consistent dans le brûlage du zinc, c'est là la fondation générale du bâtiment, fondation qui fait que la construction revient trop cher.

Imbus de cette idée, les inventeurs ont déjà cherché dans les expériences les plus diverses à remplacer le zinc par d'autres matières; malheureusement chaque changement diminue la force du courant. Jablochkoff, qui avait eu l'idée de remplacer le zinc par une matière que nous brûlons tous les jours, par le charbon, renouvela sans le savoir une vieille expérience de Becquerel, en plongeant du charbon dans du nitrate fondu, et en prenant le creuset lui-même pour électrode de dérivation.

Mais cette voie n'a conduit jusqu'ici à aucun résultat satisfaisant. D'autres efforts visent à remplacer les matières coûteuses employées jusqu'ici pour la réduction de l'hydrogène, par des produits à meilleur compte, ou à produire des résidus capables par leur emploi de payer le coût des matières originairement employées. Il en est ainsi dans l'élément Slater; sous ce rapport l'élément Daniell est préférable à tous les autres. Le calcul montre réellement que l'on approche de ce but, même pour des courants à l'usage d'éclairage électrique. Dans le cas dont nous avons parlé, ceci est surtout possible, si l'on se sert d'accumulateurs qui diminuent le coût de la pile d'éclairage. Si Grenet a véritablement réussi, comme nous l'avons mentionné dans la pile-Grenet-Jarriant, à régénérer l'alun de chrome, la question aura fait un pas en avant.

On ne peut penser à l'acide nitrique pour les motifs que nous connaissons ; il est vrai que le zinc fait presque le double d'ouvrage que dans l'élément-Daniell, mais par contre l'acide nitrique n'est usé qu'incomplètement. Certainement si les expériences de d'Arsonval confirment le résultat annoncé d'une usure de l'acide nitrique presque complète, cela nous ouvre une perspective pleine d'espérance.

Voici un petit aperçu des prix de quantités égales d'oxygène disponible suivant que l'on emploie sulfate de cuivre, acide nitrique. bi-chromate de potasse $+$ acide sulfurique, chlorure de potassium $+$ acide chlorhydrique, manganèse $+$ acide sulfurique, chlorure de fer, (le cuivre provenant du sulfate de cuivre est retiré). Le rapport est de 9 : 9,7 : 17,7 : 10,7. : 1,45 : 1. Nous voyons par ceci que c'est le sulfate de cuivre qui est le plus favorable, car les autres matières ne donnent point un courant constant, et les courants inconstants emploient en outre l'oxygène de l'air, qui ne coûte rien (Maiche). L'élément au manganèse avec de l'acide sulfurique reviendrait à bon compte, même meilleur marché que nous ne l'indiquons ici, si l'on tient compte du sulfate de manganèse que l'on en retire ; malheureusement il n'est constant que lorsque, comme Leroux l'a trouvé, il est chauffé à 73°, parce que ce n'est qu'à cette température qu'il se dégage de l'oxygène. Dans quelques cas le chauffage serait possible, mais 'dans les mêmes circonstances il vaudrait mieux employer l'acide chlorhydrique et le manganèse, qui à 35° C. donne déjà une force qui dépasse celle d'un élément-Bunsen, tout en donnant du chlorure de manganèse. Comme nous le voyons, il n'est pas absolument impossible à la pile de devenir un lieu de formation de produits ayant plus de valeur que ceux employés pour produire le courant et payant même le zinc, ce qui est un des points auxquels il faut viser.

Enfin nous citerons encore l'expérience de Laccassagne qui plaça deux creusets l'un dans l'autre, séparés par un cylindre de fer rempli de sel de cuisine, et garnit l'espace intérieur de chlorure d'aluminum dans lequel plongeait une barre de charbon. Si l'on chauffe au rouge ardent, il se produit un courant par la réunion du charbon avec le fer et il se dépose de l'aluminium sur le charbon.

Nous n'avons pas cité ces diverses expériences pour dire qu'elles nous semblent devoir donner des résultats pratiques, mais pour montrer de combien de manières les éléments sont capables d'être perfectionnés.

La pile thermo-électrique nous donne également de grandes espérances pour les applications où il n'est nécessaire que de courants de petite quantité et là où l'emploi de machines à vapeur n'est pas possible.

Malheureusement les actions qui donnent naissance au courant, sont pour ainsi dire inconnues, et la plupart des perfectionnements ne consistent qu'en un changement dans les alliages entrepris sur des données incertaines. La transformation directe de la chaleur en électricité est bien séduisante; il ne s'agit que de se demander s'il est préférable de soumettre le générateur entier à une destruction par un usage constant, ou d'employer des machines dont chaque partie peut être changée lorsqu'elle est hors de service. L'auteur se trouvera heureux, s'il a pu dans la mesure même la plus minime augmenter les connaissances du lecteur, accroître son désir de les augmenter et l'empêcher de tenter des expériences inutiles.

TABLE DES NOMS CITÉS DANS L'OUVRAGE

Achard, 256.
Anderson, 172.
Aron, 251.
Arras, 164.
Arsonval, 126, 188, 223, 268, 271.
Bagration, 67.
Barisien, 164.
Beaufils, 220.
Becquerel, 221, 238, 311.
Beetz, 77, 82.
Behrens, 96.
Binder, 88.
Blanc, 237.
Böttcher, 269.
Böttger, 55.
Bohnenberger, 98.
Brett et Little, 76.
Buff, 131, 231.
Bunsen, 50, 101. 143.
Byrne, 167.
Callan, 123.
Callan, 125.
Callaud, 200.
Camacho, 135.
Candido, 196.
Carré, 209.
Changy, 260.
Chutaux, 153.
Clamond, 304.
Clark et Murhead, 87.
Cloris Baudet, 175.
Cruikshanks, 42.
Daniell, 76.
Davy Humphry. 60.

Delarive, 77, 78.
Delaurier, 169.
Desruelles, 91.
Doat, 234.
Drive, 56.
Duchemin, 65, 232.
Dumoncel, 73, 304.
Ebner, 48.
Eccher, 233.
Exner, 236.
Faraday, 23, 44.
Faure, 119. 261.
Fechner, 66.
Fuller, 132.
Gaiffe, 92, 197, 229.
Galvani, 1.
Gautherot, 243.
Gladstone et Tribe, 248.
Granfeld, 206.
Grenet, 142.
— et Jarriant, 156. 265.
Griscom, 171.
Grove, 99, 239.
Hare, 45.
Hauck, 134, 144, 302.
Heraud, 230.
Higgins, 155.
Hipp, 67.
Hospitalier, 279.
Houston, 271.
Howell, 96.
Jablochkoff, 311, 312.
Kabath, 260.
Kohlfürst, 198.

Koosen, 169.
Kramer, 183.
Krüger, 196.
Lagrange, 73.
Laurie, 234.
Leblanc, 126, 223.
Leclanché, 77.
Leiter, 73.
Leod, 235.
Leroux, 115.
Leuchtenberg, 58.
Lockwood, 205.
Maiche, 68, 74.
Maistre, 74.
Marcus, 85, 298.
Marié Davy, 218, 221.
Meidinger, 192.
Méritens, 259.
Minotto, 188.
Münch, 44.
Münnich, 57.
Muirhead, 185.
Niaudet, 56, 224, 225.
Nobili, 239.
Noe. 299.
Partz. 174.
Pezzer, 258.
Pincus, 229.
Planté, 244.
Poggendorff, 56.
Ponci, 233.
Putot, 165.
Plush. 208.
Pulvermacher, 58.
Regnauld, 235.
Reynier, 212, 263.

Ritter, 243.
Roberts, 57.
Rollet,
Satory, 206.
Savary, 237.
Schmidt, 44.
Schönbein, 115, 121.
Schulze, 266.
Scrivanow, 233.
Sebeck, 75.
Sellon, 259.
Siemens, 185.
Sinstedten, 244.
Slater, 139.

Smee, 47.
Somzee, 273.
Sprague, 51.
Stefan, 297.
Steinheil, 62.
Stöhrer, 72.
Stöhrer, 152.
Sturgeon, 57.
Sutton, 270.
Terquem, 207.
Thomsen, 169.
Thomson, 210.
Tommasi, 118, 259.
Trouvé, 149, 189, 204.

Tyer, 47, 84.
Uelsmann, 124.
Varley, 187, 273.
Volta, 1, 41.
Walker, 54.
Waltenhofen, 301.
Warren de la Rue, 227.
Warrington, 129.
Wiedemann, 186.
Wohler, 125.
Wollaston, 43.
Young, 44.
Zamboni, 97.
Zenger, 273.

IMPRIMERIE CENTRALE DES CHEMINS DE FER. — IMPRIMERIE CHAIX.
RUE BERGÈRE, 20, PARIS. — 29280-4.